KB092986

# Car

# DESIGN

## 자동차디자인
## 테크놀로지

공학박사 Dr. Mitsuo Kamaike 原著
공학박사 장재덕 編譯

# Technology

GoldenBell

# 진정한 디자이너들의 단초

　최근 우리 일상생활에서 자동차 없이 생활한다는 것은 생각할 수 없을 정도로 우리 생활에 아주 밀접하게 다가왔다. 그리고 사람과 물건, 환경이라는 종합적 조화를 바탕으로 자동차 디자인 연구에 접근하여 개념정리 및 구상할 필요가 절실하다. 디자인의 목적은 생활을 풍족하게 하는 데 있다고 생각한다. 디자인이란 생활의 풍족함을 목표로 사람과 물건, 환경에 관한 종합적 조화 계획 기술이다. 자동차 디자인의 정의는 「풍족한 이동생활을 추구하는, 사람과 자동차, 환경의 종합적 조화 계획 기술」 이 되는 것이다. 자동차 디자인의 직접적 대상은 자동차 스타일이나 구조, 기능에 대한 계획이지만 자동차만으로 물건이 존재하는 것이 아니라 운전자가 운전할 때 비로소 그 기능을 발휘하게 된다. 자동차를 포함해 제품이라는 것은 사람이 사용할 때 비로소 그 가치가 생긴다. 그리고 자동차 스타일에 대해서도 지속해서 변천하여 옛날에는 부의 상징이지만 지금은 실용성에 대해 강조하여 저연비를 구현하는 공기역학이 적용된 차량으로 발전과 아울러 개인들의 취향에 맞는 방향과 저원가 제조로 발전하고 있다.

　우리나라에서는 이러한 추세에 대응하는 자동차 디자인 이론과 실무에 관한 전문서적이 많지 않다. 그러므로 우리보다 선진자동차 개발 국가인 일본의 카마이케 미츠오 교수의 실무 체험을 통해 체득한 자동차 디자인 이론과 실무기술을 우리나라에서 자동차 디자인을 공부하는 학생들뿐만 아니라 지도하는 대학교수님들과 자동차디자인에 흥미와 관심을 가지는 일반인들에게도 도움이 된다고 생각된다. 자동차는 기본적으로 엔진, 변속기를 비롯한 파워트레인과 차체, 섀시와 기타 보조장치로 구성되어 있으나 그중에도 스타일에 대해 미술적 감각과 실용적인 기술이 융합되는 자동차 외장 및 내장 디자인이 자동차의 사용중 편리함과 행복감 그리고 안전과 저연비, 낮은 원가 등이 매우 중요한 부분을 차지한다. 본서에서는 이러한 자동차 디자인의 이론에서 실무 경험을 통해 상세히 기술하여 자동차의 디자인 역사나 사고방식, 업무절차, 자동차 공학적 측면을 고려한 창조적인 자동차 디자인에 대해 본서를 통해 간접적으로 지식 및 기술을 습득할 수 있다.

자동차의 기본적인 성능은 주행, 회전, 정지를 운전자가 디자인 측면을 고려한 개념설계를 어떤 방식으로 하는지 디자인에서 최종 스타일이 선정과정까지 상세히 기술되어 있다. 특히 자동차 디자인 실무를 실천하는 자동차 프로 디자이너가 되기 위해서 배워야 할 내용이 잘 설명되어 있다. 특히 조형교육과 자동차 디자인 기초기술의 사례를 통해 간접적으로 경험할 수 있는 매우 훌륭한 서적으로 생각된다. 이는 자동차공학을 하는 전 분야의 엔지니어들이 자동차 디자인에 대해 상호 보완적인 측면을 공부하고 자기 분야에 반영함으로써 보다 자동차의 정밀부품 설계할 경우 미적 감각이 반영된 제품 설계가 되고 목표 고객에게 신뢰를 받는 설계가 될 수 있다.

본 서적을 원문에 충실하게 번역 • 감수하여 편찬한 서적으로서 자동차디자인 이론과 실무를 공부하는 모든 분들에 도움이 되기를 바란다.

編譯 **장 재 덕** 교수

# 최초로 집대성한 자동차 디자인 이론과 실무

이 책은 카마이케 미츠오 교수(박사)가 실무체험을 통해 체득한 자동차 디자인 이론과 실무가 알기 쉽게 해설된 것이 특징이다. 지금까지 자동차 디자인 실무에 관해 개괄적으로 집대성된 책은 있었지만 이렇게 체계적으로 해설된 해설서는 나와 있지 않았다.

제1장의 「디자인의 트렌드」는 카마이케 미츠오 교수의 박사학위 취득 논문인 자동차 스타일의 역사(승용차 모델 체인지의 디자인 요건과 그 시기별 변화)가 소개되고 있어서 상당히 흥미롭다. 문체가 부드럽고 어려운 전문용어가 최대한 걸러졌기 때문에 실제로 교수의 수업을 청취하는 기분으로 계속해서 읽어 나갈 수 있는 것도 이 책의 특징이다.

제2장의 「디자인 현장 시스템」는 저자가 자동차 디자이너로서 활약했던 스튜디오의 작업현장이 눈앞에서 움직이는 것같이 생생하게 해설하고 있다. 이어서 「디자인연구 개발 프로세스」 「디자인 기초 연습」 「디자인 학습 작품」으로 이어지며, 마지막 장에서 「디자인 論」을 설명하고 있다. 제4장 이후는 치바대학에서 실제로 교수가 강의하던 모습이 소개된다. 당시 수업을 받았던 학생들의 작품도 소개되는데 그중에는 2005년 토론토 국제 오토쇼에서 주최한 디자인 대회에서 베스트 디자인 스쿨상과 우수상을 차지한 작품이 개념과 함께 해설되고 있다. 전 세계의 유명 디자인 스쿨을 초대한 경쟁에서 스쿨상을 획득한 것은 카마이케 교수의 뛰어난 지도력이 증명된 것이라 할 수 있다(이 대회에서 필자는 대회 심사위원으로 참여했었다.).

마지막으로 이 책이 출판되는 데 있어서 크게 이바지한 2명의 공로자를 소개하려고 한다. 예전 치바대학에서 유학했던 경험이 있는 중국 무석ㆍ강남대학 대학원 장복창교수의 헌신적인 노력으로 이 책은 중국어판이 먼저 출판되었었다. 중국의 디자인 학생들에게 이 책이 훌륭한 참고서가 될 것임과 동시에 장복창교수의 존재가 카마이케교수에게 신선한 압박이 되었음이 틀림없다. 그리고 일본어판 발간은 미키서방(三樹書房)의 코바야시 켄이치 사장의 용단에 따른 것이다. 자동차 디자이너를 지망하는 젊은이들이 적지 않은 현재의 일본 상황에서 이 책을 읽어보고 뛰어난 내용과 보편성을 이해한 코바야시 사장의 결단은 전광석화 같았다. 이 책은 학생뿐만 아니라 학생들을 지도하는 선생님들, 자동차 디자인에 관심을 두고 있는 일반인에게도 귀중한 자료가 될 것이다.

「CAR STYLING」지 대표 **후지모토 아키라**

# 꿈을 형상화하는 기술

　디자인은 「꿈을 형상화하는 기술」이라고 생각한다. 우리 생활을 아름답고 쾌적하게 그리고 더 윤택하게 만들려는 꿈을 구체적인 형상으로 창조해 내는 기술인 것이다. 이 책은 내가 체험하고 배워 온 자동차 디자인에 대하여 꿈꾸고 그 꿈을 형상화한 것에 관한 이야기이다.

　먼저 디자인의 트렌드를 소개하고 "자동차는 어디에서 와서 어디로 가는가?"에 관하여 이야기해 보겠다. 다음으로 현재 이루어지고 있는 디자인 개발의 실무와 프로세스를 소개한다. 나아가 디자인 실무를 실천하는 데 필요한 기술에 대하여 대학교의 디자인 학습작품을 통해 자동차 디자이너가 되기 위한 트레이닝 방법과 개발방법에 관해 설명한다. 배우는 것은 흉내를 내는 것부터 시작된다. 스케치나 렌더링(rendering) 등, 학생들의 과제작품을 실어 놓았으므로 참고해 주기 바란다. 개발 요건에 관한 연구나 이미지 탐구 프로세스 등 저자가 해온 자동차 디자인 연구를 소개하고 디자인을 개발하는 데 있어서 기본적인 사항에 관해 이야기한다. 이들 내용은 대학에서 하는 제품 디자인 강의의 요점을 정리한 것이다. 디자이너는 무엇을 배우고 생각해야만 하는가에 대해 독자 여러분과 함께 생각하면서 저자의 비전을 이야기해 보겠다.

　이 책은 가능한 한 알기 쉽게 읽을 수 있도록 크게 6장으로 나누어 놓음으로써 어느 장을 읽어도 이해가 가도록 각 페이지가 독립되어 있다. 독자가 흥미를 느끼는 장부터 읽어보기 바란다. 읽으면서 의문점이 생기면 꼭 관련된 부분을 찾아보기 바란다. 어떤 힌트나 지식을 얻을 수 있을 것이다. 시각적인 자료가 이해력을 더 높인다고 판단해 사진이나 그림을 상단에 실었다. 사진이나 그림이 글 이상으로 많은 것을 전달할 수 있다고 생각하기 때문이다.

　이 책은 나의 경험을 토대로 한 것이 대부분이지만 역사나 사고방식, 게재한 사진 등은 여러 저서나 자료에 의존하고 있다. 참고 문헌이나 사진, 그림 자료 등은 권말에 실어놓았으므로 참고가 되길 바란다. 인용한 역사적 명차에 관한 사진에 있어서 대부분 문헌은 절판이 된 관계로 구입이 불가능하겠지만, 꼭 이들 문헌을 도서관에서라도 찾아보고 깊이를 더 해 주신다면 기쁘기 한량없을 것이다. 사진이나 그림을 게재하기 위한 허가를 받기 위해 연락을 취하는 등 최대한의 노력을 했지만, 출판사가 현존하지 않거나 저자의 연락처가 분명하지 않은 경우도 많았다는 점을 말씀드리면서 교육용 서적으로 보고 허락해 주면 감사하겠다.

카마이케 미츠오 교수

# 차 례

## 2장 디자인 현장시스템

## 3장 디자인 연구개발 프로세스

# 차 례

# 차 례

# 차 례

## 6장 디자인 論

# 이 책의 구성

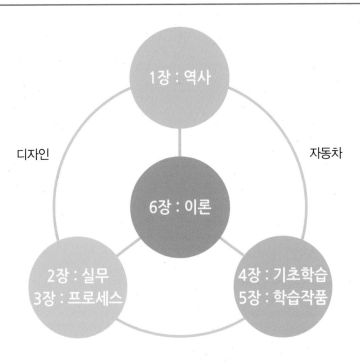

| | |
|---|---|
| ● 자동차 디자인은 어디에서 와서 어디로 가는가? | 1장 : 디자인의 트렌드 |
| ● 자동차 디자인은 어떻게 개발되는가? | 2장 : 디자인 현장시스템<br>3장 : 디자인의 연구개발 프로세스 |
| ● 자동차 디자인의 기초와 학습은 어떻게 배우나? | 4장 : 디자인 기초학습<br>5장 : 디자인의 학습 작품 |
| ● 디자인이란 무엇인가? | 6장 : 디자인 論 |

　이 책은 자동차 디자인에 관한 4가지 의문에 대해 저자가 기업에서 겪은 개발경험과 대학에서 익힌 교육연구를 토대로 구성되어 있습니다.

　1장의 자동차 디자인은 어디서 와서 어디로 가는가? 이 의문에 답하기 위해 자동차의 스타일이 어떤 경위로 현재의 스타일로 자리 잡았는지 「디자인의 트렌드」에 관해 이야기하려고 합니다. 더불어 자동차 스타일에는 기본형태가 있고 사람, 기술, 환경의 커다란 변동에 의해 스타일이 바뀌게 되는 사례를 소개하면서 공부해 보기로 하겠습니다.

　2장과 3장은 1장에서 언급한 역사를 바탕으로 현재의 자동차 디자인은 어떤 조직이나 프로세스를 통해 개발되는가, 기업의 디자인 개발조직이나 기획에서 아이디어 전개, 모델 개발, 디자인 승인, 생산준비, 생산판매에 이르는 프로세스 전반을 통해 「디자인 실무」에 관해 알아보겠습니다.

　4장과 5장은 실무를 실천하는 디자이너가 되기 위해서 배워야 할 것들에 관한 이야기입니다. 저자가 대학에서 가르쳐 온 조형교육이나 자동차 디자인의 기초기술에 관해 4장에서 이야기합니다. 그리고 5장에서는 학생들의 실습 과제작품의 소개를 통해 자동차 디자인의 기초가 되는 모티브(motive), 패키징(package), 개념(concept), 어드밴스(advance), 졸업연구, 대회 등의 작품을 소개함으로써 자동차 디자인의 학습과 교육에 관한 요점을 풀어 나가도록 해 보겠습니다.

　6장에서는 앞에 설명한 디자인의 트렌드, 실무, 교육을 통해 배운 것들을 토대로 「디자인이란 무엇인가」라는 의문에 대한 저자의 생각을 펼쳐 볼까 합니다. 지금까지 저자가 디자인과 관련해 대학에서 강의해 온 내용을 정리해 「디자인 개론」식으로 이야기한 것입니다. 내용은 대학교의 일반 학생이나 디자인학과 학생들을 대상으로 한 강의 내용을 요약한 것입니다. 위 그림과 같은 구성을 따라 진행하도록 하겠습니다.

# 1장
# 디자인의 트렌드

# 1. 마차에 증기기관을 싣고 다니던 시절

**그림1** 1769년 퀴뇨의 증기자동차

**그림2** 마차

**그림3** 1830년 증기기관으로 달리는 코치 (마부가 딸린 마차)

**그림4** 증기기관차

■ 자동차 디자인은 어디서 와서 어디로 가려고 하는 것일까. 이 의문을 풀기 위해서 이 장에서는 자동차의 역사에 대한 개요를 설명해 보겠다.

자동차의 기원은 1769년 나폴레옹 시절까지 거슬러 올라가는데, 군대의 병기수송을 위해 개발된 프랑스의 니콜라 퀴뇨(nicolas joseph cugnot)에 의해 제작된 「퀴뇨의 증기자동차」(그림1)라고 여겨지고 있다. 시범주행 때는 걸어 다니는 정도의 속도였다고 하지만 말이나 소가 끄는 마차(그림2)가 아니라 문자 그대로 자력(auto)으로 움직이는(mobile) 자동차였다. 퀴뇨의 증기자동차는 브레이크가 잘 작동하지 않아 벽에 부딪치는 등 자동차 사고 제1호라는 불명예스런 기록도 남기면서 미완성품으로 남는다. 이렇게 자동차는 증기기관을 동력으로 삼아 탄생했으며, 그 뒤 1830년에는 마차에 증기기관을 탑재한 코치(그림3)가 등장한다. 탱크 안의 물을 석탄 등으로 연소시켜 보일러로 끓게 하는 방식의 외연기관(外燃機關)이었기 때문에 중량이 많이 나갔던 관계로 당시의 비포장도로를 나무 재질로 제작한 바퀴로 달리기에는 적합하지 않아 큰 발전은 없었던 것 같다. 19세기 초엽에는 중량이 무거워도 부드럽게 달릴 수 있도록 철도가 개발되면서 레일을 달리는 증기기관차(그림4)가 탄생하는 등의 발달이 이루어진다. 유럽에서는 19세기 후반 철도가 기술발전의 상징으로서 그물망처럼 개발되어 국가와 산업의 동맥으로 자리 잡게 되면서 많은 사람과 물자를 대량으로 운반하는 새로운 교통시대의 심볼(symbol)로 발전한다. 이 시대의 교통 동력(power)은 증기로서, 바로 증기기선과 증기기관차 시대라고 말할 수 있다.

**그림5** 자전거

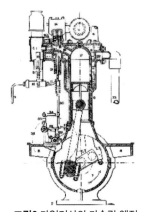

**그림6** 다임러사의 가솔린 엔진

**그림7** 다임러사의 자동 이륜차

■ 증기기관차는 철도와 역이라는 시설을 전제로 하는 공공교통으로서 발전했지만 증기자동차는 시동을 거는데 시간이 걸리는 등의 결점으로 인해 그다지 빠르게 발달하지 못한다. 당시 증기기관차의 발전과 발맞춰 개인의 이동기구로 자전거(bicycle)가 발명되어 이용하기에 이르렀다. 승차감을 개선하기 위해 고무 타이어와 스포크(spoke, 바퀴의 살)를 갖춘 2륜차인 자전거(그림5)은 개인의 단거리 이동에 아주 편리했을 뿐만 아니라 그다지 비싸지 않은 가격으로 공급되었기 때문에 서민의 발로서 급속하게 발달되면서 계속된 개량을 통해 현재에 이르고 있다. 달리 말하면 개인 이동기구의 뿌리는 자전거에 있다고 할 수 있는 것이다. 이 자전거를 더 쉽게 구동하기 위한 동력으로 실린더 안에서 가솔린을 기화 폭발연소시킴으로써 그 힘으로 피스톤을 움직이게 하는 레시프로케이팅(reciprocating) 엔진(그림6, 왕복형 엔진)이 다임러(Daimler AG)사에 의해 개발되어 이륜차에 장착된다(그림7).

**그림8** 1886년 다임러사의 자동 삼륜차

**그림9** 1892년 다임러사의 Schroedter-Wagon

■ 이것은 다음에 나오는 바이크(bike)의 기원이 되는 물건이지만 바로는 보급되지 않는다. 하지만 가솔린 엔진은 잘 뒤집히지 않는 삼륜차의 동력으로 장착되면서 여성이라 하더라도 안심하고 탈 수 있는 자동 삼륜차(그림8) 형태로 유럽 여러 나라에 보급된다. 이 삼륜차는 그림과 같이 한 사람만 탈 수 있는 형태였지만 다임러사에 의해 두 사람이 탈 수 있는 사륜 가솔린차가 개발되면서(그림9) 가솔린 엔진을 장착한 사륜승용차의 효시가 된다.

# 3. 사륜 가솔린 엔진 자동차의 등장

그림11 증기자동차와의 경쟁에서 승리한 가솔린차가 자동차의 주류로 등장

그림10 다임러사의 가솔린 자동사륜차

■ 다임러사에서 가솔린 자동 사륜차가 개발되어 가솔린 엔진을 장착한 사륜자동차 제1호가 된다(그림10). 18세기에 태어난 증기자동차는 동력원인 증기 엔진이 소형으로 개선되면서 19세기말에는 시속 약20~50km 정도까지 달릴 수 있게 된다. 19세기말 당시에는 상당한 수량의 증기자동차가 이미 달리고 있었다. 크고 무거웠던 증기기관 엔진은 작고 가볍게 개선된 한편으로 연료 석탄이 등유로 바뀌었고, 나아가 승차감이 나쁘고 진흙길에 쉽게 빠지는 나무바퀴는 철과 고무로 바뀌었으며 더욱이 쿠션이 뛰어난 튜브 타이어가 발명되자 유럽과 미국에서 증기자동차도 급속하게 보급되기 시작했다.

■ 유럽의 귀족이나 부유층이 승마를 위해 말을 기르고 그 말들로 경마를 즐기던 시대였기 때문에 자동차도 그런 연장선상에서 교통기관이라기보다 명마를 소유하고 그 성능을 겨루는 경마의 연장으로서 성능이 좋은 명차를 소유하고 레이스(race)에서 그 성능을 겨루는 유희차원으로 유럽과 미국에서 발달하게 되었다. 카 레이스를 통해 증기자동차는 더욱 개량되어 갔다.

■ 19세기말, 증기자동차는 다임러사에 의해 개발된 가솔린차와 성능을 다투게 된다(그림11). 내연기관인 가솔린 엔진에 비해 외연기관인 증기기관은 연료 이외에 물이 필요하다는 점, 시동을 거는 시간이 수 십 분이나 걸린다는 점 등이 치명적인 결점으로 작용했다. 19세기말 다임러사에 의해 개발된 가솔린 엔진은 빠른 시동과 물을 필요로 하지 않는 연료라는 혁신적인 기술이었음을 알 수 있다. 삼륜차는 직진주행 하기에는 아주 가볍고 좋지만 가솔린차의 마력이 증가함에 따라 안전하게 회전할 수 있는 기술이 따라가지 못하는데 반해 동시에 많은 사람을 태우고 안전하게 주행할 수 있는 사륜자동차가 주류로 자리 잡게 된다. 이상 자동차는 증기자동차 시대를 거쳐 마차와 자전거에 왕복형 엔진을 탑재하는 데서부터 이륜, 삼륜, 사륜으로 진화를 겪으면서 현재에 이른 것이다.

# 4. 클래식 카 시대

**그림12** 상류사회의 신분을 상징하는 차

■ 20세기 초기의 포스터에서 볼 수 있듯이(그림12) 자동차를 이용하는 사람은 주로 귀족이나 부유층으로서, 고용 운전 사에게 운전을 시키면서 사교 파티에 나가거나 교외로 나가 드라이브를 즐기는 등, 부와 신분을 상징하는 대상이었다. 초창기의 가솔린 엔진 자동차는 「클래식 카」, 「빈티지(vintage) 카」등으로 불리며 독특한 스타일을 자랑한다. 마차 시대 와 마찬가지로 앞좌석은 운전수가 앉고 뒷좌석에 오너가 타는 호화로운 캐빈(cabin)이 얹혀 있는 스타일, 스스로 운전을 하면서 스포츠 드라이브를 즐기는 스타일 등 마차 타입을 그대로 이어받은 상태로 개발되었다. 현재의 자동차 이름에 등장하는 쿠페(coup)나 카브리올레(cabriole), 랜드(land) 등 마차 이름이 현재도 남아 있는 것이다. 이 시대의 자동차는 구미각국의 자동차 박물관에 전시되어 있으므로 독자 여러분도 기회가 있으면 꼭 견학을 해보기 바란다.

**그림13** 드라이브를 통해 여가문화를 즐기는데 사용된 자동차        **그림14** 레이싱 카에 의해 주행기술이 진보

■ 부유층은 자신이 소유한 말을 키우고 훈련시켜서 그 우수성을 다투는 경마를 즐기듯이 레이스를 개최함으로써 서로 의 자동차 성능을 겨루는 것을 즐겼다(그림13, 14). 가솔린 자동차의 성능과 기능은 이 레이스에서 이기기 위한 기술경쟁 으로 인해 많은 개선을 이룬다. 스피드 향상으로 이어지는 튜브 타이어, 차체구조의 경량화, 엔진 마력 향상, 트랜스미 션, 중량 균형 등 주행성능과 내구성, 안전성 등과 같은 기초기술이 레이스와 함께 진보한 것이다.

**그림15** 마차제조(코치빌더) 방식의 조립작업과 수공업 방식의 부품제조

■ 마차제조(Coachbuilder) 기술에서 시작된 자동차 디자인 기술은 어떤 경과로 현재에 이른 것일까? 가솔린차의 편리성이 확인되는 한편으로 구미에서는 많은 자동차 메이커가 설립되었다. 그런 자동차 메이커의 주요 제조방법은 1대 차체에 다수의 노동자가 모여서 수작업으로 만들어 가는 수공업 방식으로서, 완성하기 까지는 수개월을 필요로 했다(그림15). 이 제조방법은 철로 된 사다리 모양의 섀시(chassis)에 나무를 가공해 차체골격을 만든 다음 그 위에 강판이나 가죽을 붙이는 제조방식으로 차체가 만들어지며, 앞쪽에 말을 대신하는 엔진이 탑재되고 카바이트(cavity) 방식의 등화기나 가죽 시트, 대시보드 등의 부품이 1개씩 장착되었다. 초기 자동차는 마차 제조를 그대로 이어받았는데 위쪽 그림에서 보듯이 거의 말만 없는 마차처럼 만들어진 것이다. 이런 수공업 방식의 단품생산 방식이었기 때문에 당시의 자동차는 가격이 비싸고 주문하고 나서 수개월에서 1년까지 기다려야 하고, 부유층이나 귀족밖에 살 수 없고, 일반 서민으로서는 손에 넣을 수 없는 머나먼 대상이었다. 자동차 산업은 증기기관과 분업화에 의해 생겨난, 제1차 산업혁명 후기에 등장한 산업이지만 20세기 초기에는 아직 수공업적인 생산방식을 반영해 제조되고 있었던 것이다.

# 6. 조선기술에서 시작된 자동차 조형기술

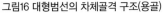

그림16 대형범선의 차체골격 구조(용골)

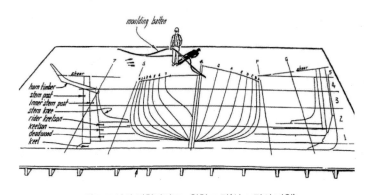

그림17 조선의 집합단면도 : 원형 그림(선 그림의 기원)

■ 커다란 엔진을 덮어주는 보닛이나 캐빈, 도어 등을 일련의 차체로 만들기 위해서는 연속해서 변화하는 부분의 제작이 필요하다. 당시의 대형범선(그림16)은 그림에서 보듯이 일정한 간격의 용골(龍骨)이라는 목재로 골격(skeleton)구조를 만들고 거기에 목판이나 강판을 댄 다음에 유체 저항이 적은 곡면을 제작하는 조선기술이 갖추어져 있었다. 현재의 복잡하고 아름다운 유선형의 자동차 스타일은 이 조선기술에서 유래한 것으로 여겨진다. 복수의 집적단면에서 국면의 변화를 검토하고 그것을 원형 그림으로 측정하는 모델링 기법이나 CAD(computer aided design) 데이터의 존재는 조선(造船)의 선 그림(線圖)와 원형 그림(原圖)에서 태어난 것이다(그림17). 3차원으로 변화하는 국면을 연속적인 국선(局線) 단면의 제도로 표현하는 선 그림 방법은 현재의 CAD에도 이용되고 있다.

그림18 20세기 초기의 차체골격 구조

그림19 20세기 초기의 목재 차체골격 조립 모습

■ 당시의 자동차 차체는 조선의 곡면선체 제조와 같은 방법을 이용해 목재로 제조되었다(그림18). 그림19는 코치빌더에 의해 자동차가 제작되는 모습을 나타낸 것으로, 정말 선박을 제조하는 것처럼 제작되고 있다는 것을 알 수 있다. 조선의 골격자재가 나무에서 철로 바뀌면서 대형화되는 식으로 진보했듯이 자동차도 엔진 파워와 강도 향상을 위해 골격과 외판이 전부 철강이나 철판으로 만들어지게 되었다. 목재에서 강판으로의 변화는 조형적으로 큰 변화를 가져왔다. 프레스 기술의 발달로 인해 아름다운 조형을 계획하는 전문직이 필요해지면서 자동차 디자이너가 등장하게 된 것이다.

# 1. 생산방식의 혁신

그림20 헨리 포드

그림21 부품을 조립하는 라인 작업

■ 20세기 초기에는 가솔린차를 제조하는 메이커가 많이 있었던 관계로 훗날 역사적 명차로 남은 많은 차량들이 수작업으로 만들어졌다. 이들 자동차는 제조하는데 수개월이 소요되었으며 가격도 비쌌고 또 곧잘 고장이나 펑크가 나는 등 미완성 제품이었다. 1903년 헨리 포드(그림20)는 포드사를 설립하고 소고기 해체작업에서 힌트를 얻어 자동차 조립을 효율적으로 할 수 있도록 작업 라인을 만들었다(그림21). 기존의 자동차 제조는 다양한 부품을 다수의 노동자가 1대에 매달려 제작하는 방식이었다. 포드는 그런 공정을 일련의 작업 라인으로 교체함으로써 생산효율과 품질 안정화를 실현해 당시의 승용차 가격을 1/10까지 낮추려고 했던 것이다.

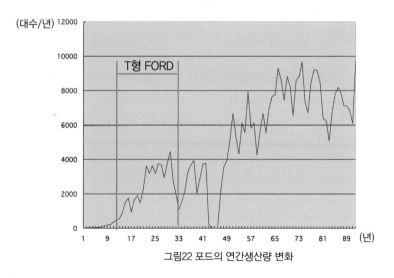
그림22 포드의 연간생산량 변화

■ 이 혁신적인 조립공정의 변화로 인해 그 유명한 T형 포드는 대량생산과 더불어 가격 인하라는 상승효과까지 더해지면서 서민까지 구매할 수 있는 대중차가 된다. 헨리 포드가 목표로 한 「3개월분의 월급으로 살 수 있는 차」가 현실화되면서 상단 그래프의 연간생산량 변화(그림22)에서 보듯이 연간 수 백 대의 생산량이 180만대까지 치솟았던 것이다. 이처럼 생산방식의 혁신으로 인해 자동차는 서민도 생활의 발로 사용할 수 있는 이동수단이 된다.

# 2. 포드사의 디자인 변천

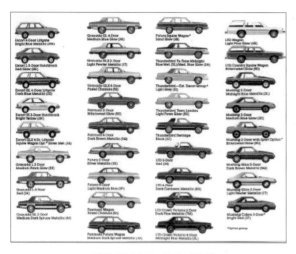

그림23 1981년 포드사의 라인 업

'03 FORD A    '09 FORD T    '21 FORD T2D

'27 FORD T4D    '31 FORD A    '42 FORD

'49 FORD    '59 FORD

그림24 포드사의 각 연대별 베스트셀러 모델

■ 자동차 디자인은 어디서 와서 어디로 가려고 하는 것일까? 자동차 디자인은 어떻게 바뀌어 왔는지를 알기 위해 그 역사를 알아 볼 필요가 있다. 자동차 역사에 관련된 책이나 사진집은 많이 출판되어 있지만 디자인을 주제로 한 책은 거의 없다.

'64 MUSTANG

'77 THUNDER BIRD

'82 ESCORT

'89 TAURUS

■ 자동차 디자인의 변화를 어떻게 알아보면 좋을까. 저자는 자동차 디자인 역사를 조사하고 연구를 시작할 때 너무나 방대한 모델 수에 당혹감을 느끼지 않을 수 없었다. 연구대상이 많을 경우 과학적인 방법으로 샘플을 골라내는, 샘플링(sampling)이라는 방법이 있다. 저자는 미국 포드사의 각 연대별 베스트셀러 모델에 주목했다. 자동차 역사의 출발점에서 현재까지 계속 존속하고 있는 메이커는 벤츠와 포드 2개사밖에 없다. 그 가운데서도 생산대수와 모델 수량이라는 규모를 비교한 끝에 포드를 선택했다. 그런데 포드사 한 군데만 대상으로 삼았음에도 불구하고 그림23에서 볼 수 있듯이 1981년의 포드 라인업만 하더라도 상당히 많을 뿐만 아니라 매년 조금씩 모델이 바뀌고 있다. 그래서 포드사의 각 연대별로 가장 잘 팔린 모델을 대표모델로 삼아 샘플링한 것이 그림24이다. 이들 모델은 각 연대의 베스트셀러 카로서 대표적인 스타일 샘플이라고 할 수 있다. 말이 없는 마차인 「Horseless Carriage」로 불리던 시절부터 유명한 T형 포드를 거쳐 패스트백(fastback) 스타일, 테일 핀(tail fin), 크게 히트를 친 퍼스널 카 머스탱(mustang) 등, 그 스타일은 크게 바뀐 것을 알 수 있다. 그리고 그 변화는 앞으로도 크게 바뀔 것이라 생각한다. 이하 포드의 스타일 연대표를 통해 자동차 디자인의 스타일 변천을 알아보기로 하겠다.

# 3. 포드의 스타일 역사 연대표

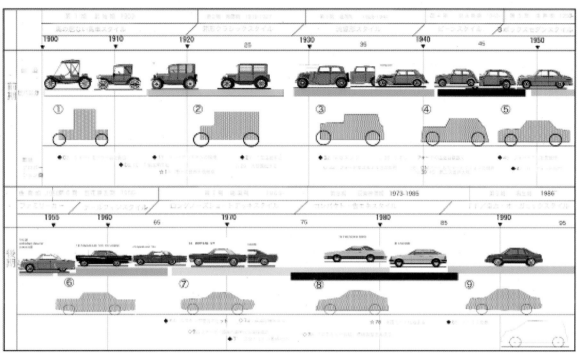

**그림25** 포드의 스타일 역사 연대표

■ 저자는 이들 스타일의 변화를 상세하게 조사한 결과, 스타일 변화가 적은 계승기와 변화가 큰 변혁기로 나눌 수 있다는 사실을 깨달았다. 각 연대별 대표적인 모델의 사진은 촬영 각도가 다르다. 비교하기 쉽도록 휠베이스를 기준으로 한 측면도를 작성해 연대표를 제작했다(그림25). 기준화된 사진의 유사성에 관해 앙케이트(enquéte) 조사를 한 결과 1903년부터 1990년까지 계승기와 변혁기를 세트로 하는, 9종류의 유사 스타일이 있음을 알게 되었다. 이 유사 스타일의 기본형을 직선으로만 나타낸 실루엣(silhouette) 그림으로 만들었다. 이 기본 실루엣은 오늘날 유행하고 있는 아이콘임을 알 수 있다. 각 연대별로 고유한 자동차의 기본 스타일 기본형이 있었다고 할 수 있다.

■ 그림26은 동시대의 포드와 GM 쉐보레(chevrolet) 사진으로서, 비교를 해 보면 상당히 비슷한 스타일임을 알 수 있다. 미국뿐만 아니라 유럽에서도 이 모양은 거의 변함이 없다. 각 연대별 스타일은 지역이나 메이커에 한정되지 않고 같은 기본 스타일을 공유하고 있었던 것으로 여겨진다. 각 시대의 아이콘 변화 요인을 조사해 보았더니 사회적인 환경 변화나 사용자의 가치관 변화 그리고 기술변화 등이 있으면 기본형(그림25 가운데 ①∼⑨)이 바뀌었음을 알 수 있다. 자동차 스타일은 각 연대별로 같은 기본형을 갖고 있었던 것이다.

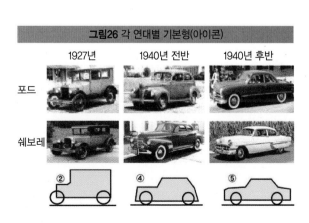

**그림26** 각 연대별 기본형(아이콘)

| | 1927년 | 1940년 전반 | 1940년 후반 |
|---|---|---|---|
| 포드 | | | |
| 쉐보레 | | | |

# 4. 시대성이 스타일을 바꾼다

| | ~1899 | 1期 1900~ | 2期 1910~ | 3期 1920~ | 4期 1935~ | 5期 1945~ | 6期 1960~ | 7期 1970~ | 8期 1980~ | 9期 1990~ | 10期 2000~ |
|---|---|---|---|---|---|---|---|---|---|---|---|

**그림27** 약 100 동안에 9종류의 기본 스타일 · 기본형이 있었다.

■ 각 연대별 미국 상황을 다양한 문헌을 통해 조사해 자동차의 기본 스타일과 기본형이 대응되도록 일람표를 작성했다(그림27). 각 시대의 사회적 환경이나 생활방식이 크게 바뀌면서 사람들이 그 변화에 어울리는 차를 찾기 시작한다. 그리고 이런 요구들을 만족시킬 수 있는 기술적 진보가 있으면 스타일이 크게 바뀌는 것을 읽을 수 있다. 디자이너는 각 시대의 환경과 기술, 사람들의 요구 등을 반영한 구체적인 스타일을 사용자를 대신해 구현시킨 것이다.

■ 나의 자동차 디자인 연구에서는 「시대성이 자동차 스타일을 바꾼다」고 결론 내리고 있다. 디자이너는 자신만의 독창적인 디자인을 그렸다고 생각하지만 그것은 각 시대의 사람과 물건, 환경과 같은 상세한 요건, 즉 시대적인 시뮬레이터로서 그 시대의 자동차를 디자인한 것이다. 디자이너가 아무리 기막힌 아이디어를 생각해 내더라도 자동차 기술이 그것을 가능하게 하지 못해서는 실현이 불가능하며, 물건이 만들어지더라도 사용자가 그것을 갖고 싶어 하지 않아서는 팔수가 없다. 자동차 스타일은 사용자의 구입에 의해 시장에 받아들여지면서 다수가 이용함으로써 기본 스타일로 정착하는 것이라고 생각할 수 있다.

■ 가솔린이 비싸지면 연비가 좋은 소형차량이 팔리고, 소형차가 되면 실내의 공간효율이 좋은 FF(Front engine Front drive)차가 팔리면서 FF 2박스 스타일이 기본형이 되는 것이다. 요컨대 사람과 물건, 환경을 포함한 시대환경과 시대성이 스타일을 변혁시킨다고 생각할 수 있다. 자동차 디자인의 개요를 뒤돌아봤는데 여기에 관한 더 상세한 것은 많은 저서가 나와 있으므로 일독을 권하는 바이다. 여기서는 자동차의 스타일과 관계된 사람, 물건, 환경에 대해 여러 사례를 소개하고 이들 변화가 스타일을 크게 바꾼 것들에 대해 배워 보기로 하겠다.

■ 스타일의 어원은 로코코(Rococo) 스타일, 고딕 스타일에서 보듯이 원래는 양식을 의미한다. 자동차의 스타일이란 말은 형태를 의미하지만 역사적인 시점에서 보면 연대표에 나와 있는 기본형과 기본형이 바로 양식이라는 의미에서의 스타일인 것이다. 자동차 형태의 연대표가 양식이라는 스타일 연대표였던 것임을 알 수 있다. 각 연대별로 자동차 양식이 있었고 자동차 100년의 역사 가운데에는 9개의 스타일이 있었다.

# 5. 포드의 양산과 GM의 양산판매 전략

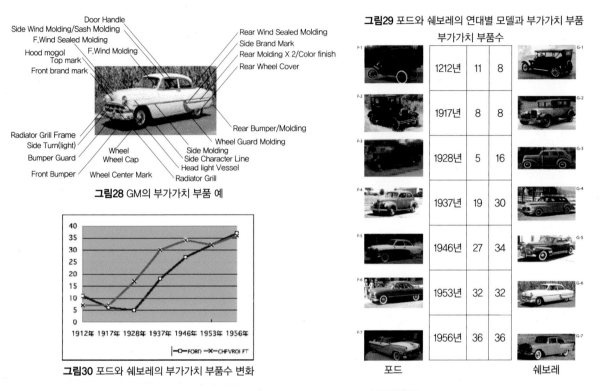

**그림28** GM의 부가가치 부품 예

**그림30** 포드와 쉐보레의 부가가치 부품수 변화

**그림29** 포드와 쉐보레의 연대별 모델과 부가가치 부품

부가가치 부품수

| 포드 | 연도 | 포드 | 쉐보레 | 쉐보레 |
|---|---|---|---|---|
| F-1 | 1212년 | 11 | 8 | G-1 |
| F-2 | 1917년 | 8 | 8 | G-2 |
| F-3 | 1928년 | 5 | 16 | G-3 |
| F-4 | 1937년 | 19 | 30 | G-4 |
| F-5 | 1946년 | 27 | 34 | G-5 |
| F-6 | 1953년 | 32 | 32 | G-6 |
| F-7 | 1956년 | 36 | 36 | G-7 |

포드      쉐보레

■ 20세기 초반, 다수의 미국 자동차 메이커는 포드사의 양산기술로 인해 시장경쟁에서 뒤졌는데(올스모빌, 쉐보레, 캐딜락 등) 패배한 메이커가 연합해 GM(제너럴 모터스)을 설립한다. GM은 포드사의 양산기술 담당기술자를 빼내오는 등, 작업라인에 의한 신 생산방식을 도입했다. 그리고 기능과 가격 인하만을 내세운 T형처럼, 검은색 일색의 포드와 달리 쉐보레에 호화로운 장식 몰과 그릴을 붙이는 등 복수의 색으로 디자인했다(그림28). 운전자가 좋아할만한, 부가가치가 있는 장식을 붙이는 식의 디자인을 사용함으로써 포드의 시장 1위 자리를 탈환한 것이다. 그림29는 쉐보레의 장식품 개수(부가가치 디자인 요소 수)를 파악해서 정리한 것이다. 그림30은 그 부품수를 그래프로 만든 것이다. 전체적으로 장식 몰 숫자가 증가되었다는 것과 쉐보레는 포드를 능가하는 부가가치 부품을 한 발 앞서서 장착했다는 것을 알 수 있다. 1920년 무렵 GM과 포드는 사내에 디자인 부서를 같은 시기에 도입했다는 것에 주목할 만하다. 부가가치가 높은 디자인의 중요성이 자동차에 필요해지면서 그 이후 주요 자동차 메이커 기업 내에 디자인(인하우스 디자인) 부서가 설치되는 계기가 되었다.

■ 심지어 GM은 포드의 중고차를 대금 일부로 받음으로써 GM 신차의 판매를 촉진시키는 시장전략을 펼쳤다. 그 중고차도 신차를 살 수 없는 사용자에게 싸게 판매하는 식의 중고차 전략을 전개하는 한편, 심지어 몇 년 밖에 사용하지 않는 자사의 차량까지도 대금 일부로 받음으로써 자동차 시장의 신구 이중구조 전략으로 포드의 시장을 잠식하면서 1위 메이커로 올라섰다. GM은 포드의 작업 라인에 의한 대량생산과 가격 인하에 맞서 디자인의 부가가치와 중고차 보상판매에 따른 대량판매 전략으로 미국 자동차 시장을 석권했던 것이다.

# 1. 이민노동자와 자동차 산업

그림31 미시간 호반에 설립된 공장

그림32 공장에서 일하는 이민노동자

■ 그림31은 항구처럼 보이지만 포드사의 공장 일부이다. 자동차 산업이 어디서 발달했는지 조사하면 미국에서는 오대호를 중심으로, 유럽에서는 바다 또는 선박이 왕래할 수 있는 하천을 따라 산업이 발달했다는 것을 알 수 있다. 육상을 달리는 자동차가 왜 바다나 하천과 관련되어 있는 것일까. 자동차는 많은 부품으로 만들어지는데 소재는 철강이나 금속, 유리와 같이 아주 무겁다. 그 무거운 철광석이나 철판을 대량으로 운반하는데 있어서 선박만한 운송수단이 없기 때문이다. 심지어 자동차를 움직이는 연료인 가솔린과 완성된 자동차만 하더라도 1톤이나 나가는 무게이기 때문에 선박으로 운반하지 않고는 운송할 수 없기 때문이다. 이런 이유로 자동차 산업은 선박이 다닐 수 있는 바다와 대운하가 가깝게 있는 곳에서 발전을 이루었던 것이다.

그림33 신대륙을 향해 이주하는 이민가족

■ 그림32는 1928년 무렵 작업 라인에서 일하는 노동자들의 모습이다. 자동차 산업은 수많은 공장노동자들 없이 돌아갈 수 없다. 당시의 조립 노동자들은 대부분 배를 타고 신천지 아메리카를 향해 이주한 이민자들이었다고 한다(그림33). 자동차 산업은 이민노동자들에게 절호의 취직자리였다고 생각된다. 그리고 이들 노동자는 가격 인하로 인해 어렵지 않게 구매할 수 있었던 자동차의 커다란 시장을 형성함으로써 새로운 사용자가 되었던 것이다.

# 2. 공기역학과 유선형

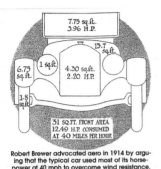

Robert Brewer advocated aero in 1914 by arguing that the typical car used most of its horsepower at 40 mph to overcome wind resistance.

**그림34** 부품의 공기저항을 나타낸 일러스트(illust)

**그림35** 1930년대에 공기저항의 절감을 목표로 만든 실험차량

■ 자동차의 스피드가 빨라지자 공기저항이 주행성능과 깊게 관련되면서 문제가 되는 것을 알게 되었다. 그림34는 당시의 자동차 각 부위의 면적이 어떤 저항을 받는지를 나타낸 그림이다. 1920년대 당시는 공기저항 계수(air resistance coefficient,Cd치) 개념이 없이 마력(HP)으로 환산해 나타냈다. 디자이너는 조선기술이나 비행기 등을 통한 유체역학 지식을 통해 직감적으로 저항이 적은 형태, 유선형을 상상할 수 있었던 것 같다. 그림35는 1930년대에 유선형을 실험적으로 도입한 시작차이다. 위에서 보았을 때 물방울 같은 형상, 소위 말하는 유선형을 베이스로 하는 시험차가 상당히 많이 만들어졌다. 특히 크라이슬러의 에어로스타(그림36)은 당시로서는 혁신적인 유선형 스타일로서, 선구적인 모델이었다. 이후 10년 가까이 이 공력 스타일은 동시대의 유럽과 미국에서 원형이 되었다. VW(Volks wagen) 비틀(beetle,딱정벌레)은 그 당시의 공력 스타일을 지금도 계승하고 있다. 티어 드롭(tear drop,눈물방울) 스타일, 패스트 백, 소이 빈(soybean, 콩) 스타일, 비틀 스타일 등 다양한 이름으로 불리는 유선형 스타일은 당시로서는 공기저항이 적다고 생각되는 스타일 이미지 밖에 없어서, 그 후의 과학적인 실험으로 검증했을 때도 공기저항 계수(Cd치)가 낮은지 어떤지는 의문시되는 것 같다. 현재 주요 자동차 메이커에서는 사내나 관련 연구부서에 풍동실험 설비를 갖추고 철저하게 공기저항 절감을 연구하고 있다. 특히 근래에는 저연비가 강조되면서 스피드 추구와 연비효율을 목표로 저항(Cd치)이 적은 형상을 추구히려는 연구가 과학적으로 진행되고 있다. 앞으로도 더 뛰어난 주행을 가능하게 하는 형상과 철저한 유선형을 목표로 자동차 형태는 계속 진화하리라 생각한다.

**그림36** 크라이슬러 에어로스타(aero star)

# 3. 패밀리 카 시대

**그림37** 동경의 대상인 패밀리 카

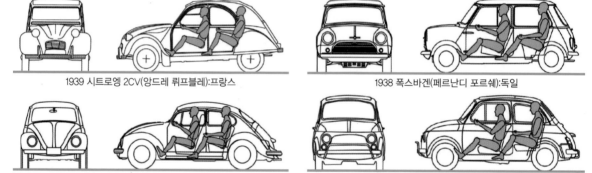

1939 시트로엥 2CV(앙드레 뤼프블레):프랑스

1938 폭스바겐(페르난디 포르쉐):독일

1959 오스틴 미니(알렉스 이시고니스):영국
**대륙형**

1957 피아트 500(단테 지아고사):이탈리아
**섬나라 반도형**

**그림38** 유럽의 대중차

■ 그림37에서 보듯이 1940~1950년대의 미국에서는 주말에 가족끼리 드라이브를 나가는 것이 꿈이었다. 한 집에 한 대의 패밀리카는 행복의 상징으로서 동경의 대상이었다. 이런 시대적 요구에 발 맞춰 미국과 유럽의 자동차 선진국에서는 경제적인 대중차가 경쟁적으로 개발되었다. 특히 유럽에서는 그림38에 나타나 있듯이 프랑스, 독일, 영국, 이탈리아 각국의 메이커와 괄호 안의 유명 디자이너는 자기 나라의 사용자에게 경제적으로 편리한 대중차를 개발했다. 이들 대중차는 각국의 모터리제이션(motorization, 자동차가 사회와 대중에 널리 보급하고 생활 필수품화 되는 현상이다.) 도입에 선도적인 역할을 했다. 같은 목적으로 만들어진 대중차지만 엔진 레이아웃이나 크기가 조금씩 다르고 스타일도 다르다. 유럽 4개 회사의 대중차 패키징과 제원 등을 비교분석하면 크게 대륙형(시트로엥 2CV와 폭스바겐)과 섬나라 반도형(오스틴 미니, 피아트 500)으로 분류할 수 있다(그림38). 각국의 도로환경이나 사용자가 요구하는 디자인 니즈가 다르기 때문에 각 디자이너가 사용자를 대신해 디자인한 것이다. 이처럼 같은 대중차 디자인이라 하더라도 디자인은 다양하다. 디자인 모습은 다양하지만 기본적인 그 시대의 스타일은 공통적이어서 같은 원형과 기본형을 공유하고 있다고 하겠다. 스타일(stile)의 어원을 사전에서 찾아보면 형태나 조형이라는 의미와 양식이나 형식이라는 의미가 있다. 유선형의 대중차 스타일을 공통으로 하는, 개성 넘치는 디자인이 제2차 세계대전 전후에 등장하고 그것이 각국의 모터리제이션을 리드한 것은 매우 흥미롭다. 바로 각국의 국민성이 나타난 것이어서 주목이 가는 것이다.

# 4. 날개를 장착한 자동차 테일 핀

**그림39** 비행기 스타일을 추구

**그림40** 당장이라도 날아오를 것 같이 날개가 달린 모델

■ 자동차 주행에서 공기역학이 깊이 관련되면서 1950년대는 하늘을 나는 비행기가 자동차의 동경 대상이 되었다(그림 39). 제2차 세계대전 때는 자동차 생산 공장이 비행기를 조립하는데 사용되는 등의 직접적인 관계도 있어서 제2차 세계 대전 후 몇 년 동안은 소위 말하는 테일 핀(tail fin) 스타일 시대를 맞는다. 금방이라도 날아오를 것 같은 날개가 있는 스타일(그림40)이 미국뿐만 아니라 유럽 차에도 유행했다. 지금 생각하면 기이한 스타일이지만 당시 상황에서는 하늘을 자유롭게 나는 비행기가 최신예 시대의 심볼이었다고 생각된다. 땅 위를 달리기 위한 타이어는 잘 보이지 않고 캐빈(cabin)은 작으며 필요 이상으로 긴 앞뒤 오버행과 리어 엔드의 양쪽 상단에 비행기의 꼬리날개 같은 날개(tail pin)가 상징적으로 붙어 있었다(그림41). 이 테일 핀은 기능 테스트를 통해 효과가 검증된 것이 아니고 반대로 공기저항을 일으켰을 것으로 생각되는데, 전시 중에 억압된 사용자의 히스테릭(hysteric)한 개방감이 이런 스타일을 만들어 낸 것으로 생각된다. 또한 당시의 판금 프레스 기술이 급속하게 발전함으로써 디자이너가 그린, 날아오를 것 같은 복잡한 형상을 가능하게 했다. 앞서 언급한 장식적인 부가가치의 정점을 찍는 디자인이 유행한 것이다. 디자이너는 그 시대의 사용자 취향과 기술 등의 대변자로서, 바꿔 말하면 디자이너는 그 시대의 시뮬레이터로서 동경하던 날개를 기호(sign)로 표현했던 것이다.

Buick Electra

1950년 Lincoin Premiere

**그림41** 테일 핀이 달린 고급차

1960년 Dodge Poara Lancer

**그림43** 점토 모델의 제작

**그림42** 다수의 점토 모델과 모델 제작

**그림44** 점토 모델의 계측대

**그림45** 점토의 NC 절삭가공

■ 1920년대에는 자동차 디자인의 조형과 색상을 전문으로 하는 그룹이 기업 내에 설립되었다. 미국에서는 GM의 중고차 전략으로 인해 연식을 따져 외관과 색상을 변경해 모델을 바꾸는 인위적인 스타일 갱신이 이루어지면서 디자이너의 아이디어를 반영한 입체 모델을 많이 제작할 필요가 생겼다. 동시에 많은 모델을 만드는데 시간과 노력을 필요로 함으로써(그림42) 모델을 전문적으로 제작하는 모델러(modeller)라는 직종이 생겨났다(그림43). 이 모델을 만드는 기술이라는 것은 점토(clay)에 의한 조형이다. 만들어진 모델은 디자이너의 조형 확인과 함께 여러 대를 만들어 어느 쪽 모델이 좋은지를 따지는 디자인 검토회나 디자인 승인을 하는데 사용된다. 현재는 높은 정밀도로 계측해 절삭하는 브리지(bridge)를 바탕으로(그림44) NC(numerical control)가공이나 CAD 데이터 등과 대응할 수 있는 모델링 시스템이 개발되었다(그림45). 정밀하게 마무리된 점토에 도장이나 의장부품이 장착되어 실제 자동차로 여길 만큼 생생한 모델을 토대로 디자인 검토가 이루어진다. 각 기업마다 상세한 모델링 노하우에 관해서는 기밀로 다루고 있는데, 일본은 내장 부품이나 의장품을 목형(木型)이나 수지 모델 등 치밀하고 정밀도가 좋은 모델로 만들 수 있는 기술을 갖추고 있다.

# 6. 전후의 가족구성 변화와 퍼스널 쿠페

그림46 퍼스널 쿠페 스타일의 포드 머스탱

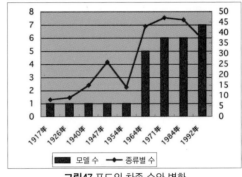

그림47 포드의 차종 수와 변화

■ 제2차 세계대전은 자동차 스타일에 큰 영향을 끼쳤다. 전쟁 전의 3세대가 동거하며 생활하던 가족구성은 전쟁 후 핵가족이라 불리는, 부부와 아이들을 단위로 하는 가족구성으로 바뀌어 간다. 자녀들이 부모와 같은 직업을 갖는 경우가 줄어들고 다양화된 직업에 종사하는 시대에 들어섰던 것이 배경이라고 생각한다. 그리고 한 가구에 한 대의 패밀리카를 갖던 시대에서 각자의 직장이나 학교로 각각 개별적으로 다니는 머스탱 등 퍼스널 카의 시대가 되었다(그림46). 경제적으로 윤택해지면서 가족 당 여러 대의 자동차를 갖게 된 것이 배경이라고 할 수 있다. 본인이 새 차 2대를 갖지는 못하더라도 1대는 중고차로 하거나 부모의 소유로 갖는 타입 등, 적어도 한 가족에서 2대 모두 똑같은 스타일의 패밀리카를 가질 필요는 없어졌다. 패밀리카와 쿠페, 소형 2박스 카와 왜건, 쿠페&픽업 등, 다양한 조합의 자동차를 보유하는 시대가 된 것이다. 메이커는 서로 다른 복수의 모델과 거기서 파생된 차종을 준비함으로써 다양한 자동차 시장의 요구에 대응하기 위한 디자인을 개발하게 되었다. 그림47은 포드사의 차종 라인업을 나타낸 것이다. 1960년 이후 급속하게 모델 수가 증가한 것을 알 수 있다. 폭넓은 라인업 전략으로 인해(그림48) 시장이 바뀌더라도 어느 차종은 팔린다고 하는, 고도의 시장전략이 진행되었던 것이다. 주요 메이커는 포드와 마찬가지로 다양한 모델과 모델 라인업을 갖춤으로써 그것을 계획적으로 바꾸는 조직적인 종합개발을 하게 되었다.

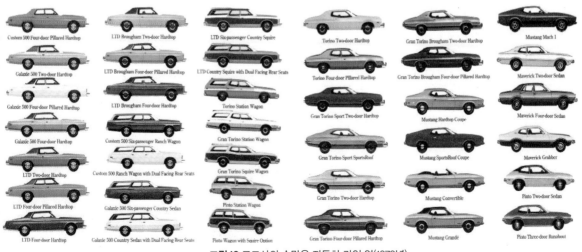

그림48 포드사의 수많은 자동차 라인 업(1973년)

# 7. 오일쇼크가 소형화와 FF화를 촉진

그림49 고속도로망

그림50 1991년 포드 에스코트

■ 광활한 대지에 서로 떨어져 있는 도시 사이를 이어주는 고속도로(그림49)가 발달하면서 20세기 근대 문명의 심볼로 자리했지만 크고 무거운 승용차가 고속으로 고속도로를 달리던 시대에는 전환기가 찾아왔다. 중동전쟁이 일어나고 석유산유국인 아랍 국가들에서 원유공급이 위태로워지면서 오일 쇼크라는 사회현상이 일어났다. 원유가 급등하자 패닉상태에 빠지면서 주유소에 장사진을 치던 자동차들이 생각난다. 기존의 미국 차량은 모델 변경이 쉽도록 무거운 섀시에 커다란 보디를 얹고 3∼8km/ℓ 정도밖에 달리지 못하는 자동차가 많았지만 유럽이나 일본차는 10∼15km/ℓ 까지 달릴 수 있을 만큼 연비가 좋아 연비 경제성 측면에서 큰 차이가 있었다. 이런 독일이나 일본의 경제적 차량들은 오일 쇼크 이후 미국 시장에서 급속하게 시장 점유율을 높여 간다. 미국의 빅3는 소형경량의 모노코크 차에다가 공간효율이 좋은 전방에 엔진을 탑재하고 전륜을 구동(FF차)시키는 개발생산체제를 정비하는 사이에 일본의 도요타와 닛산, 독일의 VW 등에 시장을 내주게 되었다. 미국에서 수입차량이 급속하게 판매되자 무역마찰 등, 커다란 사회문제가 되었지만 일본과 구미의 각 메이커는 미국 현지에 생산 공장을 설립하는 방법으로 무역마찰 해소와 국제적 생산 및 유통체제를 전개해 나갔다.

그림51 메르세데스 벤츠 A클래스

■ 미국의 인위적인 모델 변경과 중고차 보상판매로 인한 디자인의 진부화(obsolescence, 자산(資産)에 대해서 발생하는 경제적 또는 기능적 감가원인(減價原因)) 전략은 여기서 커다란 벽에 부딪치게 된다. 가볍고 연비효율이 좋은 FF 모노코크 차가 개발되면서 거대하고 비효율적인 오버행을 가진 스타일이라는 이미지가 가한 미국 차 스타일은 외면을 받게 되며, 기존의 미국 차 입장에서 보면 작고 심플한 FF차가 미국에서도 많이 달리게 되었다(그림50). 유럽에도 이런 영향이 반영되어 고급차 메이커인 벤츠가 컴팩트한 대중차(그림51)를 개발하는 등 중동전쟁을 계기로 오일 쇼크는 구미 각국의 자동차 크기와 스타일을 크게 변화시켰던 것이다.

■ 전 세계의 소형차는 공간효율이 좋은 컴팩트한 FF 모노코크(monocoque, 자동차의 차체와 차대를 일체화한 구조) 차가 주류를 차지했지만 지금까지의 스피드와 호화로움을 뽐내던 것에서 쾌적성과 편리성을 추구하는 사용자가 증가함으로써 넓은 실내를 갖고 FF를 베이스로 하는 SUV(space utility vehicle)가 인기를 모았다(그림52). 일본에서는 RV(recreational vehicle)나 오프로드를 달릴 수 있는 4WD(4wheel drive) 등의 요소가 가미되었는데, 이는 오일 쇼크의 영향을 받아 개발된 차종이라고 할 수 있을 것이다. 21세기 초기의 최다 양산차량의 기본 스타일은 공간 효율이 좋은 FF인 RV차나 미니밴(minivan, van과 station wagon의 특징을 조화시킨 차)이 주류를 이루고 있다.

그림52 FF SUV(미쓰비시 샤리오)

# 8. 현재의 자동차

**그림53** 2007년 도쿄 모터쇼에 출품된 다양한 자동차

■ 지금까지 살펴보았듯이 자동차 디자인이 어떤 추이로 인해 현재에 이르렀는가에 대해 그 역사적 개요를 더듬어 보았다. 그 변화는 모델 변경에 의해 이루어지고, 세대를 계승하면서 발전해 왔다. 매년 화려하게 모터쇼가 개최되면서 새로운 모델이 발표되고 있다(그림53). 모터쇼는 전 세계의 자동차가 아름다움과 기술을 경쟁하는 장이로서 새로운 모델에 기대를 갖게 만들며, 많은 사용자가 방문해 디자인을 평가하는 장이기도 하다. 새롭게 발표된 모델의 어떤 것이 바뀌고 어떤 것이 계승되었는지를 살펴봄으로써 사용자는 다음에 구입할 자동차를 결정하기 위한 견물을 넓힌다. 보통은 각 메이커의 판매점에서 개별적으로밖에 볼 수 없는 모델도 모터쇼에서는 동시에 비교할 수 있기 때문에 신차를 구입하려고 하는 사용자에게는 아주 편리한 이벤트인 것이다.

■ 모터쇼를 기업측에서 보면 신 모델의 발표와 양산차 모델을 많은 관람객들에게 전시PR할 수 있는 절호의 기회이기 때문에 어느 자동차 메이커라 하더라도 중요한 이벤트라 할 수 있다. 그리고 동시에 기업의 개발 개념이나 개발하는 자세를 보여줄 장이기도 하기 때문에 기업전략의 하나로서 중요한 위치를 차지하고 있다. 특히나 기업이 제안

하는 어드밴스 카는 기업의 자세를 구현화시킨 것으로서 기업의 미래 개념을 나타낸 것이다. 모터쇼 관람하러 가면 꼭 어드밴스 카를 살펴보길 바란다. 기업이 생각하는 미래의 디자인 개념을 알 수 있으며, 양산차 디자인도 그런 개념 방향을 향해 변경될 것임을 예고하는 것이다.

■ 역사적인 시점으로 모터쇼를 보면 조금 다른 견해를 볼 수 있다. 연속적으로 모터쇼를 견학하다 보면 과거와 미래, 장래의 시간 축을 통해 그 동향을 느낄 수 있다. 그런 의미에서 자동차 디자이너를 꿈꾸는 학생이나 디자이너에게 있어서 모터쇼는 반드시 견학해야 할 이벤트라고 생각한다. 모터쇼는 자동차의 역사적 축소판으로서, 견학과 평가는 자동차 디자인의 역사에 참가하고 있는 것이라 해도 과언이 아니다.

# 9. 자동차 생산대수와 보유 비율

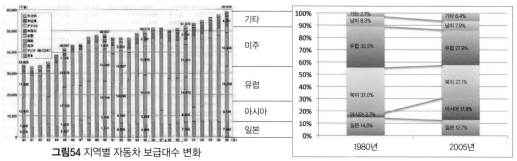

그림54 지역별 자동차 보급대수 변화

그림55 지역별 자동차 보급비율

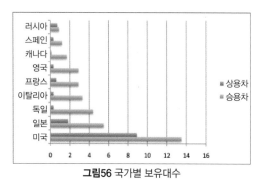

그림56 국가별 보유대수

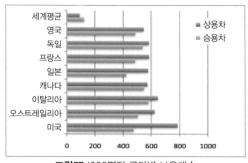

그림57 1000명당 국가별 보유대수
(03년 일본의 자동차 공업 데이터를 근거로 작성)

■ 자동차 디자인에 관해 살펴보았는데 자동차는 지역별로 어느 정도나 보급되어 있을까? 그림54의 그래프는 세계의 지역별 자동차 보급대수 변화를 나타낸 것이다. 총생산대수는 1980년 이후 해마다 급속하게 증가해 2005년에 전 세계에서 약6000만대가 생산된 것을 알 수 있다(그림54). 비율을 살펴보면 1980년에 북미:37%, 유럽:33.5%로 구미를 합친 것만 약70%를 차지한 반면, 아시아 지역과 일본은 18%에 지나지 않았다. 2005년에는 북미:약27%, 유럽:약29.9%로 감소된데 반해 일본은 경미하게 줄었으나 일본과 아시아 지역은 약30%로 급증했다(그림55). 이것을 중국을 비롯해 말레이시아, 인도 등에서 자동차 산업이 성장함으로써 시장이 확대되었기 때문이다. 앞으로도 확대성장 추세는 계속될 것으로 예상된다.

■ 그림56의 승용차 보유대수를 각국별로 살펴보면, 자동차대국인 미국이 월등히 앞선 1억3천만대, 다음으로 자동차 선진국으로 간주되는 일본, 독일, 이탈리아, 프랑스, 영국 순으로 보유하고 있다. 이들 나라는 자동차 제조뿐만 아니라 철강, 섬유, 유리, 과학, 기계 등 관련 제조 산업이 유기적으로 돌아가며 발달하는 것으로 생각된다. 정말로 자동차 산업은 그 나라의 제조산업 가운데 지표적인 위치를 차지한다고 할 수 있다. 중국은 이들 자동차 선진국에 포함되어 있지 않지만 급속하게 생산과 시장이 확대되고 있는 중이기 때문에 추격은 물론이고 추월 중이라고 예상된다.
■ 마찬가지로 그림57은 1000명당 국가별 보유대수를 나타낸 것이다. 미국, 오스트레일리아, 이탈리아, 캐나다, 일본 순으로서, 광대한 나라와 제조산업이 종합적으로 발달한 나라가 상위를 점유하고 있다. 그런 의미에서 중국은 광대한 국토가 있고 산업도 급속하게 발달하고 있기 때문에 앞으로 큰 성장이 예상되는 나라라고 할 수 있다.

**그림58** 수송분담율(수송인 수)

**그림59** 수송분담율 (중량/거리)

■ 그림58은 2003년도 일본의 교통 분담비율을 나타낸 것이다. 사람이 여행이나 일 때문에 이동할 때 자동차 67%, 철도 27%, 나머지 6%가 비행기를 이용하는 것으로 나타났다. 자동차가 7할에 가까운 이동수단이라는 것에 놀라지 않을 수 없다. 가솔린 가격의 급등 등으로 다른 교통으로 유도하려는 계획이 검토되고 있지만 자동차는 앞으로도 주도적 역할을 다할 것임에 틀림없다. 앞에서도 언급했듯이 자동차는 사용자에 없어서는 안 되는, 서민의 교통수단으로 사용되면서 생활 속의 발이라도 해도 과언이 아니다.

■ 또한 자동차는 농산물이나 공업제품의 수송(물류)에도 크게 공헌하고 있다. 그림59에 나타나 있듯이 일본의 총수송 중량(T/km)의 약54%를 자동차가 담당한다. 다음으로 선박이 약42%, 철도 4%, 비행기 순이다. 자동차와 선박 없이는 물류나 운반이 이루어질 수 없는 것을 보더라도 자동차가 산업을 지탱하고 있다고 해도 좋을 것이다.

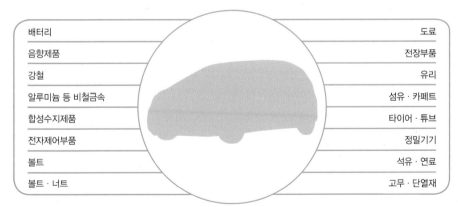

| 배터리 | 도료 |
| 음향제품 | 전장부품 |
| 강철 | 유리 |
| 알루미늄 등 비철금속 | 섬유 · 카페트 |
| 합성수지제품 | 타이어 · 튜브 |
| 전자제어부품 | 정밀기기 |
| 볼트 | 석유 · 연료 |
| 볼트 · 너트 | 고무 · 단열재 |

**그림60** 자동차의 부자재 및 부품     (2003년 일본 자동차 산업 JAMA데이터로 작성)

■ 그림60은 자동차를 구성하는 재료와 부품을 나타낸 것이다. 철, 알루미늄 등과 비철금속인, 유리 · 고무 · 가솔린 · 섬유 · 각종수지 · 도료 등 많은 소재로 이루어져 있다. 이 재료들을 가공하는 타이어 메이커, 시트 생산지, 섬유 메이커, 수지성형 메이커 등 많은 제조업, 부품가공 메이커가 관련되어 있다. 제조가공업 외에 자동차 판매 · 주유소 · 고속도로 · 수리 서비스 등, 많은 산업과 깊이 관련되어 있다. 자동차 관련산업의 취업자수는 일본의 경우 전체 노동인구의 18%를 차지하며, 제조업의 출하액 가운데서는 14%를 차지하는 등, 일본의 전체 산업과 경제에 있어서 필수적인 위치를 차지하고 있는 것이다.

# 11. 자동차 개발에 대한 대처

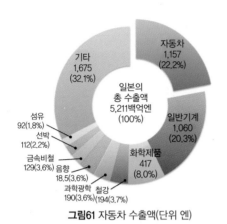

**그림61** 자동차 수출액(단위 엔)

**그림62** 신차와 중고차 등록대수
(2003년 일본의 자동차공업 JAMA자료에서 발췌)

■ 자동차가 일본경제에 큰 영향을 끼치고 있다는 사실을 언급했는데, 그림61은 제조영역별 일본의 수출액을 나타낸 것이다. 일본에서는 자동차 수출이 수입을 크게 상회하고 있어서 국가경제에 크게 공헌하고 있다. 자동차가 국내뿐만 아니라 국제상품인 것을 알 수 있다. 자동차 개발도 국내 사용자뿐만 아니라 수출국 사용자의 생활과 경제, 문화, 역사 등을 깊게 파악한 가운데 디자인이 요구된다는 것을 이해할 수 있다.

■ 이들 시장에서의 요구를 배경으로 각 기업은 설비투자와 개발투자를 펼치고 있다. 자동차와 관련산업의 투자비율을 조사했더니 자동차 투자비율은 22%, 철강관련 산업 등의 관련산업을 포함하면 약1/4를 차지하게 된다. 주요제조업의 연구개발비 가운데 자동차의 연구개발이 차지하는 비율은 약15%를 차지한다. 첨단의 자동차 기술을 개발하기 위해서는 그에 상응하는 연구개발비를 필요로 한다는 사실을 알 수 있다. 물론 그 안에는 디자인 개발비나 디자이너의 인건비가 포함되어 있다.

■ 앞서서 미국의 GM차가 신차를 대량으로 판매하기 위해 중고차를 보상 판매하는 방식으로 포드가 독점하던 시장을 탈환했다고 설명했다. 이런 자동차 시장의 이중구조는 일본의 현재 시장에서도 계속되고 있는데, 신차판매와 중고차 시장이 시장의 두 바퀴를 이루고 있다. 그림62는 근래의 일본 신차와 중고차 판매등록대수를 나타낸 것이다. 일반적인 예측과는 달리 신차는 600만대가 약간 모자라는데 반해 중고차는 800만대를 넘는 등, 중고차가 200만대 조금 더 넘게 등록된 것을 알 수 있다. 각 자동차 판매회사는 이 중고차 시장이 잘 순환되지 않도록 하면 신차도 원활하게 판매할 수 없는 것이다. 일반 사용자는 TV나 매스컴에서 선전하는 신차에 주목하기 쉽지만, 진짜 의미에서 디자인 평가를 받는 것은 중고차가 돼서도 인기가 있는 모델이다. 상품가치가 높고 사용자의 욕구를 충족시킨 디자인은 그다지 값이 떨어지지 않고 비싸게 팔 수 있다.

■ 일본 시장은 이미 총수요가 증가하지 않는다. 다시, 말하자면 성숙기에 들어와 있어서 이 이상의 데이터는 급성장 중인 중국 시장과 상황이 다르다고 할 수 있다. 그러나 가까운 장래에 중국 시장은 현재의 일본과 비슷한 상황이 도래할 것으로 예상된다. 앞으로의 중국 승용차는 이들 자동차의 배경을 이루는 산업이나 시장에 대한 폭넓은 식견을 바탕으로 디자인할 필요가 있다.

# 1. 육상교통의 역사

**그림63** 무거운 짐의 운반

**그림64** 짐마차

**그림65** 말을 동력으로 하는 마차

■ 자동차 역사에 대해 디자인이라는 시점에서 다루어 왔는데 항상 그 시대의 다른 교통기기의 기술 진보와 동향에 영향을 받아 발전했다는 것을 알 수 있다. 현재 교통을 지원하는 기기는 크게 육·해·공으로 분류할 수 있으며, 상호 영향을 주면서 발전하면서 오늘에 이르고 있다. 여기서 자동차 디자인은 육상 교통기기 디자인으로 규정할 수 있다. 비행기나 선박 기술이 직접적으로 자동차 기술에 영향을 준 사실은 이미 설명한 바와 같다. 이제는 육·해·공으로 나누어 그 발전 추이에 대해 설명하겠다.

**그림66** 증기 왜건

**그림67** 증기기관차

**그림69** 신간선

■ 육상교통의 역사 : 인류는 육상에서 사는 동물로서, 이동할 때는 스스로 걷거나 소나 말을 이용한 시대가 약200년 전까지 계속되었다. 특히 물건을 갖고 움직이는 일은 상당히 힘들어서 운반의 고통을 줄이기 위해 차가 발명되었다고 해도 좋을 것이다(그림63). 한자로 차(車)는 문자 그대로 2륜 짐차를 위에서 보았을 때의 형성문자로서, 한 가운데의 세로 선은 차축을 나타낸 것이다. 무거운 짐을 운반하기 위해 차가 발명되고 말이 끄는 마차가 발명되었다(그림64). 물건을 운송하기 위해 차가 발명되었고 다음으로 사람의 이동을 목적으로 하는 역마차(그림65)가 사람의 이동을 거들었다. 나아가 그 역마차에 증기 엔진을 장착해 달리는 왜건(wagon)이 발명되고(그림66), 철도를 달리는 기차(그림67)로 발전한다. 교통기기는 역마차나 기차 등 공공 시스템으로서 발달하게 되며, 그 동력도 증기나 디젤, 전기로 바뀌고 있다. 도시를 달리는 저상버스(그림68)나 약300km/h로 운행하는 초특급 고속전철인 신간선(그림69)이 개발되어 현재에 이르고 있다. 이처럼 공공교통과 개인교통은 교통기기의 양 바퀴로서 서로 영향을 주면서 앞으로도 계속해서 발달해 나가리라 생각한다. 육상교통은 공공과 개인을 두 축으로 하는 교통의 종합적인 시스템으로서, 생활이동이라는 생태학적 접근방식에서 미래의 시대환경에 최적화하는 방향으로 앞으로도 계속적인 개량을 통해 혁신되어 나갈 것이다.

**그림68** 저상 버스(미쓰비시 후소 에어로퀸)

**그림70** 고대 이집트 벽화에 그려진 배

**그림71** 중세시대의 대형범선

■ 자동차 역사를 통해 그 산업이 바다와 배에 의존하고 있고 자동차 제조에 사용하는 선 그림이나 골격구조가 조선기술과 깊이 관련되어 있다는 것을 앞에서 다루었다. 이처럼 자동차 산업과 기술에 영향을 끼친 배는 어떻게 발전해 나갔을까. 배가 가진 최대의 특징은 무겁고 부피가 큰 물건이나 많은 사람들을 움직일 수 있다는데 있다. 그런 역사도 오래되었는데, 성서에는 노아의 방주에 대한 일화가 나타나 있으며 기원전 수 천 년 전의 고대 이집트 벽화에는 나일강을 많은 선원들이 노를 저으며 나아가는 대형 배가 그려져 있다(그림70). 그리고 중세시대에 들어서는 풍력을 이용해 대양을 항해할 수 있는 대형범선이 개발된다(그림71). 유럽 각국에서는 경쟁적으로 조선기술이 개발되면서 신대륙 발견자나 식민지를 개척하기 위해 범선이 활약하는, 대 항해시대가 찾아온 것이다. 범선의 조선기술은 유럽열강의 국력을 상징하는 동시에 미지에 대한 모험이나 탐험을 꿈꾸게 하는 상징이기도 했다. 19세에 들어 증기기관이 발명되자 증기선이 개발되어 대양을 자유롭게 항해할 수 있게 된다. 배 쪽에 설치된 수차(水車)를 증기기관으로 회전시키는 외륜선(外輪船, 그림73)이었지만, 스쿠류가 개발되면서 대서양과 태평양을 자유롭게 항해할 수 있는 대형여객선이 취항하게 되었다.

■ 증기선은 연료인 석탄이나 물을 보급해야 할 필요와 함께 유럽열강의 패권경쟁으로 인해 아프리카와 아메리카 그리고 아시아에 침공해 식민지 전략이 전개된다. 아시아 각국에는 대형 조선기술이 없어서 구미열강에 의한 식민지화를 초래한 역사를 갖고 있다. 이처럼 조선기술이나 대형 선박은 국가의 발전과 산업 교역에 깊이 관여된 중요한 기술로서 앞으로도 그 중요성은 변함이 없을 것이다. 중국의 연안지역이나 한국·대만·말레이시아·일본 등 ASEAN 나라들은 바다와 접해있는 나라들로서 자동차 산업의 기본 원재료를 운반하기 위한, 뛰어난 해운환경을 갖추고 있다. 철광석이나

유리, 연료인 석유·가스를 운반하고 그리고 완성차를 수송하는 것은 대형수송선이나 탱크선으로서, 해운이 밑바탕에 있다는 것을 잊어서는 안 된다. 자동차는 육상을 달리는 기계지만, 그 산업의 기반은 바다로서 배의 수송력과 불가분의 관계에 있다. 앞으로 태평양 연안의 여러 나라와 아세안 각국의 발전에는 국제분업에 의한 경제 활성화와 자유무역이 중요해짐으로써 선박 수송에 따른 산업 교역망이 필수적이라 하겠다.

**그림72** 증기 외륜선

**그림73** 대양을 항해하는 대형 여객선범선

**그림74** 열기구

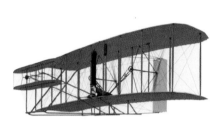

**그림75** 라이트 형제의 플라이어 비행기 제1호

**그림76** 복엽비행기

■ 하늘은 나는 꿈은 열기구나 비행선부터 시작되다가(그림74) 1903년에 라이트 형제에 의해 비로소 동력비행에 성공한다. 라이트 형제의 비행기(flyer)는 경량으로서, 마력12HP의 가솔린 엔진을 탑재한 상태에서 비행 테스트에 성공한다(그림75). 소형경량이지만 엔진이 없어서는 비행기가 날지 못했던 것이다. 그 후 프로펠러 뒤에 성형(星形)으로 배치된 비행기 전용엔진이 개발되면서 복엽기에 탑재되어 자유롭게 비행할 수 있게 되었다(그림76). 계속적인 개량을 거치면서 1927년에 린드버그가 대서양 횡단에 성공하면서 일약 영웅이 되었던 일은 라이트 형제가 첫 비행에 성공하고부터 불과 24년 후의 일이었다.

**그림77** 비행기의 대량생산

**그림78** 현대의 여객기

■ 20세기에 일어난 두 번의 세계대전은 비행기 기술에 혁신을 가져왔다. 전쟁에 이기기 위해 국력을 쏟아부어가며 성능이 좋은 전투기나 폭격기를 개발하는 과정에서 급격하게 성능이 향상되었던 것이다. 동력은 레시프로케이팅 엔진(reciprocating engine, 왕복 기관, 피스톤식 기관을 일컬으며, 레시프로(recipro) 엔진으로 약하기도 한다)에서 터보 프로펠러(turb propeller)엔진으로, 그리고 음속을 넘어서는 추진력을 갖춘 제트 엔진으로 진화한다. 제2차 세계대전 중에 포드사는 자동차 생산을 축소하고 자동차 조립라인을 활용해 폭격기를 대량으로 제조한다(그림77). 자동차는 비행기의 공력 스타일 이미지를 모방해 테일핀 스타일을 디자인하기도 했지만 그 밖에 공력ㆍ경량화ㆍ유압ㆍ센서ㆍ정보ㆍ자세제어 등 고도의 항공기술을 이식하게 되었다. 앞으로도 자동차는 비행기의 첨단기술을 배우면서 진화하는 한편으로 자동차가 선행하고 있는 안전기술이나 연비절감 기술, 조립기술, 가격인하 기술 등은 비행기 개발에 응용할 수 있을 것으로 생각된다(그림78). 현재의 비행기 기술은 우주개발에 사용되고 있으며 더 새로운 기술이 계속해서 개발되고 있다. 고도의 첨단기술을 대중상품으로 소개하는 기술로서 디자인은 장래에 더 크게 꽃 피우리라 기대된다.

# 1. 자동차개발의 패러다임 전환

■ 오일 쇼크를 계기로 그 이전과 이후로 가치관의 변화가 크게 일어났다고 생각한다. 무한정 쓸 수 있다고 생각했던 석유가 한정적이고, 많아 남지 않았다는 것을 깨달은 것이다. 앞서도 설명했듯이 그때까지 개발의 목표였던 맹목적인 스피드와 파워 향상, 필요 이상의 호화로움을 다투던 것이 자동차의 목적이 아니게 되었다. 고속성능을 다투고 대량생산과 판매에 따른 생산효율과 가격 절감, 호화로움을 추구하던 것에서 완전 바뀌어 경량화·소형화가 진행되고 연비 향상을 추구하게 되었다. 연비성능이 상품성의 경쟁력이 되는 등, 정말로 자동차 개발목표의 패러다임 전환이 일어난 것이다(그림79).

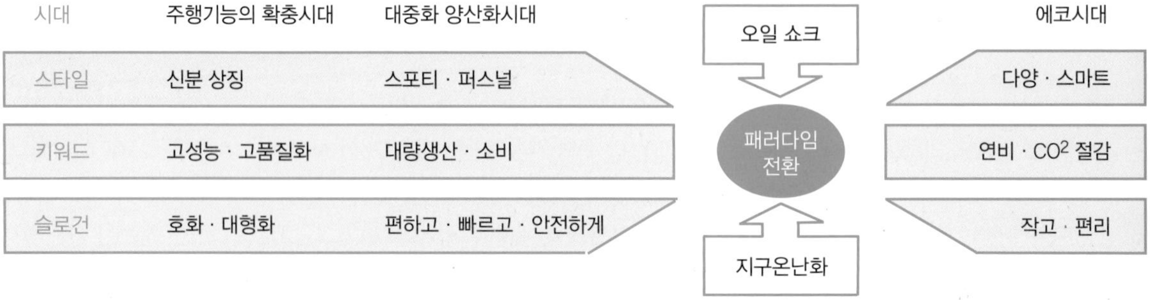

| 시대 | 주행기능의 확충시대 | 대중화 양산화시대 | | 에코시대 |
|---|---|---|---|---|
| 스타일 | 신분 상징 | 스포티·퍼스널 | 오일 쇼크 | 다양·스마트 |
| 키워드 | 고성능·고품질화 | 대량생산·소비 | 패러다임 전환 | 연비·CO$_2$ 절감 |
| 슬로건 | 호화·대형화 | 편하고·빠르고·안전하게 | 지구온난화 | 작고·편리 |

**그림79** 디자인 개발의 패러다임 전환 에코(economy)시대의 도래

■ 현재 석유를 대체하는 전기나 하이브리드, 연료전지, 태양전지 등 다양한 실험이 이루어지면서 그 기술력을 다투고 있다. 전기자동차도 효율이 좋은 것처럼 생각되지만, 사실은 그 전기를 발전소에서 석유 등을 연료로 사용하고 있으며, 송전 과정에서 손실이 발생하는 등 종합적인 에너지 절약기술이 요구되고 있다. 앞으로 더욱 종합적인 에너지 효율이용과 관련된 기술혁신이 자동차 산업의 존망을 걸고 계속되리라 생각한다. 이동효율을 향상시키기 위해 관련된 차체의 경량화, 공기저항·접지저항의 절감 그리고 무엇보다도 일상의 생활이동을 효율화하는 교통구조 자체를 개선할 필요가 있다.

■ 현재 미국에서는 자동차로 장거리 통근이나 통학이 생활의 상식으로 여겨지고 있어서 매일 수십 km를 자동차로 통근하는 사람이 많이 있다. 이런 미국적인 생활은 간소화시킬 필요가 있다고 생각하는데, 가능한 이동이 줄어드는 생활이나 도시구조의 패러다임 변화가 필요하다. 앞으로의 디자인 슬로건은 「에코에서 에코로」가 되리라 생각한다. 향후 도시구조나 통근을 포함한 생활이동의 변화도 급속하게 진행될 것이다.

■ 그리고 현재 환경문제가 새롭게 주목을 받고 있습니다. 산업폐기물에 의한 지구규모의 환경오염이 커다란 문제가 되고 있다. 자동차 배기가스에 포함된 탄산가스가 온난화의 원인 가운데 하나로 지적받고 있는 것이다. 배기가스가 안 생기는 전기자동차가 좋겠지만 그 전기가 석유로 만들어져서는 본질적인 해결책이 될 수 없다. 원자력 발전은 안전성 면에서 완전하게 보증된 기술이라고 할 수 없다. 가까운 장래에 이들 에너지 문제가 연구되고 기술적으로 극복된 새로운 시대가 되리라 생각한다. 지구와 자연이 공생하고 조화를 이루기 위해서 디자이너는 다양한 분야에서 그 능력을 발휘할 것이다.

# 2. 앞으로의 키워드 다양화·정보화·소형경량화

그림80 자동차의 미래 디자인 키워드

■ 그림80은 자동차의 미래에 대한 전망을 브레인스토밍(brainstorming)한 것이다. 앞으로 다양한 변화들이 자동차에서 일어나리라 생각하지만 「다양화」,「환경」,「연비」,「IT」 4개의 그룹으로 나누어 보았다.

■ 먼저 다양화에 관해 이야기해 보겠다. 다양화는 문화의 척도이다. 문화가 발전하는 것에 비례해서 다양화가 진행된다. 사용자의 가치관에 따른 라이프 스타일이 다양해지면서 기호나 색상은 물론이고 스타일도 백인백색이라 할 수 있다. 개성이 다른 자동차가 공존, 공생하는 식의 자동차 생태계가 만들어질 것으로 생각된다. 이것은 다른 키워드인 연비, IT, 환경 등의 항목에 있어서도 다양화가 진행됨에 따라 다양화가 다른 요소와 결합해 더 폭발적인 다양화가 이루어지리라 생각된다. 최첨단 기술로 무장된 고급차부터 캐주얼 풍의 스트리트 패션, 빈티지 감각의 여유로운 스포츠카, 수륙 양용차, 삼륜차, 퍼스널 이륜차 등 개성과 다양화가 진행되면서 각각의 개성이 묻어나는 자동차나 바이크, 자전거 등 교통기기 전체가 생생하게 조화를 이루는 시대가 다가올 것으로 예측된다. 달리 말하면 일원적인 교통 시스템이나 자동차 방향으로는 나아가지 않을 것으로 예상되는 것이다.

■ 이와 같이 다양화가 진행되는 장래에 있어서 자동차 기업들은 극복해야 할 과제들이 많을 것이다. 지금까지 진행해온, 양산·양판으로 얻은 가격 인하나 이윤을 얻기 어려워지는 것이다. IT기술, 로봇기술 등을 이용해 다양성 있는 생산방식과 개성적인 생산방식, 중고차를 포함한 이중구조의 판매 시스템, 다채로운 주문 입력(order entry) 방식 외에도 편의점에서의 자동차 판매, 이동식 비즈니스 등 예상을 뛰어넘는 만큼의 다양한 변화가 일어날 것으로 생각한다.

# 3. 에너지와 환경문제

■ 오일쇼크를 계기로 자동차 패러다임의 변화가 일어났다고 언급했다. 한정적인 석유는 앞으로 수요와 공급의 밸런스를 통해 더 비싸질 것으로 예상된다. 가솔린 가격이 얼마까지 오르면 교통수단을 어떻게 바꿀까. 자동차 연비가 얼마 정도가 되면 자동차를 단념할지 등, 구체적인 검토와 대책을 연구할 필요가 있다. 그러나 자동차의 편리성과 쾌적성을 체험한 운전자라면 그리 쉽게 떠나지 못할 것이라는 점 또한 사실이다. 당연히 연비가 좋은 자동차로 시장이 이동하는 시대가 될 것이다.

■ 연비절약을 위해 경량화, 공기저항 절감, 접지저항 절감, 전면투영면적 절감 등, 각 기업이나 관련 메이커는 마른 수건을 더 쥐어짤 정도의 노력을 계속하고 있다. 그런데 이런 것들의 개선목표는 단순하지 않아서 공기저항을 좋게 하기 위한 형태가 거주성 관점에서 보면 꼭 쾌적하다고는 할 수 없다. 고속주행을 위해 비좁고 답답한 캐빈도 참았다는 것을 감안하면, 연비를 위해서라면 참고 견디는 운전자가 늘어날지도 모른다. 좀처럼 타지 않을 5명~7명 등의 탑승객도 2명, 많게는 1명 정도 더 추가해서 경량화와 Cd치 절감을 선택하는 운전자도 늘어날 것으로 생각된다. 세일즈 포인트 가운데 하나였던 연비절감은 현재 기업의 존망을 움켜쥔 중요한 개발항목인 것이다.

■ 연비문제의 해결책을 위한 본류는 연비가 좋은 엔진의 개발 그리고 새로운 에너지원의 개발과 관련기술이다. 전기자동차도 언뜻 효율이 좋을 것 같지만, 발전소에서 석유를 태우는 한편 발전소로부터의 전송선 도중에 에너지 손실이 일어나는 현재 상태에서는 완전한 대책이 아니다. 현재는 다양한 기술극복을 위한 시행단계로서, 가솔린과 전지의 하이브리드 차, 연료를 이용해 전기를 만들면서 달리는 전기자동차, 옥수수 등의 식물에서 알코올을 추출해 대체연료로 삼아 달리는 등, 다양한 시도가 이루어지고 있지만 절대적인 것이라고는 할 수 없다. 태양광, 풍력, 수력, 원자력 등, 석유 이외의 수단으로 전기를 일으켜 효율적으로 달리는 기술을 개발하는 것이 시급하다.

■ 앞으로의 자동차를 생각할 때 환경문제를 빼고는 생각할 수 없다. 이 문제는 일본 교토에서 열렸던 교토의정서에 의해 매스컴에서 전하고 있듯이, 근래 일반 운전자도 이 문제의 중요성을 인식하게 되었다. 이 문제의 본질에 대해서는 6장에서 언급하겠지만, 생물의 개(個)·군(群)·종(種)의 생존방식과 환경과의 관계를 종합적인 관점에서 연구하는 생태학(ecology)적 시점에 따른 것이라 생각한다. 원래 에콜로지란 생물이 살아가는 장으로서의 환경에 얼마나 순응하고 적응하느냐는 시점에 선, 지구상 모든 생물의 종합조화학(綜合調和學)이라고도 할 수 있는 방법론인 것이다.

■ 이 원래의 에콜로지, 생태학에 관한 사고를 인간생활에 적용하면 다양한 문제가 보인다. 생태학적 시점에서 보면 사람은 자연환경이나 다른 생물에 대해 너무 자기중심적인 이기주의에 빠져 있다는 것을 깨달은 것이다. 달리 말하면 식물이나 동물이 지켜온 생태계를 파괴해 온 것을 깨달은 것이다. 「지속가능(sustainable)」, 「유니버설」, 「공생」 등은 생태학에서 생겨난 개념으로, 자동차가 100마력을 발휘하면서 유한한 석유를 과도하게 사용하고, 내 일만 보기 위해 운전하는 것에 대한 반성이 일어나고 있는 것이다. 「에코에서 에코로」를 슬로건으로 앞으로도 진짜 의미에서 에콜로지를 탐구하고 기술적으로 해결할 필요가 있다.

■ 에너지 문제와 환경문제는 깊이 관련되어 있어서, 현재의 석유연료는 태양 에너지에 따른 유기물인 화학연료라는 것을 알게 되었다. 우리들은 태양계에서 살고 있고, 태양의 은혜로 얻은 식물이나 동물을 식재료로 삼아 살고 있다. 이 태양 에너지를 잘 사용할 수 있는 기술, 솔라 배터리 등을 효율적으로 만들어 광합성적인 발전을 이용해 원활하게 달리는 것, 검소하고 깨끗하게 달리는 것이 앞으로의 자동차 개발과제가 될 것으로 예상된다. 식물은 광합성을 통해 태양과 잘 조화해 왔다. 우리들은 광합성적인 태양전지와 그것을 능숙하게 이용하는 검소한 탈 것과 공생하면서 이동하게 될 것이라 생각한다.

# 4. IT 기술 - 똑똑해지는 정보매체로서의 자동차

**그림81** 산업로봇

■ 20세기 전반에 컴퓨터(이후 central processing unit, CPU)가 개발된 이후 관련 정보기술이 비약적으로 발전했다. 전자계산기로 개발된 CPU는 사무계산·워드프로세서·휴대전화·통신기기 등, 다양한 분야에 폭넓게 적용되어 거대한 IT(information technology) 시장을 만들어냈다. 더불어 거대한 시스템이었던 CPU는 기술혁신을 통해 소형화되면서 개인이 갖고 다닐 수 있는, 여러분 생활에 빼놓을 수 없는 노트북으로도 사용되고 있다. 자동차 산업에도 이 IT기술이 조기에 도입되어 자동차에서는 다수의 IC(integrated circuit) 칩이 많은 제어기능을 담당하고 있다. 카 내비게이션 등, 자동차에 사용되는 IT기술과 더불어 생산공장에도 IT기술이 도입되어 생산가공이나 조립현장에서 효율적인 고품질 제품을 만들기 위해 활약하고 있다. 고정밀도로 어느 정도 자유로운 동작이 가능한 것부터 이들 정보제어 시스템에 의해 가동되는 산업기기를 산업로봇(그림81)이라 한다. 예전 생산라인처럼 많은 노고를 쏟아 부었던 근로자는 줄어들고 산업로봇이 묵묵히 용접기술이나 도장, 조립작업을 하면서 지금까지의 공장과는 전혀 다른 생산라인을 통해 자동차가 만들어지고 있다. 이런 최첨단 기계와 IT의 융합은 메카트로닉스라 불리며, 앞으로 이 영역의 기술은 점점 진보할 것으로 여겨진다.

우리들은 개발된 자동차 스타일이나 기능 등에 쉽게 눈길을 뺏기지만 그 디자인의 배경에, 그 자동차를 생산가능하게 하는 최첨단 메카트로닉스 기술자가 있어야 비로써 성립되는 것이다. 자동차 회사의 장래는 이 메카트로닉스의 성쇠에 달려있다 해도 과언이 아니다. 각 자동차 메이커마다 인간형 로봇을 발표하고는 있지만 미래의 기술개발에 대한 선행기술의 연구대상으로 발표하는 것이다. 그 첨단 기술은 똑똑해지는 정보매체로서의 자동차, 즉 자동차 그 자체가 로봇처럼 운전자를 지원하는 서비스가 바로 미래의 자동차 기술혁신의 한 쪽 날개를 담당할 것으로 생각한다 (그림82).

**그림82** 자동차와 IT(혼다 아시모와 카 내비게이션)

# 5. 실천적 역사 기술자인 디자이너

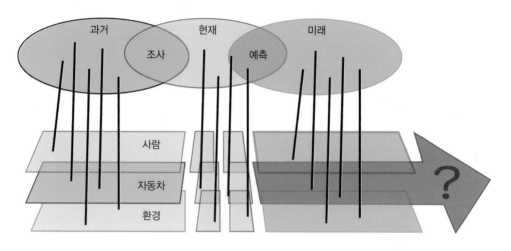

그림83 디자인은 역사실천 기술

■ 역사란 오랜 연대나 시대의 과거를 되돌아보고 현재와의 관계를 검토함으로써 그 지식을 이용해 미래 상황을 예측하는 것이다. 디자인이란 사물과 현상을 시간 축을 통해 예측하고 이미지화하여 스케치나 모델로 제시하는 역사학이라고 해도 좋을 것이다. 역사는 100년 단위의 오랜 시간 잣대를 이용하지만 자동차의 경우는 5~15년 동안의 아주 짧은 시간의 역사학인 것이다. 디자인 작업은 과거를 향해 제안되는 경우는 없으며 반드시 시간적으로 미래의 사물과 현상에 대한 제안이다. 자동차 개발의 경우 몇 년 후에 판매가 되기 때문에 사용되는 10년 앞의 예측이 필요하다. 아울러 10년 뒤의 사용자가 무엇을 갖고 싶어 하고 그때의 경제나 인프라 시장은 어떻게 변화하며 그리고 주변기술은 어느 정도로 발전해 있을 것인지 등, 사람과 일(자동차 기술), 환경 예측을 토대로 자동차 디자인이 이루어진다(그림83).

■ 미래를 예상하는 것은 디자이너뿐만 아니라 점쟁이나 종교적 예언자, 심지어는 평론가 등 미래를 말하는 많은 지식인이 있다. 디자이너와 이들 예측을 직업으로 하는 사람과의 차이는 자신의 예측 근거를 제시하고 그것을 시각화할 수 있다는데 차이가 있다. 과거에서 현재까지의 사람과 일, 환경 변화를 논거를 갖고 알기 쉽게 설명함으로써 그런 고찰을 통해 장래에 일어날 상황을 예측하고 아이디어를 제안하는 것이 디자인인 것이다. 디자인 방법론의 기본은 역사학이라도 해도 무방한 것이다.

■ 여러분이 대상화하는 디자인 테마가 가전이나 정보기기라도 반드시 먼저 디자인한 것이 있다. 먼저 그 제품이 어떤 경위로 등장했고 변화해 왔는지를 올바로 파악할 필요가 있다. 그리고 그것을 사용하는 사용자가 어떤 생활을 하고 있는지를 자료나 문헌을 통해 조사할 필요가 있다. 왜 그 디자인이 바뀌었는지, 이유를 탐구해 볼 필요가 있다고 생각한다. 디자인은 그 시대환경이 만든 것이고 디자이너는 그 시뮬레이터라고 해도 과언이 아니다.

# 6. 자동차 디자인 연대표 개요

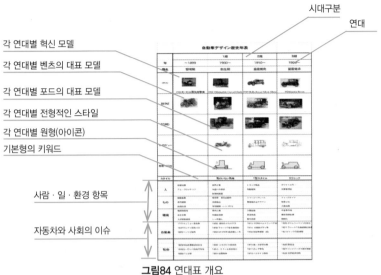

**그림84** 연대표 개요

■ 먼저 디자인은 역사적 실천 기술이라고 정의했다. 과거부터 현재에 이르는 자동차의 발전을 디자인이라는 시점에서 그 개요를 설명해 왔다. 단 120년에 지나지 않지만 자동차 디자인은 크게 변화해 온 것을 알 수 있다. 각 연대별 사람·자동차기술·환경, 즉 시대성이 크게 바뀔 때마다 자동차 스타일이나 기본형태가 바뀌게 된다고도 설명했다. 디자이너는 각 연대별 시대성을 시뮬레이터로서 개발한 것이라 할 수 있다.

■ 이번 장의 마무리로서 다음 페이지에 연대표를 만들었다. 이 연대표에서 자동차의 역사를 큰 흐름으로 파악할 수 있다. 그림84는 이 자동차 디자인 역사의 연대표에 대한 개요를 나타낸 것이다.

■ 연대표는 개요 10년 단위로 구분해 11기(期)로 구분했다. 상단부터 각 연대별 디자인의 선구자였던 혁신 모델, 다음 단에 벤츠와 포드의 각 연대별 대표 모델 그리고 전형적인 측면 모습, 최하단에 각 연대별 기본형(icon)이 들어가 있다. 각 연대별로 각각의 기본형태(원형·아이콘)가 명확해지는 것을 알 수 있다.

■ 그림 아래쪽에는 위쪽에 언급된 승용차 디자인의 배경을 이루는, 사람·일·환경에 관한 사항이 나타나 있다. 이들 사항이 직간접적으로 자동차 스타일을 바꾸고 진화시켰다는 사실을 파악할 수 있다. 그리고 가장 아래쪽에 자동차에 관한 동향과 일반 뉴스가 나타나 있다. 이들 사건이나 뉴스는 각 연대별 시장에 큰 영향을 끼쳐 자동차 디자인을 간접적으로 바꾸는 원인이 되었다.

■ 이 연대표는 과거부터 현재까지의 자동차 추이만 나타나 있다. 이 연대표에서 미래의 디자인을 예측해 보시기 바란다. 스타일을 직접적으로 예측할 수는 없다. 그러나 미래의 기술이나 생활 변화·사용자의 가치관 그리고 경제나 사회 정세의 미래상을 예측할 필요가 있다. 가솔린 가격 인상은 연비가 좋은 자동차를 찾는 계기가 될 것이다. 그를 위해 경량화나 소형화가 급속하게 진행될 것으로 생각된다. 그런 징후는 이미 시작되고 있으며, 환경에 관해 지구규모의 온난화 대책을 위해 가솔린 이외의 연료나 수단으로 이동하는 기술이 발달할 것으로 예측된다. 아직 찾아오지 않은 미래의 자동차나 교통기기의 디자인은 독자 여러분의 풍부한 감성과 상상력에 맡겨져 있다. 미래의 생활을 아름답고 편리하게 사용할 수 있는 자동차 디자인을 목표 삼아 노력해 나가보자. 다음 장부터 현재의 자동차 디자인을 소개하고 나아가 디자이너가 되기 위한 트레이닝 방법을 순차적으로 소개하도록 하겠다.

## 자동차 디자인 역사 연대표

| 년 | | 1기 | 2기 | 3기 | 4기 |
|---|---|---|---|---|---|
| | ~1899 | 1900~ | 1910~ | 1920~ | 1935~ |
| 기명 | 여명기 | 태동기 | 양산개발 | 양산승계 | 양판부가가치 |
| | 1900모빌 증기자동차 | 1902 Oldsmobile Curved Dash | 1909 Rolls Royce Silver Ghost | 1924 Austin Seven | 1934CHR Air Flow |
| BENZ | | | | | |
| FORD | | | | | |
| 측면 | | | | | |
| 원형·아이콘 | | ① | ② | ③ | ④ |
| 스타일 | | 말이 없는 마차 | T형 스타일 | 클래식 | 패스트백 |
| 사람 | 신부유층<br>뉴 프런티어 | 가내공업<br>미국으로의 이민<br>신발명 갈망 | 트럭 수송<br>이동경제 | 화이트 컬러<br>실업자증가 | 과학기술 존중<br>샐러리맨 증가<br>불안의 시대 |
| 일 | 섬유산업<br>증기기관<br>철도교통 | 포장마차 증기자동차<br>부품독립<br>증기기관→레시프로 | 엔진 섀시 프레임<br>양산조립라인 | 튜브 타이어<br>저중심화(低重心化)<br>대량소비 | 공력이미지 8엔진 |
| 환경 | 식민지무역<br>민주주의<br>대양범선무역 | 가내공업<br>비포장도로<br>레이스 번성 | 대량생산<br>철도발달<br>도시발전 | 중고차시장<br>포장도로확장<br>기계화 | 파킹·미터<br>민족국가의식고취<br>아우트오토반 |
| 자동차 | 1771 퀴뇨증기차<br>1831 런던증기버스<br>1883 벤츠삼륜차 | 1900 최초의 메르세데스<br>1908 포드T형 생산개시<br>1908 뉴욕–파리 장거리<br>레이스 | 1913 포드 벨트 컨베이어<br>사용<br>1914 전체철강보디차<br>1908 자동차보험(독일) | 1926 다임러–벤츠사 창립<br>1927 포드T 생산기록달성<br>1929 싱크로변속기 | 1930 자동차노조발족<br>1935 고급스포츠 스피드<br>스타<br>1938 VW발표 |
| 사회 | 1829 미불 철도건설 시작<br>1848 유럽 각지의 혁명<br>1889 파리만국박람회 | 1900 시카고에<br>대형백화점 탄생<br>1903 라이트형제 첫 비행<br>1904 러일전쟁 | 1914 제1차 세계대전<br>1917 러시아혁명<br>1919 베르사이유조약 | 1920 금주법<br>1927 린드버그대서양횡단<br>1929 세계경제공황 | 1931 도시간버스망(미)<br>1933 뉴딜정책<br>1934 디젤기관차 |

| 5기 | 6기 | 7기 | 8기 | 9기 | 10기 |
|---|---|---|---|---|---|
| 1945~ | 1960~ | 1970~ | 1980~ | 1990~ | 2000~ |
| 패밀리카 | 테일핀 | 스포츠스페셜 | 소형□경량 | SUV | 에코미니 |
| 1948 터커 | 1959 Buick Electra | 1969 Ford Capri | 1988 Oldsmobile Aerotech | 1990 Pontiac MPV | 1997 Smart |
| | | | | | |
| | | | | | |
| | | | | | |
| | | | | | |
| 3박스 세단 | 테일핀 | Long nose, Short deck | 소형2박스 | FF SUV | 미니밴 |
| 전시체제혼란<br>패밀리카 | 전후 부흥기<br>소비는 미덕<br>파워 엘리트 | 스페셜리티<br>전후파 뉴패밀리<br>대량소비시대 | 여성 사용자<br>가구당 복수소유<br>국제수출 | 개인별소유<br>경기상승기<br>국제현지생산 | 젊은이의 자동차 이탈<br>환경문제의식화<br>캐주얼화 |
| 빌트인 헤드램프<br>모노코크 보디<br>장식도금 | 하늘을 나는 이미지<br>프레스 기술<br>가늘고, 길고, 낮게 | 안전<br>하이파워<br>고성능 | 경량화, 소형화<br>모노코크 구조<br>공기저항 | 공간효율·다른 용도로 사용<br>FF레이아웃<br>CD, 4WD, 4WS | 배기가스·연비<br>IT기술<br>리사이클 |
| 가격<br>개발전략<br>지프개발(미) | 도시집중화<br>고속도로시대<br>전후 경제부흥 | 안전기준<br>고속도로망 시대<br>시트벨트 | 오디오<br>PC양산<br>에어백 | 환경기준<br>수입규제<br>자연환경보호 | 지구온난화<br>바이오연료 |
| 1948 2CV생산개시<br>1940 자동변속기(GM)<br>1959 M.미니생산개시 | 1964 반켈엔진승용차<br>1965 자동차구조안전<br>기준(미)<br>1969 유럽총생산대수,<br>미국을 추월 | 1973 제1차석유위기<br>1978 일본 엄격한배기<br>가스 기준 마련 | 1980 일본 생산국 1위<br>1984 미니밴<br>(크라이슬러) | 1990 에어백개발<br>1994 세계ITS회의<br>1996 고성능전기자동차 | |
| 린드브그대서양횡단<br>1939 제2차세계대전<br>1950 시판컴퓨터 | 1957 EC창설<br>1958 소비에트인공위성우주비행<br>1969 인류최초 달착륙 | 1972 국제연합에서<br>환경보호회의<br>1973 베트남평화회의 | 1980 이란이라크전쟁<br>1989 세계이상기상<br>백서(일) | 1991 소비에트붕괴<br>1993 EU조약발효<br>1997 교토의정서 | 2001 9.11동시다발테러<br>2008 서브프라임경제<br>불황 글로벌화 |

# 2장
# 디자인 현장시스템

# 1. 자동차 디자인 개발업무

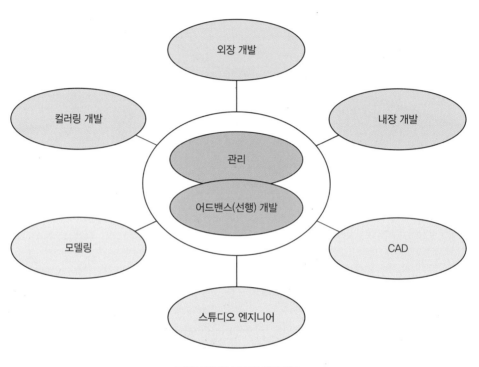

**그림1 자동차 디자인 개발업무**

■ 자동차 디자인은 한 사람의 디자이너가 모든 것을 담당할 수 없다. 대부분의 기업에서는 디자인 업무를 외장 (exterior), 내장, 컬러링, CAD, 모델 등의 전문 그룹으로 나눠서 업무를 진행하고 있다. 이들 디자인 업무는 기업에 따라 부(部), 과(課), 계(係), 실(室), 당당 등의 호칭으로 다양하게 불리는데, 어떤 이름이든 디자인 업무는 의도적으로 전문성을 살리는 방식으로 운영되고 있다. 최근에는 디자인의 질과 효율향상을 위해 조직운영이 더 세분화되는 경향에 있다. 자동차 기업의 조직이 전부 갖은 것은 아니며, 디자인 업무의 조직 내 위치나 내용도 동일하지 않지만, 일반적으로 그림 1에서 볼 수 있듯이 8개의 업무로 구분할 수 있다.

먼저 디자인 개발업무는 외장, 내장, 컬러링으로 부리는 전문부서로 나누어진다. 외장은 외관, 내장은 실내, 컬러링은 색채를 담당한다. 이들 업무가 원활하게 추진되도록 지원하는 업무가 모델링, 스튜디오 엔지니어, CAD 부문이다. 예전에 이 3가지 업무는 디자이너의 업무 가운데 하나였지만 전문업무로서 분리해 독립된 것이다. 그리고 앞서 언급한 6가지 업무를 총괄적으로 관리하는 관리 그룹, 디자인의 종합적인 조사나 선행개발을 담당하는 어드밴스 디자인이 있다. 이들 8가지 디자인 업무가 서로 협력함으로써 조직이 운영된다. 다음으로 업무 내용에 대해 순서대로 설명하도록 하겠다.

# 2. 외장 디자인

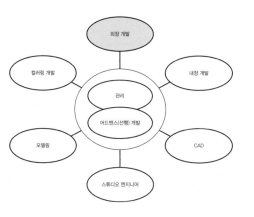

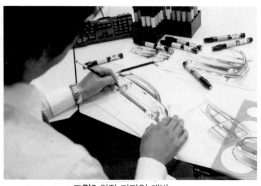

**그림2** 외장 디자인 개발

**그림3** 외장 스케치
(이미지 제공 : 미쓰비시 자동차공업 / 일본자동차 모델협회)

■ 외장 디자인 : 주로 외관 디자인을 담당한다. 자동차 디자인에서 가장 주목 받는 외관의 스케치 등, 스타일 개발을 주로 담당한다(그림2). 외장 디자인은 상품의 인상에 큰 영향을 준다. 그런 의미에서 상당히 화려하고, 누가 보더라도 알기 쉬운 디자인을 담당하는 부서이다. 입체적으로 구성되는 외관 스타일은 뛰어난 조형력(造形力)과 센스가 요구된다(그림3). 또한 스타일의 유행, 시장 요구, 이동하는 환경 등도 잘 파악할 필요가 있다. 외장 디자인을 검토하기 위해 인더스트리얼 점토(클레이)로 축소 모델이나 1:1 크기 모델을 만들어 비교검토하게 된다. 전에는 디자이너도 상세한 부분의 미묘한 점을 직접 조형하기 위해 스스로 점토 작업을 했다. 현재는 이 모델은 전문으로 제작하는, 모델러라는 전문직이 담당해 작업이 이루어진다. 많은 시간과 노력을 필요로 하는 1:1 크기의 점토 모델은 기본형을 NC(수치제어) 가공기로 자동 절삭하는 한편 미묘한 표면처리는 모델러의 솜씨에 의존하는 것이 일반적이다. 외장 디자이너는 1:1 크기의 모델을 몇 대 정도 그린다. 외장 스튜디오라는, 큰 작업실 한 쪽에 자신의 책상이 있고 모델이 보이는 곳에서 디자인 작업을 진행한다. 스튜디오에 관한 상세한 것은 뒤에서 설명하는, 전형적인 디자인 스튜디오 사례(그림11)를 참조해 주기 바란다.

# 3. 내장 디자인

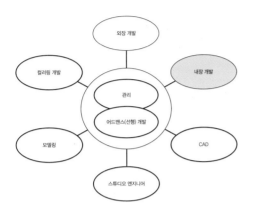

**그림4** 내장 디자인 작업

**그림5** 내장 스케치

**그림6** 내장 모델(이미지제공:미쓰비시 자동차공업)

■ 내장 디자인 : 주로 내장을 담당한다(그림4). 실내의 거주성이나 시야 등과 관련되는데, 자동차의 실내는 수많은 내장 기능부품으로 구성되어 있다. 라디오, 내장, 계기판(그림5), 시트 등과 같은 대형 부품 외에도 이것들을 조작하는 스티어링 핸들, 시프트 레버, 사이드 브레이크, 각종 스위치 등 운전자나 탑승자의 체격, 운전자세 등과 밀접하게 관련되어 있기 때문에 조형의 아름다움과 동시에 인간공학적으로 만들어 피로함이 없는 조작성 검토나 기능부품 간의 배치 등, 세부적인 것들이 검토된다(그림6). 탑승객의 시야나 각 부품의 배치, 조작성 등을 검토하는, 시팅 백(seating back)이라고 하는 간이 내장 모델로 스튜디오 엔지니어와 함께 검토하는 것도 이 내장 디자인의 업무이다.

■ 자동차 디자인에서는 외장 디자인이 더 많이 주목 받지만 개발에 들어가는 노력은 오히려 내장 디자인 쪽이 많다고 할 수 있다. 조형적인 심미성(제품을 디자인하고 만들기 위한 설계의 기본 요소 중 하나로, 색상이나 디자인, 외관의 미적 기능을 말한다)을 추구하는 외에도 각 부품의 기능도 다양하며, 부품수도 많고 관련된 디자인 요소도 복잡하다. 더구나 개발해야 할 모델은 한 종류뿐만 아니라 비용을 중시한 표준 사양, 호화로운 음향제품 및 시트 소재 등 호화로움을 상품성으로 무장하는 디럭스 사양, 고출력의 터보 엔진과 버킷(bucket) 시트 등이 조합된 스포츠 사양 등, 다양한 상품이 기획됨으로써 각 사양에 어울리는 미터기나 시트, 내장 등의 색상과 소재도 달라집니다. 내장 디자인은 전체적인 개념에서부터 미터기의 문자나 지침의 세부적인 디자인에 이르기까지 아주 중요하기 때문에 치밀하고 세련된 디자인 능력이 필요한 작업이다.

# 4. 컬러링

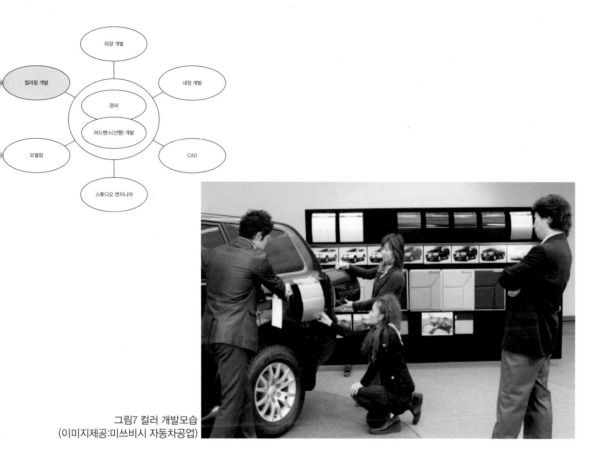

그림7 컬러 개발모습
(이미지제공:미쓰비시 자동차공업)

■ 컬러링 : 문자 그대로 컬러 색에 관한 계획을 담당하는 디자인 업무이다. 몇 년 뒤에 판매되는 차체의 외장색이나 내장색을 디자인하는 중요한 전문직인 것이다(그림7). 아무리 멋진 스타일이라도 소비자가 선호하는 색이 없으면 판매를 할 수 없다. 색은 판매량에 큰 영향을 주는 디자인 요소로서, 문화 그 자체라 할 수 있다. 전 세계에 수출되기 때문에 시장이 요구하는 색의 동향을 조사하는 일로부터 컬러링은 시작된다. 차체 색뿐만 아니라 내장색이나 시트 천 등의 색도 디자인한다. 업계에서는 이런 것들을 총칭해 컬러링이라고 부른다.

■ 각사의 외관 색은 사용자 편리성에 맞춰 판매할 때 레드, 화이트, 블랙 등 일반적인 색 이름으로 불리지만, 각각의 색은 각 자동차 메이커의 컬러리스트와 도료 메이커가 공동으로 개발한, 독자적인 색으로서 각 메이커마다 미묘하게 차이가 난다. 같은 흰색이라도 조금 따뜻한 느낌이 나는 것부터 청색 맛이 나는 것 등, 미묘한 뉘앙스의 차이가 있다. 시대의 흐름과 함께 색에 대한 유행도 바뀐다. 컬러 트렌드를 조사해 개념을 설정한 다음에 구체적인 색채를 계획하는 일은 간단한 것 같지만 어려운 전문영역이라고 할 수 있다. 색은 도면처럼 그림으로 나타낼 수 없다. 그 미묘한 느낌은 도장한 판이나 천 샘플 등, 현물로 지시된다. 색 샘플도 자기가 만들지는 못하기 때문에 메이커에 발주해서 만든다.
정해진 색을 도장하는 작업은 로봇이 작업하기 때문에 도장설비 쪽 라인 스피드는 각 사별로 다르기 때문에 같은 색이라도 생산라인에 따라 그 조성(組成)이 달라진다. 색의 도면인 색 견본과 컬러 샘플 등도 관리한다.

# 2-2 디자인 스태프

# 1. 모델링

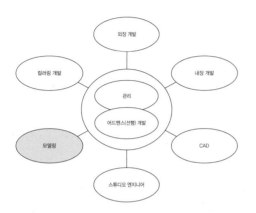

**그림8** 점토 모델링(이미지제공:미쓰비시 자동차 공업 / 일본자동차 모델협회)

■ 모델링 : 디자이너가 계획해 그린 스케치나 도면을 토대로 모델을 제작하는 공정을 가리킨다. 자동차 디자인의 원점은 물건을 만드는 것이다. 1:1 크기의 자동차 모델을 디자이너가 직접 만들려고 하면 수개월은 소요될 것이고 거기에 들어가는 노력도 막대할 것이다. 따라서 자동차 디자인은 이른 시기부터 모델을 전문으로 작성하는 직능이 분리되었다. 모델 작성을 전문적으로 하는 사람을 모델러라고 부른다. 구미 등에서는 미술학교에서 조각을 배운 사람이 담당하는 경우도 있는 것 같다. 자동차 디자인의 주요 모델은 주로 자동차전용으로 개발된 인더스트리얼 점토로 만든다(그림8). 점토 오븐이라고 하는 히터로 따뜻하게 해 부드러워진 점토를 코어(골격재)에 붙여가면서 차체의 외형을 대략적으로 만드는 것이다. 이 단계를 조성(粗盛)이라고 한다. 도면에 기초해 만들어진 게이지(template)나 스크래퍼(scraper)라고 하는 전용도구로 깎아낸다. 점토라고 하는 소재는 형상을 쉽게 만들 수 있으면서도 수정하기 쉬운 것이 특징으로서, 모델이 만들어지고 난 뒤 부적절한 곳을 재빨리 수정해 디자이너가 이미지화 하려던 것에 최대한 가깝게 할 수 있다. 외장 모델뿐만 아니라 내장 모델도 만든다. 시프트레버의 노브나 복잡한 미터기 등은 목형(木型)이나 수지 등을 가공하는 경우도 있다. 완성된 모델은 다이녹(상품명) 같이 아주 얇은 플라스틱 필름이나 도장으로 착색되며, 램프 종류나 도어 노브 등 의장품이 장착되면 실제차량으로 착각할 정도로 완성도가 높아진다. 전에는 디자이너도 점토 모델 제작에 참가했지만(자신의 디자인을 입체적으로 파악하기에 좋은 경험이다), 수고가 많이 들어가고 섬세하게 변화하는 곡면을 조형하는 데에는 숙련을 필요로 하기 때문에 일본에서는 1960년대 후반 무렵부터 거의 모든 자동차 메이커가 모델러라고 하는 전문직을 채용하거나 양성하게 되었다. 현재는 모델링 기술이 진화해 정밀도 향상과 효율화를 위해 NC (Numerical Control:수치제어)로 절삭가공하기에 이르렀다.

■ 완성된 모델은 디자이너의 조형검토와 확인을 거친 뒤 간부에게 프레젠테이션을 해 디자인 승인을 얻는 중요한 수단이다. 승인을 얻은 최종 확인 모델은 점토가 아니라 수지를 깎아서 만들거나 내구성이 있는 FRP(fiberglass reinforced plastics) 모델로 만들어지는 경우도 있다. 자동차 메이커에 따라서는 디자인 검토단계부터 수지 모델을 NC 절삭으로 제작하는 경우도 있다. 이것은 CAD · NC에 의한 자동 절삭기술의 성과인 것이다.

# 2. CAD 데이터

**2-2**
**디자인 스태프**

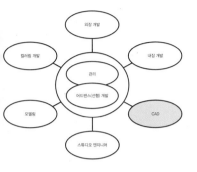

**그림9** CAD로 데이터화하는 모습
(이미지제공:미쓰비시 자동차공업 / 일본자동차
모델협회)

■ 앞서 언급한 모델의 NC 절삭가공을 위해서는 디자이너가 그린 도면도 CAD 데이터화가 필요한데, 디자이너도 PC를 마주하는 경우가 많아졌다. 대부분의 일본 자동차 디자인 부문은 디자인한 형태를 도면으로 만들어져 다른 기술자나 관련부문의 담당자들에게 전달된다. 도면(그림9)은 스케치와 마찬가지로 디자이너의 언어라 할 수 있다. 스케치는 디자이너의 이미지를 표현하는데 있어서 유효한 표현방법이긴 하지만 제품의 형태나 크기를 엄밀한 규칙에 기초한 치수로 만들어 관련된 사람들에게 정확하게 전달할 필요가 있다.

■ 자동차는 가전이나 가구 디자인과 비교해 복잡한 곡면을 많이 사용해 구성하는, 고도의 조형물이다. 자동차 디자이너의 전달수단(언어)은 스케치와 제도(製圖)이다. 스케치는 감각적인 전달방법이지만 제도는 정확하게 자신이 디자인한 형태를 전달함으로써 제품으로 만드는데 있어서 중요한 매체인 것이다.

■ 디자이너가 다루는 제도는 기계제도와 선 그림(線圖)으로 나누어진다. 복잡하게 구성된 곡면은 곡선을 실물크기로 그리는, 선 그림이라고 하는 정밀도가 높은 도면에 의해 그려진다. 곡면이 적은 상자 모양의 제품이나 노브 등과 같은 부품은 기계제도와 마찬가지로 삼각법에 의한 치수지시를 메인으로 하는 제도로 표현된다. 자동차 차체나 계기판 등은 연속된 곡선의 단면으로 그려지는 선 그림으로 제도한다. 1960~1970년대까지는 이들 선 그림이나 도면을 손으로 그렸다. 제도작업은 물건 형태나 성능을 정확하게 전달하는 방법으로서, 디자인이나 설계를 하기 위해 중요한 의사소통 매체이긴 하지만 제도에 들어가는 노력이 상당히 크다. 저자가 젊었을 무렵에는 일정에 쫓기면서 밤늦게까지 제도에 매달리곤 했다. 1980년대 이후부터 현재까지 이런 작업은 CAD로 제도하는 것이 상식이 되어 버렸다.

디자이너가 그리는 러프(rough) 스케치나 세밀한 렌더링은 포토샵 등의 2차원 소프트로 작성되며, 알리아스(고품질 3D 그래픽 소프트웨어, Alias) 등의 3차원 소프트로 버추얼(가상현실) 모델 혹은 3D 디지털 모델이 만들어지는 경우가 많아졌다. 설계에 필요한 도면도 컴퓨터로 정확하게 그릴 수 있다. 이런 작업들로 인해 디자인 개발 작업이 크게 단축되고 있다. 현재 CAD는 개선을 거듭해 쉽게 사용할 수 있게 되었지만, 그래도 디자이너의 많은 노력을 필요로 한다. 그래서 CAD 전문 스태프(오퍼레이터)를 두는 기업이 많아졌다. CAD 스태프는 물론이고 디자이너나 모델러 자신도 적절하게 자신의 의도를 전달하기 위해 CAD를 활용하는데 필요한 기본기술을 몸에 익힐 필요가 있다.

# 3. 스튜디오 엔지니어

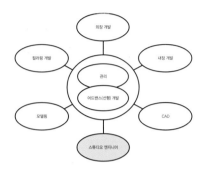

그림10 시팅 백 (이미지제공:카스타일링 / 미쓰비시 자동차공업)

■ 스튜디오 엔지니어(studio engineer, SE)란 디자인을 표현하기 위해 다양한 공학기술이나 방법을 통해 문제를 해결하는 기술자를 말한다. 부품과 부품이 간섭해 배치할 수 없을 때나 형상이 너무 복잡해 가공할 수 없을 때, 비용이 너무 비쌀 때, 조작성이나 기능성이 나빠질 때, 생산설비가 대응하지 못할 때, 목표강도가 부족할 때 등 설계나 생산부문 기술자한테 많은 문제나 검토과제가 디자이너에게 피드백된다. 스튜디오 엔지니어는 그런 문제점 하나하나를 해결하기 위해 도면이나 시팅백(seating bag, 그림10)을 앞에 두고 해결책을 찾는다. 디자이너는 비용이나 세밀한 기술문제보다 우선해서 자신이 표현하고자 하는 이상적인 형상이나 개념을 생각한다. 설계자도 강도나 안전성, 주어진 중량이나 비용적인 목표가 있기 때문에 당연히 양쪽을 대립하는 것이다.

■ 한 가지 문제를 해결하기 위해 어느 수치를 수정하면 관련된 다른 부품에 새로운 문제가 파생될 수 있기 때문에 그런 조정은 여러 부서나 담당기술자가 유기적이고 종합적으로 검토한 다음 조정할 필요가 있다. 그 때문에 많은 자동차 메이커에서는 디자인의 의의나 취지를 잘 이해하고 기술적인 해결방법을 잘 파악해 종합적인 시점에서 문제해결을 도모하는, 스튜디오 엔지니어라는 직능이 갖춰져 있다. 이런 문제들을 해결하기 위해서는 많은 설계경험이나 디자이너가 요구하는 방향을 이해할 수 있는 지식이 필요하다. 어느 쪽이든 신인은 그다지 도움이 되지 않는다. 설계 베테랑이 스튜디오 엔지니어의 스태프가 되어 디자이너가 추구하는 방향을 이해하고 설계와 조정을 하면서 다양한 해결책을 제시하는, 디자이너의 강력한 아군 역할을 하는 것이다.

■ 스튜디오 엔지니어는 회사에 따라 디자인 부문 외에 설계부문이나 프로젝트 부문 등, 소속부서가 다르지만 일상적인 디자인 개발에 필수적인 부서이다. 1960년대 이전에는 이런 부서가 없었기 때문에 설계 부서와 조정하는데 큰 시간과 노력을 필요로 했다. 디자이너의 주장과 기술자의 의견이 엇갈리면 기술검토를 넘어 때로는 서로 싸우는 경우도 있었다. 그럴 때 중개역할을 하는 스튜디오 엔지니어가 조정을 해주었다면 더 부드럽게 개발이 진행되었을 것이다. 디자이너는 기술검토나 문제해결을 설계부문과 스튜디오 엔지니어가 조정하는 과정에서 많은 설계요건이나 기술을 배울 수 있다. 스튜디오 엔지니어는 디자인이나 설계의 기본적인 모순과 문제를 해결(solution)하는 폭넓은 지식과 아이디어가 필요하다. 모순되는 사항을 분명하게 밝히고 트레이드 오프(trade off, 장점과 단점의 교환)를 따져 조화점(타협점)을 구체적으로 추구하는 것이, 그 기술적인 본질이라 할 수 있다.

# 1. 어드밴스 디자인

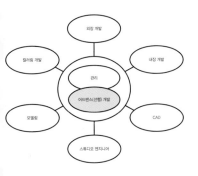

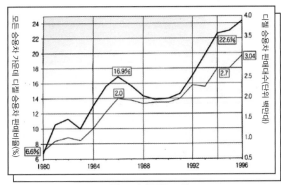

**그림11** 시장동향 조사

■ 어드밴스 디자인(advance design)이란 디자인 트렌드(trend) 등의 시장조사에 기초해 장기적 전략이나 CI(corporate identity) 등, 미래의 디자인 방향성에 대한 계획을 세움으로써 양산차 디자인보다 먼저 개발하는 디자인을 말한다. 원활한 차종 개발진행과 질적 향상을 꾀하는 중요한 부문이다. 특히 국내와 해외시장 조사를 위해 위성 스튜디오(satellite studio)나 해외의 R&D 스튜디오 관리를 이 부분이 통합하는 기업도 있다. 이 어드밴스 디자인 부문의 주요 업무는 각 차종의 공통적인 디자인과 관련해 세계의 시장동향이나 경쟁차종의 동향 등을 자료나 문헌, 앙케이트 조사(그림11) 등으로 파악해 자사가 지향해야 할 장래의 디자인 방향을 기획하고 제안하는 것이다.

■ 개개의 차종과 관련된 디자인 방향이 디자인 전략이나 기업 이미지 등과 일치하는지 안 하는지 등을, 사용자 평가나 클리닉 조사를 통해 파악함으로써 차종 디자인을 결정하는데 있어서 자료로 제공하거나 조언을 하는 것도 중요한 업무 내용이라 할 수 있다.

**그림12** 모터쇼 어드밴스 카 모델(이미지제공:미쓰비시 자동차공업)

■ 조사 · 구상 · 평가뿐만 아니라 장기적 비전에 기초한 어드밴스 모델이나 개념 모델을 개발하고, 그를 위한 시장조사나 모터쇼의 전시차(show car)로 전시함으로써(그림12) 사용자의 반응을 조사하는 등, 적극적으로 시장 반응을 살피는 것도 중요한 업무 가운데 하나이다. 개발 베테랑을 수장으로 삼고 젊고 우수한 디자이너를 스태프로 둠으로써 기업 디자인의 작전참모라고 할 정도로 중추적인 작업이다. CAD나 CG(computer graphics) 등 새로운 디자인 기술이나 자동차 첨단기술 등도 적극적으로 연구함으로써 자사의 개발방법으로 도입할 목적 하에 선행적으로 시행해 보고 도입을 검토한다.

# 2. 개발 총괄 - 총괄관리

| 차종명(소비처) | 장기 생산계획 ⊙풀 모델 체인지 △마이너 체인지 | | | | | |
|---|---|---|---|---|---|---|
| | 2001년 | 2002년 | 2003년 | 2004년 | 2005년 | 2006년 |
| X(국내) | ⊙ | | △ | | ⊙ | |
| X(북미) | | ⊙ | | △ | ⊙ | |
| X(유럽) | | ⊙ | | △ | | ⊙ |
| Y(국내) | | ⊙ | | △ | ⊙ | |
| Y(유럽) | | ⊙ | | △ | ⊙ | |
| Y(아시아) | | | ⊙ | △ | | ⊙ |
| Z(국내) | ⊙ | | | △ | | |
| Z(중국) | | | ⊙ | | △ | |

**그림13** 장기 생산개발계획

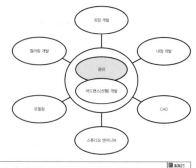

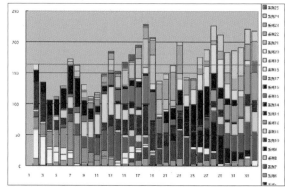

**그림14** 공정수 합산 그래프(디자인 부문의 개발 모델에 필요한 공정수를 집계해 채용이나 외부발주 등에 관한 업무운영 자료로 사용한다)

■ 총괄관리부문 : 지금까지 언급해 왔던 디자인 개발업무에 관한 총괄관리를 한다. 이 업무의 첫 번째 일은 뛰어난 디자이너를 채용, 육성, 적절한 배치, 노무관리 등 인사와 관련된 업무를 담당한다. 독자가 앞으로 디자이너를 희망할 경우 이 부문의 스태프와 만나는 일부터 시작할 것이라 생각한다. 디자인 부문의 자본은 우수한 디자이너이다. 우수한 학생이나 디자이너를 어떻게 채용하고 육성할지를 계획하고 운영하는 것은 기업의 미래에 대한 투자로서 이 부서의 중요한 일 가운데 하나이다. 그림13에서 볼 수 있듯이 장기 생산개발계획에 기초해 공정수 합산(그림14) 등 공정수 관리나 외부 디자인 발주량 등도 관리한다. 심지어 디자이너가 이용하는 스튜디오나 관련된 컴퓨터, 그림, 자재, 디자이너의 스케치나 모델 관리, 기밀에 관련된 사항, NC 기계구입 등 물품구입도 관리한다. 그리고 디자인 업무에 동반되는 예산이나 발주, 급료, 회계 등 돈과 관련된 것을 이 부문에서 담당한다. 해외 디자인이나 협력회사와의 운영 · 관리 · 연락 등도 창구가 되어 담당한다. 더불어 디자인 부문의 행사나 게스트 대응 등, 서무적인 업무도 이 부문에서 담당하는 회사도 많은 것 같다.

■ 관리업무의 기본은 사람, 일, 돈을 관리하는 것이라고 한다. 디자인이 원활하게 진행되도록 총괄관리하면서 운영하는 중요한 부서이다. 바꿔 말하면 이 관리부문이 잘 돌아가지 않으면 안정된 상태에서 좋은 디자인을 개발할 수 없다고 할 수 있는 것이다. 이 관리운영에는 역시 관련된 디자인 업무경험이 있고 각 부문의 디자이너와 담당자가 요구하는 사항과 문제점을 이해하며 거기에 대한 대응을 할 수 있는 능력이 필요하다. 또한 기업방침이나 디자인 부문이 앞으로 지향해야 할 비전을 명확하게 관리할 관리자가 필요하다. 개발을 진행하는데 있어서 이 관리부문의 착실한 운영 없이는 원활하게 돌아가지 않는다. 관리 스태프는, 말하자면 어머니 역할로 비유할 수 있다고 생각한다. 전반적인 집안 일, 가계부 관리, 건강관리 등 가족이 건강하게 생활할 수 있도록 잘 챙겨주는 어머니가 이 부서의 이상형일지도 모르겠다.

# 3. 디자이너의 작업장 : 스튜디오

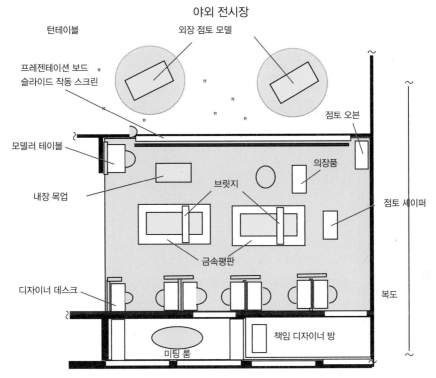

야외 전시장

턴테이블

외장 점토 모델

프레젠테이션 보드
슬라이드 작동 스크린

점토 오븐

모델러 테이블

의장품

내장 목업

브릿지

점토 셰이퍼

금속평판

디자이너 데스크

복도

책임 디자이너 방

미팅 룸

**그림15** 전형적인 디자인 스튜디오의 평면도

■ 지금까지 디자이너와 디자이너를 지원하는 스태프의 업무에 관해 언급해 왔다. 설명 편의상 개별적으로 언급해 왔는데 이런 개발은 어떤 환경에서 진행될까. 디자인 건물은 아주 엄격한 비밀관리가 펼쳐지며 허가를 받은 사람만 출입할수 있다. 따라서 독자 여러분도 작업환경을 상상하기 쉽지 않을 것이다. 스튜디오 모습도 일종의 노하우로서, 회사 밖으로는 알려져 있지 않기 때문에 조금 옆길로 빠지는 이야기지만 스튜디오라고 불리는 디자인 작업장을 소개할까 한다.

■ 자동차 디자인 작업장은 오피스라고 하지 않고 스튜디오(studio)라고 불린다. 오피스는 사무 책상 위에 놓인 컴퓨터나 회의용 테이블 등이 연상되지만 스튜디오는 앞에서 언급한 점토 모델을 제작하기 위해 디자이너와 모델러, 스튜디오엔지니어, CAD 스태프가 긴밀하게 협조하면서 작업을 할 수 있도록 배치되어 있다. 풀 사이즈의 모델을 제작하고 언제나 최신 모델을 바라볼 수 있도록, 그리고 모델러 및 관련된 스태프와의 의사소통을 위해 스튜디오는 그림15와 같이 레이아웃되어 있다. 넓은 방에 실물 크기의 모델을 몇 대나 만들 수 있는 금속평판과 브릿지라고 불리는 정밀계측기, 자동절삭기가 배치되어 있어서 언제나 모델러가 작업을 함으로써 디자이너가 그것을 감상하면서 스케치를 그리기도 하고CAD 데이터를 만들 수 있도록 조금 큰 느낌의 디자인 테이블이 배치되어 있다. 스튜디오에는 최신 PC나 IT설비가 공존하는, 특수한 분위기 속에서 디자인 개발이 진행된다. 근래의 CAD나 NC의 발달로 인해 스튜디오 환경도 크게 바뀌고있지만 물건을 만들기 위한 창조실인 스튜디오 환경은 그림과 같은 기능과 배치를 밑바탕으로 삼고 있으며 앞으로도 계속 되리라고 생각한다.

# 2-4 디자인 개발

# 1. 프로젝트의 개발조직

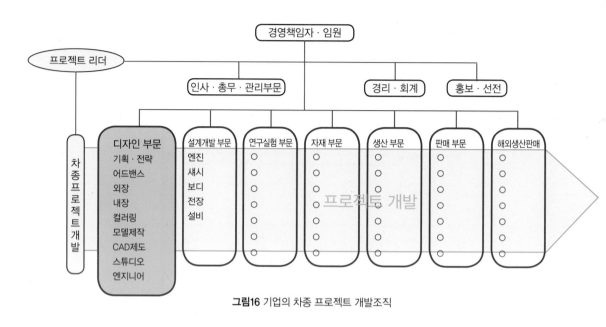

**그림16** 기업의 차종 프로젝트 개발조직

■ 자동차의 개발특징은 프로젝트 개발에 있다. 가전이나 가구 디자인의 개발기간은 몇 주에서 길어야 6개월 정도이다. 자동차의 프로젝트 개발은 1년반~3년의 장기개발로 진행된다. 자동차의 경우 마이너 체인지라 할지라도 6개월, 풀모델 체인지는 약18개월 등 장기 개발이 일반적이다. 기업에 따라 다소 차이가 있겠지만, 일반적으로는 이 정도의 개발기간이 소요되는 것 같다. 차종 프로젝트는 설명한 바와 같이 많은 관련부문과의 밀접한 공동개발로 진행되기 때문에 디자인 부문만 빨리 작업을 진행하거나 또한 늦어서는 다른 부문과의 업무협조에 엇박자가 일어나게 된다. 따라서 차종개발 스케줄 관리에 맞춰 장기적 디자인 개발이 되지 않을 수 없는 것이다. 수 천 개의 부품으로 구성되어 있는 자동차는 기계적으로 가장 복잡한 제품으로서 복수의 기계부품을 종합하는 시스템 제품으로 갖춰져 있다. 그림16에서 보듯이 이 부품들의 개발은 전문영역 부문으로 나눠지며 그것들을 총괄적으로 운영하는 프로젝트 개발에 의해 진행된다. 도어나 캐빈 등 차체 전체를 설계하는 보디설계나 엔진설계, 하체를 담당하는 섀시설계, 전기나 약전(弱電)을 다루는 전장설계, 실내의 계기판이나 시트 등을 다루는 장비설계 등, 기업에 따라 부르는 호칭은 다르지만 여러 개의 개발설계 부문으로 구성되어 있다.

■ 그런 가운데 하나의 조직으로서 안팎의 스타일이나 색상 등을 계획하는 디자인 부문이 있다. 각 차종 프로젝트는 프로젝트 리더에 의해 총괄되며 개발이 원활하게 흘러가도록 관리된다. 프로젝트 리더를 떠받치는 스태프도 있어서 차종 전반의 운영이 추진된다. 프로젝트 관리부문은 직접 설계나 디자인을 관리하고 운영할 뿐만 아니라 경영기획전략 부문, 새로운 컴포넌트(component)나 기초기술을 연구하는 부문, 시작(試作)부문, 시작차의 각종 실험부문, 생산공장의 생산관리 부문, 선전판매 등 광범위한 조정이 필요하다. 각각의 운영추진을 위해 각종 검토회의가 열린다. 각각의 회의에서는 프로젝트와 관련된 부문의 프로젝트 스태프가 여러 가지 사항을 설명하게 된다.

# 2-4
### 디자인 개발

# 2. 5단계의 차종 디자인 개발

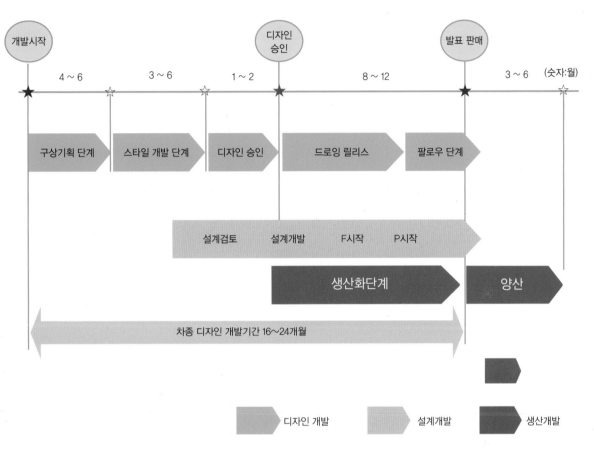

**그림17** 차종 디자인 5개의 개발단계와 기간

■ 앞에서 언급했듯이 자동차 개발은 장기적인 프로젝트 개발이 특징이지만, 디자인 개발은 다른 개발부문과 연동되어 그림17에서 보듯이 대략 5개 단계(stage)로 구분할 수 있다. 개발기간은 차종의 디자인 변경내용이나 기업의 개발규모에 따라 길고 짧을 수 있겠지만 전체적으로 보면 16~24개월을 필요로 하는 장기개발이 특징이다. 약 2년~2년반이나 되는 오랜 개발기간을 통해 디자인 개발이 진행된다. 그러는 동안 디자이너는 스케치만 하는 것이 아니라 다양한 관련 부문과 협조하면서 조직적으로 움직이게 된다.

저자는 이 프로젝트 개발을 약30년 동안 약30 차종의 디자인 개발에 관여해 왔다. 디자인 담당도 외장 디자인으로 시작해 내장, 컬러링, 디자인 관리나 어드밴스 디자인 등을 통해 프로젝트 개발을 경험했다. 30차종은 꽤 많은 편이지만 하나의 차종을 처음부터 마지막까지 경험한 것은 몇 번 안 된다. 차종 프로젝트의 개념 단계에서 혹은 모델 개념이 결정된 단계에서 새로운 기획이 생겨난 차종의 선행개발을 담당하는 등, 개인적으로는 복잡했다. 어느 쪽이든 디자이너는 프로젝트 개발조직의 스태프로서 움직여야 하기 때문에 일정에 쫓기는 일이 많아 바쁜 하루하루가 이어진다. 3장으로 넘어가 디자인 프로세스를 설명할까 한다..

# 3. 디자인 개발 프로젝트

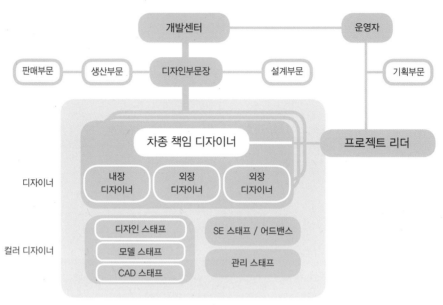

**그림18** 디자인 개발 프로젝트

■ 프로젝트가 사내에서 발족되면 이에 대응해 디자인 부문은 디자인을 담당하는 책임(chief) 디자이너를 결정한다. 책임 디자이너는 여러 대의 모델 개발을 경험한 베테랑 디자이너가 맡게 된다. 책임 디자이너 아래로 디자인 부문의 외장, 내장, 컬러링 디자이너가 선정된다. 디자이너도 스포츠카에 특화된 디자이너, 고급차에 특화된 디자이너 등 개성이 다르기 때문에 신중하게 적재적소에서 선발된다. 스태프 부문이나 총괄 업무담당이 프로젝트를 전문으로 담당하는 경우는 드물고 수시로 다수의 프로젝트 디자이너를 지원하게 된다. 그림18에서 보듯이 디자인 부문의 디자이너는 조직의 스태프임과 동시에 차종 프로젝트의 일원이기도 해서 세로의 디자인 부문 매니저와 가로의 프로젝트 리더 2개 조직에 위치하게 된다.

■ 가전제품이나 가구 등의 디자인은 한 명 혹은 몇 명의 디자이너가 담당하지만 자동차 디자인은 더 많은 인원이 다른 디자인 업무를 담당함으로써 프로젝트 팀을 만들 수 있다. 앞서 언급한 업무를 분담하면서 긴밀한 팀워크를 이루며 개발이 진행된다. 모델 차종의 풀모델 체인지나 마이너 체인지, 연식 체인지 등 개발규모나 자동차 회사의 규모에 따라서도 다르겠지만 한 가지 차종의 풀모델 체인지를 할 경우 10명 정도의 디자이너에 관련된 모델 제작이나 CAD 데이터를 전문으로 하는 사람 등을 합치면 약20명의 스태프로 개발이 진행된다. 탑 메이커 등에서는 14~20차종의 상품 라인업으로 다양한 시장에 대응하고 있기 때문에 기업에 수백 명의 디자인 스태프가 일하는 것이 일반적이다.

■ 하나의 프로젝트를 담당하는 디자이너(프로젝트 디자이너)를 한데 모으는 것은 그림에서 보듯이 책임 디자이너이다. 책임 디자이너는 프로젝트를 담당하는 디자이너와 스태프 10~20명 정도를 선발해서 디자인 개발을 진행한다. 책임 디자이너는 프로젝트 리더의 의도를 이해하고 미래에 선보일 차종의 시장환경이나 디자인 동향을 조사해 개념이나 디자인 개념을 입안하고 아이디어 스케치, 모델 개발 등 차종에 관련된 일련의 디자인 개발 책임자로서의 역할을 맡는다. 또한 개발 프로세스에 맞춰 모델이나 CAD, 스튜디오 엔지니어 등 서포트 스태프의 협력을 얻어 개발운영한다.

검토회의에 출석하거나 최종단계의 시작차를 살펴 이상이 없는지를 체크하는 등, 이런 것들이 포함된 디자인 업무인 것이다.

# 2-4
**디자인 개발**

# 4. 디자인 현장

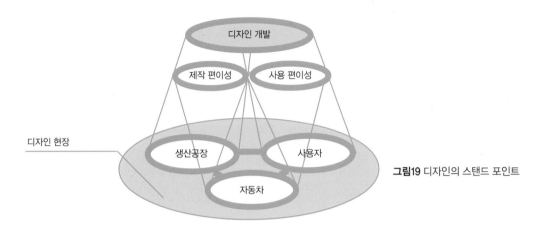

디자인 현장

**그림19** 디자인의 스탠드 포인트

■ 만들기 쉽고 사용하기 쉬운, 매력 넘치는 디자인이 기본이다. 디자인 부문을 자동차 회사의 조직에서 보면 상위부문에 해당한다. 그러나 그것이 지향하는 점은 만들기 쉽고 매력 있는 상품을 만드는데 있다. 생산과 판매가 디자인 현장이고 스케치를 하는 스튜디오는 그 수단인 작업장에 지나지 않는다.

■ 생산 · 판매의 현장실습
디자인을 포함해 다른 부문의 신입사원이 자동차 회사에 입사하게 되면 대부분의 이론정립을 위해 자동차 회사에서는 신입사원에게 생산부문이나 판매부문에서 현장실습을 시킨다. 이것은 일본 자동차회사의 독특한 교육방법이라고 생각하는데, 신입사원에 따라서는 아주 고단한 기간이라 할 수 있다. 생산현장에 들어가 조립라인의 볼트를 하루 종일 만지거나 심지어 판매실습을 위해 판매사원이 되어서는 고객에 대한 세일즈 현장의 생생함을 체감한다. 저자는 이 도입교육을 아주 좋은 방법이라고 생각한다. 자동차회사의 현장은 자동차 라인에서 조립작업을 하는 사람들로서, 그 수고와 고단함을 알아야 함은 물론이고 자신이 개발한 디자인이 어떻게 가공되고 조립되어 가는지를 체감하는 일은 귀중한 체험학습이기 때문이다. 더운 여름날 라인 스피드에 쫓아가지 못해 비명을 지르던 일이나 현장의 베테랑 직원이 친절하게 도움을 주거나 조립방법을 조언해 주던 일은 힘들었지만 일생에 잊지 못할 경험이었다. 또한 디자인 아이디어가 막혔을 때 조립라인에 가서 개선책을 깨달은 일도 있었다. 힘들 실습기간 동안 불만을 얘기하는 동기사원도 있었지만 현장체험은 신입사원 시기밖에 체험하지 못하는 귀중한 것이라고 생각한다.

■ 디자이너는 사장이나 상사가 아니라 사용자를 바라봐야 한다.
프로젝트 개발을 메인으로 하는 자동차 개발이지만, 그 개발운영에는 다양한 체제가 조직되어 있다. 디자인 부문은 그런 조직의 일부에 지나지 않는다. 각각의 부문에 배속된 신입사원은 자신이 회사조직의 어느 부서에 소속되어 있는지를 배우게 된다. 회사에 따라 다르지만 디자인 부문은 설계의 일부, 설계와 동등한 조직 심지어는 가장 중요한 상품기획 전략조직이라는 위상을 갖는다. 새로운 자동차의 판매상황에 크게 영향을 주는 디자인 부문은 조직에서의 위치를 탑 경영과 직결시키는 회사가 늘어나고 있다. 디자인 부문은 일반적으로 기업의 상위부문을 차지한다. 상위부문에 위치하기 때문에 어쨌든 사장이나 간부의 관심이 가기 쉽지만 어디까지나 디자이너가 맞춰야 할 눈높이는 그림에서 보듯이 생산현장인 공장과 공장에서 만들어진 자동차를 사용하는 사용자라는 사실을 잊어서는 안 된다.

■ 지금까지 설명해 온 디자인 업무 내용이 여러분이 생각하고 있던 이미지와 달랐을 것이라고 생각한다. 거기에는 크게 2가지 이유가 있다. 첫 번째 이유는 자동차라는 종합상품이 기업이라는 개발조직 속에서 조직적으로 개발 운영되고 있다고 하는 점이다. 두 번째 이유는 자동차 디자인이라는 업무의 고도화와 확대이다. 전에는 아름다운 스타일을 개발하는 것에만 전념을 기울였던데 반해 사용자가 원하는 것이어야 하고, 안 팔려서도 안 되며, 새로운 기술을 도입해야 하고, 싸지 않으면 안 되는 등 생각해야 할 요소가 훨씬 많이 생겼기 때문이다. 이것은 디자인이라고 하는 일의 정의와도 관련되는데, 예전처럼 스타일의 심미성만을 추구해서는 좋은 디자인이 될 수 없는 시대에 와 있는데 따른 것이다. 대학시절을 보낸 학생은 개인적인 학생신분에서 조직의 일원으로 또한 사회인으로서 디자인을 직업으로 삼게 된다. 이것은 아주 큰 환경적 변화이다. 하지만 대학교에서 창조적인 디자인을 배웠는데도 불구하고 회사에 들어가면 커다란 기계의 톱니바퀴 하나처럼 기능하면서 제약과 답답함을 통감한다. 내가 학창시절에 가졌던 디자인 관도 독자 여러분들과 마찬가지로 관념적인 것이었다. 그 간극은 조직 속의 디자인에 관해서 대학교육에서는 가르쳐주지 않았던 것에 기인한다. 당시의 대학교육은 아트 앤드 크래프트(craft) 디자인의 연장선상에 있어서 수업내용이 기업 디자인 이야기는 전혀 없었으며, 또한 교수님도 그런 경험자가 아니었기 때문에 당연하다고 할 것이다. 기업조직에 있어서 디자인은 인하우스(in-house) 디자인이라고 부른다. 자동차 디자이너는 이 인하우스 디자이너로서 일하는 것이다. 앞으로 자동차 디자인을 목표로 하는 사람은 이 디자인 부문의 조직과 자동차 기업의 개발조직을 잘 이해할 필요가 있다.

■ 지금까지 디자인 업무라는 것이 어떤 것일지에 대해 이야기해 왔다. 다음 장에서는 이런 업무들이 어떤 프로세스로 진행되는지, 디자인 개발 프로세스에 관해 외장 디자인을 중심으로 살펴보겠다. 외장 이외에 내장이나 컬러링 그리고 디자인을 지원하는 중요 스태프 업무와 선행개발·관리에 대해서는 번잡함을 피하기 위해 절을 달리해 설명하겠다.

# 디자인 연구개발 프로세스

# 1. 디자인 구상 · 기획단계

```
┌─────────────────────────────┐
│      디자인 구상 기획단계       │
└─────────────────────────────┘
              ▼
┌─────────────────────────────┐
│        스타일 개발단계         │
└─────────────────────────────┘
              ▼
┌─────────────────────────────┐
│        디자인 승인단계         │
└─────────────────────────────┘
              ▼
┌─────────────────────────────┐
│          생산단계             │
└─────────────────────────────┘
              ▼
┌─────────────────────────────┐
│        판매 팔로어 단계        │
└─────────────────────────────┘
```

**차종 프로젝트 디자인 개발의 5가지 단계**

■ 위 그림에서 볼 수 있듯이 차종 프로젝트의 디자인 개발은 개략적으로 5가지 단계로 나눌 수 있다. 2장에서 다루었듯이 승용차 디자인 개발은 1년반~2년이 소요되는 장기 개발이다. 각 단계에서 가장 중요한 디자인 승인단계를 기점으로 삼아 약1년 정도 전에 프로젝트가 발족하면서 구상기획과 스타일 개발로 단계적으로 개발이 진행되는데, 디자인 작업은 스케치나 모델을 작성하는 일뿐만 아니라 생산이나 판매를 위해 장비 사양에 대응되는 부품의 디자인을 고려해 상세한 도면이 필요하다. 이는 다른 제품의 디자인과 비교해 장기간에 걸쳐 개발이 되는 원인이다. 3장에서는 기획 프로젝트의 디자인 개발에 대하여 다음과 같은 순서로 다루어 나가겠다.

■ 먼저 디자인 기획단계에 대해서. 디자인이 승인되기 전인 약1년에서 9개월 전부터 어느 차종의 디자인 개발 프로그램이 시작된다. 디자인 부문은 그것과 관련된 다양한 디자인 요건을 조사하고 생각해 두지 않으면 안 된다. 디자인을 요리에 비유한다면 기획단계는 어떤 요리를 만들지를 결정하는 단계이다. 요리 종류와 내용을 정하고 거기에 필요한 식자재와 조미료 등 순서를 정하는 단계이다. 그리고 무엇보다도 그 요리를 맛보게 될 고객이 누구인지를 파악할 필요가 있다. 카레라이스를 싫어하는 고개에게 아무리 맛있는 카레를 만들어 준다고 해도 환영받지 못할 것이다. 디자이너는 자신이 맛있다고 다른 사람도 마찬가지로 맛있어 할 것으로 착각하기 쉽다. 어떤 요리를, 누구를 위해 어느 만큼의 예산으로 만들지를 생각하는 것이 중요한 것이다. 스케치를 그리기 전에 누가 사용자인가를 먼저 생각해야 한다. 전문용어로 말하면 "목표 고객(target users)"를 상정하는 것이다. 그러기 위해서 새로운 디자인 요소나 모티브 등도 찾아내야 한다. 다음으로 비용은 어느 정도일지, 이 차가 판매될 때 시장은 어떤 상태에 있을지, 심지어 경쟁차종의 다음 차기작은 어떤 디자인이 될지, 스타일의 유행 트렌드 등등, 수많은 의문이 생긴다. 새로운 모델에 관련된 정보를 최대한 모으고 구상한 다음 디자인과 개념을 제안하는 것이 이 기획구상 단계의 작업이다.

# 2. 장기생산 계획

장기생산 계획　●풀 모델 체인지　△마이너 체인지

| 차종명(소비처) | 2001년 | 2002년 | 2003년 | 2004년 | 2005년 | 2006년 |
|---|---|---|---|---|---|---|
| X (국내) | ◎ | | △ | | ◎ | |
| X (북미) | | ◎ | △ | | ◎ | |
| X (유럽) | | ◎ | | △ | | ◎ |
| Y (국내) | | ◎ | △ | | ◎ | |
| Y (유럽) | | ◎ | | △ | | ◎ |
| Y (아시아) | | | ◎ | | △ | ◎ |
| Z (국내) | ◎ | | △ | | | |
| Z (중국) | | | ◎ | | △ | |

**그림1** 장기생산 계획

■ 장기생산 계획

북미에서 통상적으로 "long range product planning"이라고 불리는 장기생산 계획서는 자동차회사의 극비사항을 담고 있는 아주 중요한 계획서이다. 각 회사에 따라 명칭은 다르지만 이 장기생산 계획은 향후 경영과 깊이 관계된, 아주 중대한 기획방침인 것이다. 기업의 모든 차종(라인업)을 언제 풀모델 체인지(full model change) 혹은 마이너모델 체인지(minor model change)할지, 어느 나라에 수출할지 등, 자동차의 차종생산의 장기 스케쥴을 알려주는 일람표가 작성되어 있다. 이 계획은 어느 차종을 언제 생산발매할지를 알려주는 장기 스케쥴 계획표지만, 그 배경에는 기업의 전략과 방침, 관련된 개발제조판매와 관계된 인원계획과 개발 스케쥴, 설비투자계획, 연간 예산 등의 토대가 되며, 각종 계획의 밑바탕이 되는 일정표이기도 하다. 이 장기계획표는 기업의 종합적인 전략과 기업이념을 구체적으로 반영한 것이라고 해도 과언이 아니다. 어느 공장에서 어느 차종을 생산할지, 국내와 해외 공장의 자금계획이나 주식증자 등과도 관련된다. 언제 어느 프로젝트를 개발해야 할지 등, 모든 계획의 근간이 된다.

■ 회사의 향후 전략방침을 보여주는 이 계획서는 자동차 각사의 가장 중대한 기밀사항이기 때문에 실제 내용을 소개할 수는 없지만, 참고로 삼기 위해 개략적인 이미지로 나타낸 것이다(그림1). 계획서를 작성하기 위해서는 관련된 부문과 세밀한 조정이 반드시 필요하다. 어느 시기에 개발이 겹쳐지면 작업이 넘쳐나게 된다. 또한 공장 한 곳에서 신차종을 동시에 완성하는 것도 큰일이다. 자금조달을 위해 증자나 융자를 얻기 위해서도 오랜 준비기간이 필요하다. 증산체제를 갖추었다고 하더라도 신상품을 효율적으로 판매하는 판매 인력을 육성하고 늘리지 않으면 낭패를 겪게 된다. 회사가 갖고 있는 자산을 효과적으로 운영하기 위한 전략을 이 계획서에서 파악할 수 있다. 디자인 프로젝트의 발족도 그리고 프로젝트의 예산규모도 이 「장기생산계획」의 일정에 맞춰 설정되고 조직적으로 운영됩니다. 회사의 경영자는 경영회의를 승인하고 장기생산계획을 발표합니다. 기본적인 기획서이기 때문에 한번 설정하면 쉽사리 변경하는 일은 없지만 해마다의 상황판단을 통해 미세한 수정을 해나간다. 이 서류는 중요기밀서류이기 때문에 일반 사원이나 디자이너도 볼 수 없지만, 자신이 담당하는 프로젝트도 이 일정과 그 배경이 되는 기업전략과 방침에 의해 설정되어 있다고 하겠다.

# 3. 차종 프로젝트 시작

| | |
|---|---|
| 1) 기본방침 | 프로젝트의 기본적인 방침이념 |
| 2) 개략적인 개발일정 | 디자인이 결정되는 시기, 시작차 일정, 발매시기 등을 나타냄 |
| 3) 개발 목적 | 그 차종의 디자인과 개념을 나타냄 |
| 4) 주요제원 | 모델을 변경할 경우는 신구 모델의 변경사항을 비교해 나타냄 |
| 5) 패키징 | 제원과 변경사항 등을 그림으로 나타냄 |
| 6) 차종구성 | 중심 기종 모델과 더불어 쿠페, 왜건 등 파생차량의 전개 |
| 7) 사용처 | 북미, EU, 중국 등의 사용처에 따른 종류별 전개를 나타냄 |
| 8) 사양전개 | 상세한 장비사양의 전개를 나타냄 |
| 9) 신규개발부품 | 새로 만든 부품과 중요 신 컴포넌트 등을 나타냄 |
| 10) 원가기획 | 앞항을 토대로 예산 설비투자 등을 설명함 |
| 11) 시장동향 | 자사와 타사의 판매동향, 향후 동향, 법규제 등의 유의점 |

**그림2** 차종 프로젝트 개발기획서의 개요

■ 차종 프로젝트 개발 기획설명회 : 프로젝트 킥오프 미팅

임명된 프로젝트 리더(project leader)는 각 부문과의 조정을 거쳐 차종개발 기획서를 발행한 뒤 기획회의를 개최한다. 프로젝트에 관한 기본구상이 설명되며 프로젝트에 참여한 각 멤버에게 각 부문의 방침과 구상을 제안하도록 요청한다. 프로젝트 개발이 발족하는 이 개발기획 회의를 미국에서는 통상 풋볼의 시합시작을 의미하는 「킥오프 미팅(kick off meeting)」이라고 부르는데, 차종의 기본방침과 일정 등의 내용을 자료로 설명하고 토의하는 중요한 회의이다. 프로젝트 리더는 관련된 부문에 상단의 기본사항을 설명하고(그림2), 각 부문의 의견이나 생각, 문제점을 청취하게 된다. 특히 전체적인 일정이 설명됨으로써 각 부문이 지켜야할 일정과 관련된 디자인 승인시기와 출도 릴리스(drawing release, 出圖) 일정 등이 설명된다. 나아가 차종이 어필할 세일즈 포인트와 신기술 등에 관해서도 분명하게 전달한다. 디자인 부문도, 특히 차종을 담당하는 책임 디자이너는 반드시 이 회의에 참석해 프로젝트 리더의 취지를 숙지하는 동시에 디자인 부문의 문제점과 의견을 제시하고 관련된 디자인 이미지와 경쟁차종의 스타일 개념에 대해 보충적으로 설명한다.

■ 정식으로 프로젝트 개발이 시작되면 각 부문은 기획서를 갖고 돌아가는데, 디자인 부문에서는 책임 디자이너가 중심이 되어 담당 디자이너와 함께 디자인 구상을 검토한다. 외장, 내장, 컬러링에 관한 기본 디자인 구상을 정리한 다음에 디자인 구상서로서 제안한다. 프로젝트 리더는 디자인을 비롯해 각 부문의 개발구상서와 의견문제점을 조정하고 나아가 상세한 「차종 프로젝트 개발 운영계획서」를 작성한다. 이 계획서는 향후 진행될 프로젝트 개발의 골격이 되기 때문에 프로젝트 멤버는 이 계획서에 기초해 개발을 진행하게 된다. 차종에 따라 중점을 두는 항목은 달라지는데 디자인 부문에서는 디자인의 기본적인 원칙이나 목표 고객, 스타일 특징 등, 보다 섬세한 디자인 구상이 이루어진다.

# 4. 디자인 조건과 개념

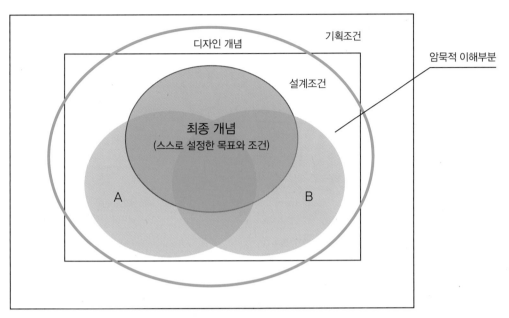

**그림3** 디자인 조건과 개념

## ■ 개념 구축

디자인 기획구상을 토대로 디자인 개념을 세운다. 디자인 개념이란 디자인을 진행하는 과정에서의 방침이나 사고를 정리한 것이다. 개념을 잡기 전에 디자인을 하는 가운데 어느 정도로 자유롭게 디자인할 수 있는지, 담당 부문에게 맡겨진 사항을 확인할 필요가 있다. 차종 프로젝트 기획서에는 휠베이스와 차체 크기 등이 기록되어 있는 등, 방침이 제시되어 있다. 이미 엔진 실계부문에서 개발된 V6 1,600cc에 타이어 사이즈는 14인치, 구동 레이아웃은 전륜구동, 사용처는 북미와 국내 등이 개발방침으로써 제시되어 있다. 이런 방침들은 반드시 지켜야 하는 부분, 즉 필수적 조건인 것이다.

## ■ 스스로 조건을 규정하는 것이 디자인 개념

이 조건 이외에는 자유롭게 생각해도 좋지만 자유로운 것만큼 어려운 것은 없다. 조건 범위 내에서도 디자인 가능성은 무궁무진할 수 있다. 자유라는 말은 어떤 디자인이라도 가능하다는 것이다. 이래서는 정리가 되지 않으므로 디자인의 방향을 잡는 것부터 시작한다. 요컨대 디자인 부문이 결정하는, 일종의 제약(조건)을 설정하는 것이 디자인 개념이다. 그러나 디자인 영역은 매우 광범위하기 때문에 디자인에 대한 생각을 상세하게 그리고 명확하게 할 필요가 있다. 너무 광범위한 개념을 스스로 규정함으로써 무심히 생각하는 애매한 「암묵적 이해」를 말이나 영상으로 분명하게 하는 것이다. 그림3에서 보듯이 A안, B안 등 아이디어는 많이 있다. 여기서 어떤 제약조건으로 생각할지를 정하는 것이다. 바꿔서 말하면 디자인 개념이란 디자인 담당자가 스스로 결정하는 디자인 조건으로서, 스스로 디자인 범위를 제한하는 개발과정이라고도 할 수 있다.

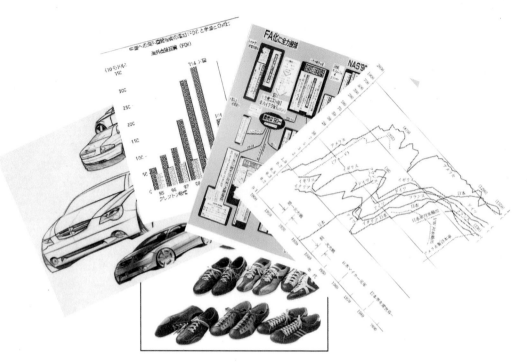

**그림4** 수집한 각종 디자인 자료
●개념을 구축하기 위한 다양한 스케치나 그림, 자료가 모아지고 검토됩니다.

■ 디자인 정보를 수집

책임 디자이너는 디자인 부문의 외장과 내장, 컬러링 담당자 등 관련 멤버들을 모아서 디자인 기획구상서의 내용이나 전체적인 차종 스케쥴, 기본성능, 기본치수 등을 설명한다. 동시에 디자인 개념에 대해 토론한다. 그리고 담당할 차종에 관한 뉴스 기사나 시각자료를 수집하도록 요청한다. 각 디자이너는 거기에 맞게 최근 디자인에서 주목 받는 것이나 신상품 디자인 또한 스타일 모티브가 될 동물이나 식물 등, 폭넓게 자료를 수집해 제출한다. 제출된 자료를 토대로 스태프 전체가 또다시 그 내용을 검토한다. 이와 같은  자료수집이 디자이너가 최초로 하는 일인 것이다.

따라서 디자이너는 평소에 발상의 토대가 되는 자료를 풍부하게 모아둘 필요가 있다. 책이나 잡지, 신문기사 등을 스크랩북에 모아두며, 영상은 컴퓨터에 보존해 둔다(그림4). 최근에는 인터넷으로 다양한 정보를 간단하게 얻을 수도 있다. 수집된 자료가 디자인 작업을 위한 데이터 베이스가 되는 것이다.

■ 회의를 통해 디자인 스태프에서 수집한 자료는 개념 설명 등에 이용할 수 있도록 패널(panel)이나 화상으로 정리한다. 이 작업은 다른 사람에서 설명할 때에 중요하게 쓰이지만, 복수의 디자이너가 서로의 생각이나 개념을 이해하고 나아갈 디자인 방향을 확인하기 위해서도 중요한 프로세스이다. 자료를 앞에 두고 진행되는 활발한 토론을 통해 같은 프로젝트를 진행하는 동료의식도 더 튼튼해지며, 동시에 책임 디자이너의 생각 등이 서로 공유됨으로써 서로를 이해할 수 있다.

# 2. 영상도 효과적인 개념

● 패널(concept panel)은 설명과 동시에 디자이너끼리 지향해야
할 방향 확인이나 스케치와 모델의 평가기준이 되기도 한다.
(미쓰비시 자동차공업 제공)

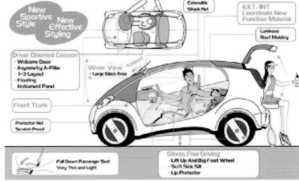

**그림5** 개념 패널

■ 디자인 개념이란 앞으로 개발이 진행되는 과정에서 작성됨으로써 스케치나 모델을 평가하는 기준이 된다. 국가의 운영과 유지를 위해 기본적인 이념이나 기본정신을 담은 것이 헌법이라고 한다면, 디자인 개념은 헌법과 같은 것이다. 이 헌법을 토대로 세세한 조건과 룰(rule)을 입법함으로써 그 룰에 따라 위반여부는 사법부 판단에 의해 이루어진다. 마찬가지로 디자인 개발된 스케치나 모델은 디자인 개념이라는 일종의 헌법(이념)에 비추어 좋고 나쁜지를 판정한다. 디자인 평가회의는 재판과 같은 것으로서 정해진 법에 기초해 위반여부를 판정한다. 디자인을 평가할 때 디자인 개념은 패널이나 PC 슬라이드로 설명하게 되는데, 그것을 기준으로 디자인이 평가되고 결정된다. 그런 의미에서 개념은 디자인 방향이나 기본이념을 설정하는 중요한 프로세스이다.

■ 그림5에서 볼 수 있듯이 디자인 개념이란 말뿐만 아니라 시각자료도 유효한 표현방법이다. 많은 말로서 설명하는 것보다 한 장의 사진이나 이미지가 더 효과적으로 목표 고객이나 스타일의 방향성을 표현할 수 있다. 프로젝트 디자이너도 많이 있기 때문에 암묵적인 이해로서의 사용자나 스타일 방향도 명확하게 공통 개념을 나타낼 수 있다. 개념을 검토하기 위한 사진이나 화상은 급하게 찾아도 쉽게 찾아지지 않는다. 평소부터 관련자료를 차근차근 챙겨두는 습관을 붙이는 것이 뛰어난 디자이너로 성장하는 첫 걸음이다.

| | |
|---|---|
| What | : 이 디자인의 특징과 목적은 무엇일까? |
| Who | : 이 모델의 사용자는 누구일까? |
| When | : 몇 년 후에 이 디자인을 사용하게 될까? |
| Where | : 어디서 판매되어 사용할까? |
| Why | : 이 디자인은 왜 이 스타일을 하고 있을까? |
| How | : 어떻게 디자인 특징을 부여할까? |

**그림6** 개념을 위한 5W1H

■ 디자인 개념이란 애매하고 명료하지 않은 디자인 개념을 보다 구체적인 이미지로 만들어내기 위한 프로세스이다. 나는 디자인에 대한 생각을 명확하게 하는 과정을 「개념 디자인」이라고 부른다. 대학교의 연습작업에서는 학생들에게 「5W1H를 명확하게 할 것」을 주문한다. 5W1H란 저널리스트가 짧은 문장으로 정확하게 내용을 전달할 때 염두에 두는 가장 기본적인 항목이다. 5W1H는 What, Who, When, Where, Why, How이다(그림6). 어느 차종의 디자인 개념을 설명할 때 적어도 이 5W1H가 제시되지 않으면 안 된다.

이에 대한 설명이 없을 경우에는 학생에게 「누가 사용하고 고객 연령은?」「몇 년 후를 예상하고 있지?」「어디서 사용하지?」 등의 질문을 한다. 학생은 자신이 살아온 약20살 만큼의 좁은 경험 범위에서밖에 생각하지 못한다. 그러나 자신이 경험하지 못한 것도 어떠한 단서를 통해 이해함으로써 그 조건을 포함해 디자인에 접근하는 것이 중요하다. 예를 들어 고령자가 타는 자동차를 생각할 때, 젊은 사람은 경험이 없기 때문에 고령자에 관한 자료를 모으거나, 고령자의 의견을 묻는 등의 조사가 필요하게 된다. 디자인을 위한 조사나 자료조사야 말로 디자인 프로세스인 것이다. 스스로 설정한 5W1H 의문을 글이나 영상 등의 시각정보로 나타내는 것이 개념 디자인의 주요한 작업이라 할 수 있다.

■ 개념을 문장이나 스트로로 표현하는 것을 문맥(context)라고 한다. 디자이너는 언어와 시각정보를 이용해 문맥으로 설명한다. 말하자면 영화감독이나 그림작가와 같은 것이다. 물론 이야기의 주인공은 사용자고, 그 이야기 장면의 주인공을 태우고 등장하는 것이 새롭게 디자인된 자동차이다.

# 4. 암묵적 이미지 시각화

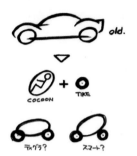
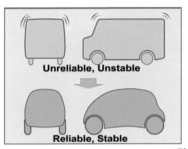
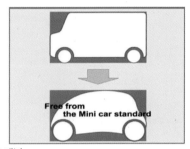

그림7 개념

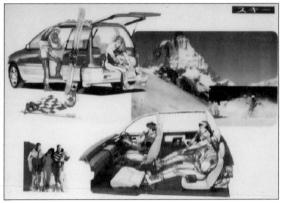

디자인 패널

이미지 패널

(미쓰비시 자동차공업 제공)

■ 디자인 개념은 암묵적인 이미지의 시각화

개념은 말로 표현되는 경우가 「어떤 세대의 드라이브 수단」, 「어린이 양육 세대의 캐쥬주얼 박스」 등, 그 차가 지향하는 키워드나 사고방식을 나타낸다. 언어는 뜻을 전달하는데 있어서 아주 편리하고 범용성이 있지만 개념(concept)이 애매하고 해석도 다양하다. 뭔가 막연하게 알고는 있지만 전혀 다른 의미로 전달되는 경우도 있다.

「베이비부머 세대」라고 하는 목표 층은, 성별은 물론이고 생활환경이나 취미, 기호성도 다양하다. 언어에는 부수적 의미나 내용을 암묵적으로 이해하게 되는데, 말하는 쪽과 듣는 쪽에서 공유를 전제로 전달되는 것이다. 애매한 것을 빼고 더 명확하게 디자인 의도나 5W1H를 전달하기 위해서는 다양한 보완 방법이 있다. 베이비부머 세대의 인구통계, 직업구성, 라이프 스타일 등은 조사 데이터를 통해 그래프로 나타낼 수 있다. 또한 디자이너가 생각하는 전형적인 목표로서의 베이비부머 세대 개념은 한 장의 사진처럼 구체적인 이미지를 통해 명확한 인물상을 전달할 수 있다. 암묵적인 이해를 더 구체적으로 이해시켜 전달하는 것이다. 디자이너는 그림이나 사진 등 시각적인 방법에 더 능숙하다. 수량적인 데이터나 영상을 이용해 애매했던 암묵적 이해부분을 정확하게 시각화하는 것이 디자이너의 개념 디자인 작업이라고 할 수 있다. 그림7은 개념 디자인의 한 가지 예이다. 타킷 층이나 시장 이미지 등 5W1H를 다양한 그림으로 나타낸 것이다. 정리해 보면, 디자인 개념이란 디자인하는 개념이나 평가기준을 심플한 언어=표어로 나타내는 동시에 그 5W1H의 암묵적 이해에 관한 속성을 구체적인 그림이나 시각자료를 이용해 명확하게 하는 프로세스라고 할 수 있다.

# 5. 어드밴스 디자인

**그림8** 모터쇼의 어드밴스 모델 전시차(미쓰비시 자동차공업 제공)

■ 많은 기업에서 여러 차종을 동시에 생산, 판매하고 있다. 프로젝트는 항상 수평적으로 진행되며, 각 차종의 디자인 개발도 수평적으로 진행된다. 차종을 개발하는데 있어서는 공통적인 부분이 많이 포함되어 있다. 많은 기업에서 이런 공통적인 것들을 전문으로 담당하는 어드밴스 모델(advanced design model) 부문을 두고 있다. 각 차종의 디자인 사항에 있어서 다음과 같은 조사를 한다.

- 현재부터 미래에 걸친 디자인 동향
- 각 마켓의 라이프스타일(lifestyle) 동향
- 자사의 디자인 전략
- 자동차 관련기술 동향

- 국내 · NAS · EU · 아시아 시장 상황
- 경쟁회사의 디자인 전략
- 모터쇼 동향
- 자동차 관련법규 동향

이런 광범위한 조사가 어드밴스 디자인에는 필요하다. 근래 주요 수출처를 확보한 기업에서는 현지의 조사와 개발을 위해 R&D(연구개발) 센터를 현지에 설치하고 있다. 현지 R&D 안에 있는 위성 스튜디오 등으로 불린다. 이곳의 스태프는 현지시장의 디자인 동향을 조사하고, 미래의 디자인 모습을 제안한다.

어드밴스 부문은 조사뿐만 아니라 그 결과를 반영해 자동차의 미래상을 제시하는 어드밴스 모델도 개발한다. 이것을 모터쇼 등에서 발표하고(그림8) 그에 따른 반응도 조사한다. 어드밴스 디자인은 자동차 회사의 미래에 관한 지침을 보여주는 중요한 역할을 한다. 어드밴스 부문의 조사결과나 제안은 디자인 검토회의 등, 간부나 관련부문에 제시되어 검토를 받는다. 파생차가 필요한 경우는 기획서와 별도로 4WD를 베이스로 하는 SUV차를 추가하면 시장 셰어를 확충할 수 있는 등, 적극적인 제안도 포함된다.

# 6. 스타일 개발

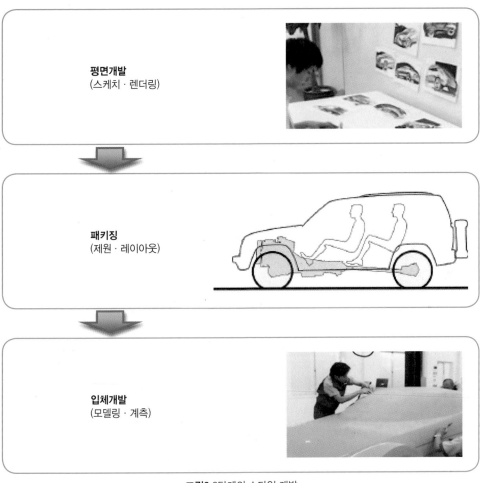

평면개발
(스케치 · 렌더링)

패키징
(제원 · 레이아웃)

입체개발
(모델링 · 계측)

**그림9** 3단계의 스타일 개발

■ 디자인 개념을 구축하고 나면 드디어 스케치나 모델을 포함한 스타일 개발단계로 들어간다. 스타일 개발은 평면, 패치킹, 입체 3가지 공정으로 개발이 이루어진다(그림9).

■ 평면개발은 스케치나 렌더링 등 2차원적인 개발입니다. 가장 디자이너의 작업 같은 개발이지만 그것은 불과 일부에 지나지 않는다. 입체개발은 점토 모델을 메인으로 하는 3차원적인 개발을 말한다. 외장의 스케일 모델이나 풀 스케일 모델, 내장 모델 등, 입체적인 형태를 검토한다. 평면과 입체 사이에 통상은 패키징이라고 하는 프로세스가 존재한다. 이것은 평면개발에서 방향이 정해진 이미지를 모델로 삼아 입체로 만들기 전에 크기나 기능이 실제로 만족할 만한 것인지 아닌지를 검토해 주요부품의 배치 · 시야 · 승강성 · 거주성 등을 검토하는 단계이다. 평면 · 입체를 넘나들며 애매한 이미지를 구체적인 형태로 구현하기 위한 검증 프로세스이다(기술적 측면이 우선되는 경우는 패키지 · 레이아웃이 선행되는 경우가 있다). 이 3단계 개발에 대해 순서대로 설명해 나가겠다.

# 1. 아이디어 스케치

**그림10** 아이디어 스케치

(미쓰비시 자동차공업 제공)

■ 담당 디자이너는 개념을 토대로 스타일을 이미지화하면서 많은 스케치를 그리게 된다(그림10). 이 스케치는 각 디자이너가 이상적인 스타일을 목표로 삼아 구체적인 이미지로 그리는 것이다. 아이디어(idea)를 그린다고 해서 아이디어 스케치라고 한다. 회화에서 말하는 데생(dessin, 이하 그림)과 같은 방법이 이용되지만 내용은 다르다. 예술은 자기표현이 주를 이루면서 작가 개인의 아이디어를 목표로 그리지만 디자인은 사용자가 요구하는 아이디어를 추구하는 것이기 때문에 그 목적이 기본적으로 다르다. 물론 디자이너에 의해 해석이 담기고 독창석이 있어야 좋기는 하지만 디자이너 개인가 갖고 싶은 자동차가 아니라 사용자가 원하는 자동차를 그리는 것이 아이디어 스케치인 것이다.

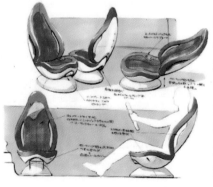

■ 몇 주간에 걸쳐 아침부터 저녁까지 스케치 작업이 이루어지는 것이 다반사인데, 새로운 독창적 스타일을 목표로 스케치를 그린다. 개념 목표와 스스로 설정한 조건 때문에 범위가 좁아졌다고 할지 모르지만 그래도 디자인 범위는 무궁무진하다. 아이디어 스케치는 1시간 동안이라도 몇 장이고 그릴 수 있고, 하루에는 수 십장도 그릴 수 있다. 아이디어 스케치는 대략적인 것부터 렌더링에 가까운 정밀한 것까지 있지만 적극적 의미로 보면 자신이 표현하고자 하는 스타일을 알기 쉽게 그리는 것이 중요하며, 점차적으로 아이디어를 전개해 나간다.

# 2. 아이디어 전개 발상법

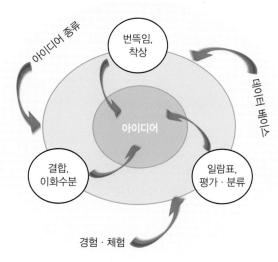

**그림9** 3단계의 스타일 개발

■ 아이디어 스케치를 그리기 시작하고 1주일에서 10일 정도 지나면 슬럼프에 빠지는 경우가 있다. 새로운 스타일이나 발상이 전혀 떠오르지 않는 시기가 반드시 있다. 아이디어가 잘 생각나지 않을 때 어떻게 대처하면 좋을까? 아이디어를 끌어내기 위해 그림11에 나타나 있듯이 「평가 · 분류」「데이터 베이스」「결합, 이화수분」「번뜩임, 착상」 등의 키워드가 아이디어를 순조롭게 만들어내는 열쇠가 된다. 이하는 거기에 대한 개요이다.

■ 스케치 일람표에 의한 평가 · 분류 : 아이디어 스케치를 50장 이상 그리게 되면 커다란 켄트지나 스트린 보드 등에 모든 스케치를 축소복사해 한 눈에 볼 수 있도록 붙인다. 그리고 비슷한 스케치와 이미지가 다른 스케치를 선별해 그룹별로 나눠 정리한다. 자신이 무의식적으로 그린 스케치를 4~7개 그룹으로 분류한 다음, 각 그룹에 「캡포워드 타입」「엘리건트 타입」 등 적절한 이름을 붙인다. 완성된 스케치 일람은 자신 머릿속의 지도 즉, 이미지 맵이다. 이 이미지들을 전체적으로 보다 보면 어느 그룹은 새로운 전개가 가능하겠다는 느낌이나 앞으로 그려야 할 방향 등이 떠오를 수 있다.

■ 이화수분(결합) : A스케치 그룹에 B스케치 그룹을 조합해 보면 새로운 스타일을 그릴 수 있다. 이것은 생물유전자학에서 말하는 이화수분이나 혼혈 등에 가까운 것으로서, 동물이나 식물이 진화하는데 있어서 기본이 되는 것이다. 아이디어의 진화 또한 성질이 다른 새로운 것을 교배시켜 신 디자인을 창조하는 것이다. 이런 조합은 우스울 것이라고 생각해 그려보면 의외로 새롭고 매력적일 경우도 있고 새로운 아이디어로 연결되는 경우가 있다.

■ 번뜩임이나 아이디어는 어느 정도 압박을 느낄 때가 잘 나오는 것 같다. 내일 바로 일정이 잡혀 있는 등, 시간적인 제약을 느낄 때 아이디어가 문뜩 떠오르는 경우가 있기 때문이다. 물론 편안한 상태에서도 번쩍이는 아이디어가 나올 수도 있다. 이것은 저자 개인적인 경험인데, 열심히 머리를 굴리면서 자신에게 압박을 가하다가 잠시 기분전환을 위해 운동을 한 다음 샤워를 하고 있을 때 갑자기 아이디어가 생각나는 것이다. 발상이 막혔을 때는 거기에서 떨어져 기분전환을 하는 것도 필요하다.

# 3. 스케치 토론회

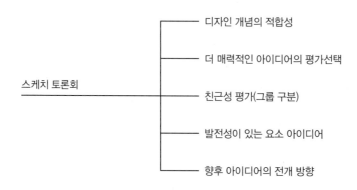

```
                                    ┌─────── 디자인 개념의 적합성

                                    ├─────── 더 매력적인 아이디어의 평가선택

            스케치 토론회 ───────────┼─────── 친근성 평가(그룹 구분)

                                    ├─────── 발전성이 있는 요소 아이디어

                                    └─────── 향후 아이디어의 전개 방향
```

**그림12** 스케치 토론회의 검토 항목(미쓰비시 자동차공업 제공)

스케치 토론회 이미지(카스타일링 제공)

■ 스케치 토론회

프로젝트와 관련되어 있는 디자이너는 빠르든 늦든 간에 비슷한 스타일밖에 그리지 못하게 되는, 아이디어 벽에 부딪치는 상태가 된다. 이런 시기에 책임 디자이너는 담당 디자이너들이 그린 스케치를 한 곳에 모아서 스케치 토론회를 개최한다. 처음으로 비슷한 스케치나 서로 다른 스케치를 서로 의견교환하면서 스케치를 그룹별로 나눈다. 개인 아이디어 전개에서 언급한 것을 그룹별로 작업하는 것이다. 각 디자이너의 스케치를 스튜디오 벽면에 붙인다. 그리고 그림12처럼 디자인 개념의 적합성, 더 매력적인 아이디어의 선택, 친근성 평가(그룹 구분), 발전성이 있는 요소의 아이디어, 향후 아이디어의 전개 방향 등을 검토한다. 개인적인 아이디어 전개를 디자인 프로젝트 그룹에서 하는 것이다. 나누어진 그룹의 디자이너는 자신 이외의 디자이너가 그린 스케치와 비교하면서 전체 속에서 상대적으로 위치를 부여함으로써 아주 의의가 있는 토론회로 여기게 된다.

아이디어 슬럼프를 이겨내기 위해 책임 디자이너는 외장과 내장 담당 디자이너를 서로 바꿔서 스케치를 그리도록 지시하는 경우도 있다.

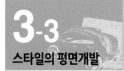

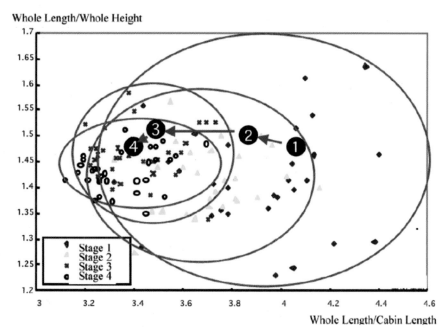

**그림13** 아이디어 범위의 수집과 중심 궤적

■ 목표를 찾으면서 목표에 접근

잡지나 사진집 등을 뒤적이다가 아름다운 자동차 스케치가 그려져 있는 것을 보면 보는 것만으로도 즐거움을 느끼는데, 도대체 아이디어란 무엇일까? 앞에서도 언급했듯이 어원은 이데아(idea) 즉, 이상(理想)이다. 설계조건이나 스스로 규정한 개념 범위 내라도 이상으로 삼을 수 있는 것은 많이 있다. 6장에서 스케치를 그리는 것의 연구에 관해 설명하겠지만, 아이디어라는 것은 추구하고자 하는 이상적인 상(像)이다.

위 그림13은 티안무 링 박사 등과 저자가 공동으로 연구한, PC상에 승용차 이미지 탐사 시스템을 이용한 실험에서 한 사람의 디자이너가 그려낸 스케치의 프로포션(proportion) 위치를 점으로 표시한 것이다. 1~4회의 아이디어 전개범위와 최종적으로 도달하는 범위의 궤적이 나타나 있다. 숫자는 각 아이디어 전개의 프로포션 평균치를 나타낸다. 디자이너는 자신이 생각하는 이상형, 이 그래프에서는 이상적이라고 생각하는 프로포션을 가리키지만 그곳으로 직접 가는 것이 아니라 우회해 가면서 최종적인 이상형에 가까워지고 있다는 것을 알 수 있다.

■ 이와 같이 목표가 명확하지 않은 상태에서 목표를 탐색해 가면서 최종적인 목표에 접근해 가는 것을 「자기조직화 탐사」라고 부른다. 아이디어 스케치를 전개하는 것이 바로 「자기조직화 탐사」가 이루어지고 있다는 사실을 알 수 있다. 상세한 것은 6장을 참조해 주시기 바란다. 이 이상형 탐구에 대한 궤적을 살펴보면, 벨기에의 동화작가인 메텔링크(Maurice Maeterlinck)의 파랑새라는 동화를 연상시킨다. 행복을 찾아 떠나는 이야기이다. 아이디어란 이 파랑새를 찾아 떠나는 여행과 비슷하다. 더 좋은 스타일이나 이상형이 어딘가에 있을 것이라는 탐구심으로부터 아이디어 개발은 시작된다. 나는

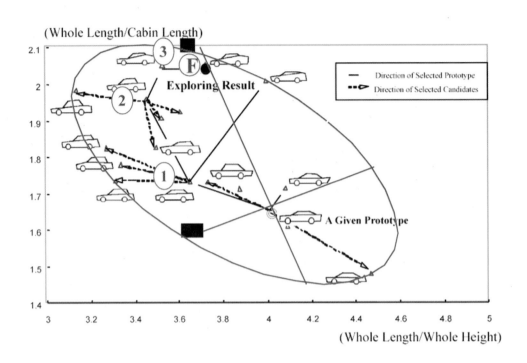

디자이너의 아이디어 개발을 「자기조직화 이미지 탐사」라고 부른다. 아직 보이지 않는 이상적인 것을 찾기 위해 목적을 더듬어가면서 아이디어를 확대하고 선택적으로 축소하는 일을 되풀이하는 「자기조직화 이미지 탐사」가 스케치 개발해 가는 과정인 것이다.

■ 스케치 탐사의 목표는 개념에 의해 방향이 정해져 있긴 하지만 명확하지는 않다. 어디에 있는지 알 수 없는 이상형을 찾아 탐험여행을 나서는 것이 중요하다. 오히려 이상형을 찾으면서 목적지 자체를 찾게 되는 여행과 같은 것이다. 디자이너는 최종적으로 도달하는 형태나 이미지를 알고 나서 스케치를 그리는 것이 아니다. 그리는 과정에서 점점 자신이 찾아야 할 이상형을 알기 시작하다가 마지막으로 그 근처에 도착하게 되는 프로세스인 것이다. 정말로 자기조직화 탐사 그 자체이다.

■ 이상에서 언급한 컴퓨터상의 이미지 탐사를, 시뮬레이션 연구를 통해 배운 것은 다음 3가지이다.
1) 번식확대  2) 선택수집  3) 상대진화
우선 아이디어는 셀 수 없을 만큼 확대하는 것이 중요하다. 학생에게 과제를 주면 4~5매의 아이디어 스케치를 그리고는 바로 만족해하는 사람이 있다. 이것은 학생뿐만 아니라 정도의 차이가 있긴 하지만 전문직 디자이너도 마찬가지이다. 디자인 개발의 기본은 상단 의 이미지 탐사 시스템에서 볼 수 있듯이 많은 아이디어 창출(번식확대)과 그 속에서 선택평가에 의한(선택수집), 즉 상대적 비교에 의한, 이상형 지향의 진화 프로세스(상대진화)가 관건이라고 생각된다.

# 5. 렌더링

CG 렌더링(닷소 시스템즈 제공)

**그림14** 렌더링(미쓰비시 자동차공업 제공)

■  스케치 검토회의를 통해 선정된 스케치는 검토회의의 의견을 포함해 개선된 다음 정밀한 완성 스케치:렌더링 (Rendering)으로 그려진다(그림14). 아직 세상에 존재하지 않는 것을 실제로 현존하고 있는 것처럼 생생하게 그린다. 스타일링의 최종 제안으로 그려지는 것이다. 아이디어 스케치가 한 장당 30분~2시간 정도로 완성되는데 반해 렌더링은 2~3시간, 길 때는 며칠 동안이고 그리게 된다. 색 재료도 색연필이나 파스텔, 에어 스프레이, 마커, 리퀴텍스 등 다양하게 사용되는데, 보다 정확하게 조형적인 완성도가 갖춰지도록 사진처럼 정밀하게 표시된다. 최근에는 2차원이나 3차원

CG 소프트웨어로 그리는 경우가 많아졌다. 포토샵이나 일러스트 등 2차원 소프트 베이스는 손으로 그려야 하기 때문에 손으로 그리는 기술을 익히는 것이 중요하다. 그에 따른 구체적인 기술에 대해서는 4장에서 설명하기로 하겠다.
위 그림에서 보듯이 목적에 따라 신속히 그리는 것부터 그릴 같이 앞쪽 주변의 디테일을 주로 그리는 것 등, 다양하다. 최근에는 줄어들었지만, 다크(dark) 그레이나 흑, 다크 컬러에 하이라이트를 중심으로 그리는 하이라이트 렌더링 등의 고전적인 방법도 있다. 보다 정확하게 표시하는 능력이 디자이너에게 요구되는 것이다.

# 1. 탑승객이나 주요부품을 내포

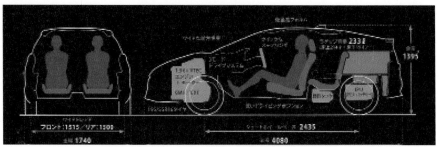

**그림15** 카탈로그에 실린 패키징 예(혼다 CR-Z 카탈로그 발췌)

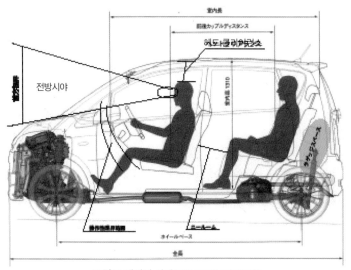

**그림16** 패키징 사례(별책 모터팬+저자 개정)

■ 패키징

2차원 스케치가 완성→검토→선정을 마치면 입체적인 3D 모델을 완성하는 단계에 들어간다. 모델 작성 전에 패키지 드로잉을 작성한다. 나라나 기업에 따라 그 방법이나 정밀도의 차이는 있지만, 패키징이라고 하는 레이아웃을 검토한다. 패키징은 지금까지 개발해 온 개념을 전제로 엔진 등의 구동계통, 페달이나 핸들 등의 조작계통, 타이어, 화물 공간 등 탑승객과 주요 부품의 레이아웃(배치)를 검토하는 작업이다(그림15, 16).

패키징이란 문자 그대로 화물이나 상품을 싸서 포장하는 것이다. 자동차에 필요한 것을 전부 싸게 되면, 싸여진 형태가 외장의 실루엣으로 자연스럽게 드러난다. 지켜야 할 하드 포인트나 레이아웃을 결정하는 개념, 기본적인 사고가 패키징에 반영된다. 나는, 「패키징은 개념을 구체적인 기본 스타일로 만드는 번역기술」이라고 정의하고 있다. 바꿔 말하면 패키징 개념(주요부품이나 탑승객의 배치에 관한 사고)가 구체적인 기본 스타일로 해석(번역)되어 형태가 만들어지는 것이다.

패키징은 디자인 개발에 있어서 필수적이지만, 그림15에서 보듯이 카탈로그나 잡지 등에 간단한 것을 게재함으로써 디자인 특징이나 생각, 타사와의 비교 등을 설명한다.

# 2. 패키징이란 개념의 번역기술

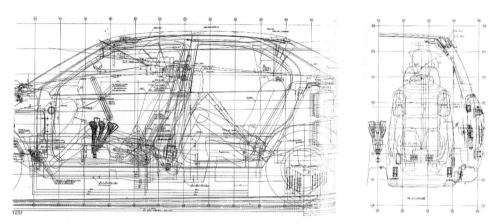

**그림17** 패키징 도면 예(산해당 자동차의 기본계획과 디자인에서 발췌)

■ 기종개발 기획서에 나타난 제원(전장 · 전폭 · 전고 등과 같은 수치)을 토대로 엔진과 탑승객 위치, 타이어 위치, 캐빈 크기 등이 그려진다. 그 수치를 베이스로 스케치 이미지에서 측면의 센터 단면을 그린다. 생각했던 것보다 엔진이나 라디에이터가 너무 커서 이미지처럼 보닛을 부드러운 커브로 만들 수 없거나 또는 뒷자리 탑승객의 머리 쪽 공간(head clearance)을 확보할 수 없는 등의 여러 가지 문제점이 발견된다. 디자이너는 스케치 이미지를 살리면서 기본 실루엣이나 단면을 수정하게 되고, 1/10~1/5로 축소한 그림을 통해 검토가 이루어진다. 처음에는 손으로 그린 라인을 수정하고, 대략적인 이미지가 설정된 다음에는 곡선자(curve ruler)로 바로 잡는다.

■ 패키징 결과는 휠베이스(차축간 거리)나 전고, 전장 등 수량적으로 설정된다. 디자인 개념은 디자인 개념이나 사고를 나타내는데 그것을 구체적인 형태와 수치로 바꿔주는 기술이 패키징이다(그림17). 「거주성과 승강성이 좋은 실내」라는

개념이 있다고 치면 뒷자리 탑승객의 머리와 천정 거리가 충분히 확보되어 있는지, 앞자리와의 무릎 공간은 충분한지 등, 추상적인 개념이 구체적인 수치와 형태로서 설정되는 것이다. 자동차 개념은 추상적이고 애매하지만 수치화됨으로써 타사보다 헤드 클리어런스가 5mm나 넓다던가, 간격(knee space)이 앞자리와 무릎 간격)가 자사의 구형차보다 20mm 넓다는 등의 수치로 비교가 가능하다. 근래에는 패키징을 전문으로 하는 부서를 개발부문 쪽에 두는 경우가 많아졌다. 그러나 스타일이나 개념과 밀접하게 관계하고 있기 때문에 디자이너도 적극적으로 의견을 제시하면서 패키지 담당과 조정해 나간다.

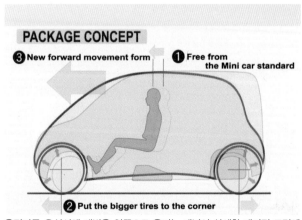

운전자를 우선시해 캐빈을 앞쪽으로 옮기는 개념이 상세한 패키징 도면에 반영된다.

# 3. 히프 포인트와 운전자세

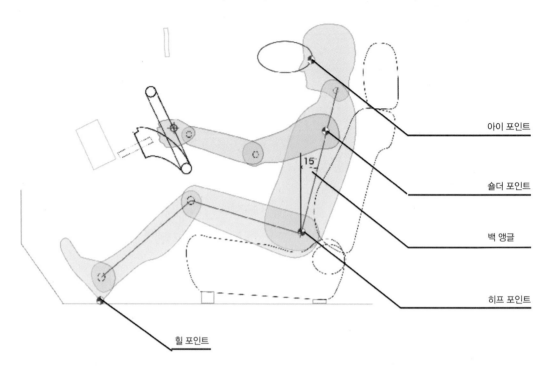

아이 포인트

숄더 포인트

백 앵글

히프 포인트

힐 포인트

**그림18** 히프 포인트와 운전자세(95% 타일 인체측면)

■ 패키징의 원점은 운전자(드라이버)와 탑승객(passenger)이다. 자동차 운전자와 탑승객의 허리뼈 근처에 접촉하는 위치의 기준점을 히프 포인트라고 부른다. 운전자의 전후 · 좌우 · 높이를 나타내는 기준을 프런트 히프 포인트, 마찬가지로 뒷자리 탑승객의 착좌위치를 리어 히프 포인트라고 한다. 이 히프 포인트들을 어디로 설정할 것인지는 패키징 가운데 가장 중요해서 제일 먼저 설정된다. 운전자 위치는 프런트 히프 포인트가 대표한다고 하겠다. 「히프 포인트 위치를 10mm 올리기」 등은 설계나 디자이너가 개발 중에 항상 사용하는 패키징 전문용어입니다. 자동차의 기본 스타일은 히프 포인트 설정에 의해 결정된다고 해도 과언이 아니다.

프런트 히프 포인트는 그림18에서 볼 수 있듯이 운전자세(백 앵글, 숄더 포인트, 아이 포인트, 아이 레인지), 스위치 조작 가능범위, 시계(후방 · 시계, 미러 시계, 미터 시인성), 거주성(암 레스트, 헤드 레스트, 시트 위치, 헤드 클리어런스, 캐빈 높이, 실내 폭), 조종성(페달 위치, 힐 포인트, 핸들 위치), 승차감(휠베이스, 트레드) 등과 관계된다.

리어 히프 포인트는 뒷좌석 거주성(리어 헤드 클리어런스, 무릎 공간), 뒷좌석 시계, 뒷좌석 승강성, 실내 넓이, 트렁크 넓이, 뒷좌석 시트와 관계하며, 이것들과 관련된 형태는 모두 수치로 표현할 수 있다. 그리고 이런 것들의 위치나 형태는 안전성, 승차감, 조작성 등 디자인 개념과 우선성에 깊이 관계되어 있다. 「시계가 좋고, 밝으며 넓은 실내」 등 디자인 개념은 디자인 목표나 사고를 나타내는 개념이지만, 탑승객 위치 설정이나 엔진, 연료탱크 등의 배치에 있어서 그 우선성을 어디에 두느냐에 따라 정해짐으로써 구체적인 스타일로서 구현된다.

# 4. 패키징에 의해 기본 스타일이 결정

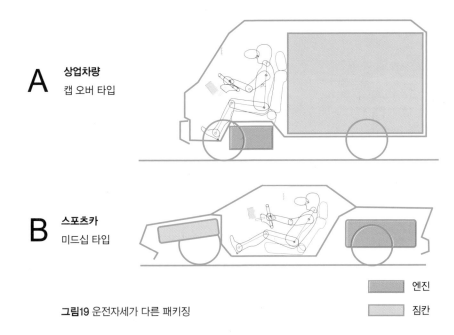

A **상업차량**
캡 오버 타입

B **스포츠카**
미드십 타입

■ 엔진

■ 짐칸

**그림19** 운전자세가 다른 패키징

■ 자동차의 스타일은 패키징과 밀접하게 관계되어 있다고 언급했는데, 그 사례에 대해 설명하겠다. 상단 그림19의 A와 B는 운전자세가 다른 2가지 예를 나타낸 것입니다. A는 박스 타입의 밴이고 B는 스포츠 타입이다.

■ A타입의 경우 화물을 많이 적재해 수송하는 것을 우선하기 때문에 운전자는 거의 엔진 바로 위에 위치한 상태에서 직립에 가까운 운전자세로 앉는다. 이런 운전자세로 인해 뒤쪽에 커다란 화물을 적재할 수 있다. 그런 결과 스티어링 포스트(핸들 축)가 비교적 경사가 적은 상태를 이루면서 스티어링 휠(핸들)이 수평에 가깝게 위치한다. 그리고 페달은 위에서 아래로 밟는 동작으로 조작하게 된다. 운전석은 보통 승용차보다 위치가 높아서 올라탈 때 스텝이나 어시스트 그립 등이 설치되어 있다. 이처럼 뒤쪽 공간을 화물용으로 만드는 스타일을 원박스 타입 밴이라고 부른다. 최근에는 뒤쪽 공간의 넓이를 이용해 5~8인승 왜건이나 바이크, 놀이기구를 싣는 유틸리티 밴 등, 여러타입의 차량이 등장하고 있는데, 그 개념은 뒤쪽 공간을 제일 우선적으로 생각해 탑승객이나 스페어 타이어 등을 배치하는 패키징으로 되어 있다.

■ B타입의 개념은 빠르고 민첩하게 달리고, 돌고, 멈추는 성능을 최우선으로 여기는 스포츠카입니다. 빨리 달리기 위해 큰 배기량의 고출력 엔진이 전륜과 후륜 사이에 배치되어 있다. 이 패키징은 미드십 타입으로 불린다. 외형은 공기저항이 적은 유선형으로서, 전방에서 봤을 때 투영면적이 비교적 작게 보이도록 디자인되며, 거주성은 다소 불편하지만 낮고 안정감 있는 위치에 설정된다. 그리고 작고 낮은 차체는 중심이 낮으면서 차체 중앙부에 있어서 민첩하고 안전하게 회전할 수 있게 해 준다. 심지어 고출력을 지면에 쉽게 전달하기 위해 커다란 광폭 타이어가 장착됨으로써 고속주행을 즐길 수 있도록 디자인되어 있다. 낮은 차체로 인해 상체 각도(torso angle)는 뒤쪽으로 심하게 기울어 있다. 핸들은 거의 수직에 가깝게 경사져 있으며, 페달과 시프트 레버, 실내 미러 등도 A타입의 패키징과는 전혀 다른 모습을 한다. 그리고 빨리 달리는 것이 목적이기 때문에 중량을 경감시키기 위해 짐칸은 거의 없다.

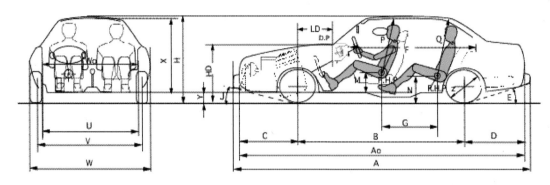

| symbo | No. | ITEM | MODEL | compare | MODEL |
|---|---|---|---|---|---|
| | 1 | BODY TYPE | N-24 | vs A-24 | A-24 |
| | 2 | DRIVE TYPE | 2WD | P4WD | 2WD |
| Ao | 3 | OVERALL BODY LONG | 3855 | 35 | 3820 |
| B | 4 | WHEEL BASE | 2440 | 55 | 2385 |
| Co | 5 | FRONT BODY OVER-A | 760 | 795 | -35 |
| Do | 6 | REAR BODY OVERHANG | 655 | 15 | 640 |
| E | 7 | BRAKE PEDAL RECESS | 440 | 20 | 420 |
| F | 8 | BRAKE PEDAL ROOM | 930 | 30 | 900 |
| G | 9 | HIP PONT COUPLE | 675 | -25 | 700 |
| H | 10 | OVERALL HEIGHT | 1365 | -15 | 1380 |
| J | 11 | HEEL ROOM | 895 | 30 | 865 |
| K | 12 | R.H.P RECESS | 395 | 30 | 365 |
| M | 13 | F.H.P RECESS | 245 | -5 | 250 |
| N | 14 | R.H.P HEIGHT | 307 | -13 | 320 |
| P | 15 | FRONT HEAD ROOM | 874 | -1 | 875 |
| Q | 16 | REAR HEAD ROOM | 833 | -2 | 835 |
| q | 17 | MINI REAR HEAD ROOM | 827 | -8 | 835 |
| V | 18 | REAR TREAD ROOM | 1460 | 30 | 1430 |
| R | 19 | FRONT HAT ROOM | 1065 | 25 | 1040 |
| S | 20 | FRONT SHOULDER ROO | 1357 | 15 | 1360 |

| symbo | No. | ITEM | MODEL | compare | MODEL |
|---|---|---|---|---|---|
| T | 21 | F.H.P COUPLE | 690 | 20 | 670 |
| U | 22 | FRONT TREAD | 1450 | 20 | 1430 |
| V | 23 | REAR TREAD | 1460 | 30 | 1430 |
| Wo | 24 | BODY WIDTH AT DOO | 1680 | 20 | 1660 |
| X | 25 | SILL FRANGE SPAN | 1400 | 20 | 1380 |
| Y | 26 | F.H.P TO GROUND | 463 | -20 | 483 |
| Z | 27 | R.H.P TO GROUND | 500 | -28 | 528 |
| F+G | 28 | TOTAL LES ROOM | 1605 | 5 | 1600 |
| A | 29 | OVERALL LENGTH | 3950 | 0 | 3950 |
| C | 30 | FRONT OVER HANG | 815 | -40 | 855 |
| D | 31 | REAR OVER HANG | 695 | -15 | 710 |
| W | 32 | OVERALL WIDTH | 1680 | 15 | 1665 |
| Ao×Wo | 33 | BODY PROJECT AREA | 6.48 | 0.14 | 6.34 |
| A×W | 34 | PROJECT AREA | 6.64 | 0.06 | 6.58 |
| | 35 | MAX ENGINE | 4G93 | | 4D65 |
| | 36 | MAX.T/MOM/T : A/T | F5/F4 | M31/F4A21 |  |
| | 37 | STANDARD TIRE SIZE | 55R13 | | 155R13 |
| | 38 | MAX TIRE SIZE | 60R14 | 195/60R14 |  |
| | 39 | MINI TURNING RADIUS | 7&5.0 | 0.1 | 6&4.9 |
| | 40 | FUEL TANK CAPACITY | 50 | 0 | 50 |

**그림20** 패키징 항목

■ 이상 2가지의 패키징 사례를 소개했다. 각각의 패키징은 개념 차이에 따라 다르다는 것을 알 수 있다. 탑승객이나 엔진, 차륜, 짐칸 등은 그 자동차를 만드는 사고나 개념의 우선성에 의해 결정되는 것입니다. 그러나 실제 프로젝트에서 이처럼 상이한 패키징을 검토하는 일은 없다. 같은 개념의 프로젝트 속에서 모델 체인지에 의한 신형과 구형의 차이, 경쟁회사와의 차이 등 미세한 우열을 검토하면서 진행된다. 그런 검토를 하기 위해 그림20에서 볼 수 있듯이 약40가지의 패키징 항목이 수치로 정해져 있다. 수치로 표현된 각 항목을 통해 디자인의 미묘한 차이를 알 수 있다. 그리고 그 수치의 차이로부터 각각의 디자인 개념 차이나 개발 목적 등을 파악할 수 있다.

■ 하나의 항목을 변경하면 관계된 항목이 파급적으로 연속해서 영향을 받으면서 변경할 곳이 생긴다. 그런 것들을 종합적으로 조정해 결정하는 것이 패키징 개발인 것이다.

# 1. 모델링

**그림21** 스케일 모델 제작

**그림22** 수작업에 의한 점토 모델 제작

■ 지금까지 스타일의 평면개발과 패키징에 대해 살펴보았다. 2가지 공정을 거쳐 드디어 입체적인 스타일 개발을 하게 된다. 디자인은 스타일뿐만 아니라 다양한 요건을 포함해 종합적인 계획을 의미하는데, 입체개발은 주로 조형적인 개발 을 의미한다. 개념과 이미지 단계는 언어나 평면으로 검토한 다음 간단하게 수정할 수 있지만 입체는 간단하게 수정할 수 없기 때문이다. 입체적 모델을 만들어 본 사람은 바로 알 수 있을 것이라 생각하는데, 입체를 수정하는 것은 아주 어렵다. 그 때문에 스케치로 이미지를 그리고, 패키징 단계에서는 이미지와 공간의 정합성이 검토되고 조정되는 것이다. 이미지 나 패키징 모두 검토가 끝났기 때문에 입체적인 모델은 불필요하다고 생각할지 모르지만 자동차는 매우 섬세한 부분들 로 구성되어 있고, CG영상은 PC화면으로 축소된 평면의 집적에 지나지 않는다. 역시나 우리들이 생활하고 있는 공간은 3차원 공간이기 때문에 입체로서 모델을 제작할 필요가 있다. 현재는 3D–CAD 소프트웨어를 사용해 PC모니터 상으로 도 입체를 조형할 수 있지만, 최종적으로 입체조형을 확인하기 위해서는 스케일 모델의 제작(그림21)이나 풀 스케일 모델 을 수작업으로 제작하는, 점토 모델 제작(그림22)이 필요하다. 현재는 수작업에서 NC데이터로 모델을 절삭하는(그림23) 방식의 정밀한 모델이 제작되고 있다.

**그림23** NC 데이터에 의한
모델 절삭
(일본 카모델협회 제공)

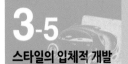

# 2. 모델 종류

| 소재 \ 종류 | 외장 | | | 캐빈 | 내장 | | | |
|---|---|---|---|---|---|---|---|---|
| | 범퍼 | 의장부품 | 보디 | | 계기판 | 의장부품 | 시트 | 내장 |
| 점토 | | | ◎ | | ○ | | ○ | ○ |
| 목형 | ◎ | ○ | | ○ | ○ | | | |
| 수지 | | ◎ | ○ | | | ◎ | ○ | ○ |
| 생산품 생산지 기타 | | ◎ | | | | ◎ | ◎ | ◎ |

그림24 디자인 개발 모델의 종류

1/4 스케일 점토 모델

■ 개념 단계에서는 외장이미지를 검토하기 위해 1/10, 1/5, 1/4 등의 스케일 모델이 제작되지만, 개발 최종단계에서는 실제 차량의 상세한 느낌을 입체적으로 검토하기 위해 풀 스케일(실물크기)로 만들어진다.

■ 모델 종류는외장과 내장 모델로 나누어지지만 컬러 디자인은 양쪽 모델의 도장이나 소재를 통해 컬러링 모델로서 검토된다. 그림24에서 보듯이 외장 모델은 검토목적에 따라 전체적인 스타일을 검토하는 외관 모델과 의장품 모델(등화기, 그릴, 미러, 범퍼) 등으로 나누어진다. 전체 외관모델은 자동차 모델용으로 개발된 전용 점토로 제작된다. 작은 의장품은 목형(木型)이나 수지로 정밀하게 만들어진다. 범퍼는 한 종류일 경우는 점토로 만들어지지만 수출사양 등 다른 범퍼가 추가될 경우에는 교환할 수 있도록 수지나 목형 등으로 제작된다. 도어 핸들이나 루프랙, 미러 등 도금이나 질감이 다른 의장부품은 주로 목형이나 수지로 만들어진다.

내외 일체 풀 스케일 모델

풀 스케일 외장 점토 모델

풀 스케일 내장 모델

그림25 다양한 모델(미쓰비시 자동차공업 제공)

■ 외장 모델이 점토 모델로 만들어지는 이유는 대형 모델을 만들기 쉽다는 점과 바로 수정이 가능하기 때문이다. 덧붙여서 만들어진 점토는 처음에는 부드럽지만 4～5분 정도 지나면 딱딱해지는데, 합판이나 수지판 등으로 만들어진 게이지나 스크레이퍼라고 하는 도구를 사용해 깎아낸다. 게이지 혹은 템플레이트(template)는 디자이너가 그린 도면을 토대로 제작한다.

# 3. 점토 모델의 구조

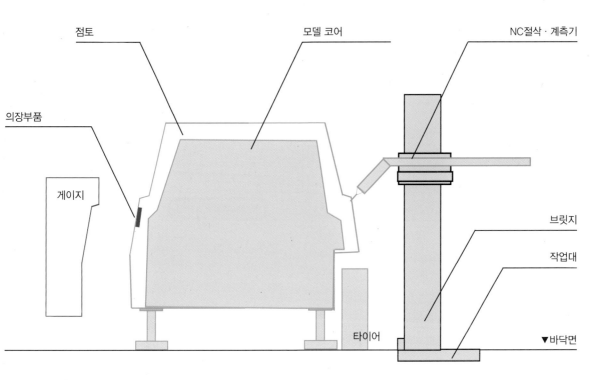

점토　　　모델 코어　　　NC절삭 · 계측기

의장부품

게이지

브릿지

작업대

타이어　　　▼바닥면

**그림26** 실물크기의 외장 점토 모델의 구조

■ 많은 노력을 필요로 하는 점토 작업의 단축과 효율화를 위해 현재는 NC자동절삭기로 가공되고 있다. 디자이너가 그리는 도면은 CAD데이터화되며, 그 데이터에 맞춰 작업대(定盤)의 브릿지에 달려 있는 절삭 드릴이 점토를 깎는 것이다. 5~10mm 피치로 일련의 점토 표면을 자동으로 절삭한다. 단면 하나를 깎는데 수 십분이 걸리는데, 야간에 세팅해 두면 아침에는 절삭이 끝나 있는 상태에서 모델 조형(粗形)이 완성되기 때문에 효율적이라 할 수 있다. 그러나 NC가공은 드릴로 깎기 때문에 표면이 몇mm 요철이 있는 면으로 덮여 있다(그림26). 거기서부터 최종적으로는 모델러의 손에 의해 거울처럼 정밀한 표면으로 완성된다.

■ 완성된 모델은 플라스틱으로 된 얇고 신축적인 특수 필름을 점토 표면에 붙여 하이라이트(highlight)를 체크하면서 표면에 일그러진 곳이 없는지를 조사한다. 문제가 없으면 여기서 아주 얇은 플라스틱 컬러 필름을 붙여 최종 마무리 작업으로 들어간다. 예전에는 모델에다가 밑칠을 한 다음 컬러 페인트를 칠하고 클리어 락카로 마무리 도장을 했었다. 컬러링이 끝나면 준비해 두었던 도어 핸들이나 크롬 몰 등과 같은 의장부품을 장착해 완성한다. 완성된 모델은 전시실 등으로 옮겨져 각종 기술검토나 상품개혁을 검토하는데 이용됨으로써 최종적인 디자인 모델로 승인을 받는다. 이 최종 디자인이 승인을 받고나서 생산을 위한 준비가 시작되는 것이다.

# 4. A 점토 모델의 제작공정

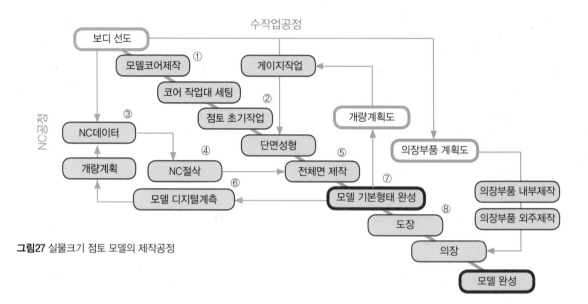

**그림27** 실물크기 점토 모델의 제작공정

■ 상단 그림27은 실물크기의 점토 모델 제작공정을 나타낸 것이다. 파란색으로 칠해진 모델 코어 제작부터 모델 완성까지는 몇 명의 모델러가 2주간~1개월 정도의 작업 기간을 필요로 한다. 프로세스에 관한 개요는 다음과 같다.

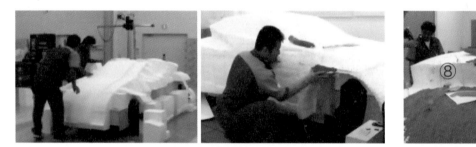

①모델 코어 제작

②점토 부착

(주:각 사진의 ○숫자는 그림27의 순서를 나타냅니다) (일본 카모델협회 제공)

■ 디자이너가 패키징으로 검토하고 관련부문의 승인을 얻어서 그린 차체 선도(線圖)를 제출하면 모델 스태프는 그 외형을 토대로 모델 코어 계획서를 작성한 다음 모델 코어를 제작한다. 이 코어는 모델 형상을 정확하게 계측할 수 있는 정반 위에 세팅되며, 점토 오븐으로 따뜻하게 가열하여 부드러워진 점토로 초기작업을 하게 된다. 점토는 코어 위로 15~30mm 범위에서 균일하게 붙여진다. 코어 모양이 제대로 만들어지지 않으면 전토 두께가 변하면서 균열의 원인이 되기 때문이다. 초기작업(粗盛)이 끝나면 점토가 딱딱해지기 전에 차체의 선도로부터 제작된 게이지를 사용해 점토를 깎아냄으로써 차체 형태로 만들어 간다. 이 초기 절삭작업은 현재 어느 자동차 메이커의 디자인 부문에서든지 NC(수치제어) 자동절삭기를 사용한다. NC가공에 대해서는 다음 장에서 살펴보겠다.

초기 절삭작업이 끝나면 스크래퍼(scrapper)라고 하는 삽 모양의 손 공구를 사용해 세밀하게 깎아낸다. 보디 전체가 부드러운 곡면이 되도록 깎는 것은 상당한 기술이 필요하다. 이런 공정을 통해 1차 형상이 만들어진다.

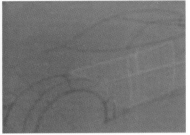

③NC데이터

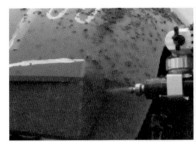

④NC에 의한 좀토 절삭

⑤마무리 작업

⑥NC로 계측

⑦최종표면 마무리

⑧도장 마무리 (마일라 필름으로 작업)

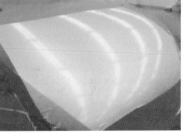

※①~②는 앞 페이지 참조

■ 이 최초의 점토 모델을 제1차 조형(粗形)모델이라고 부르며, 입체에 의한 초기단계의 검토로 들어간다. 스케치나 도면에서 생각했던 것은 2차원 평면이기 때문에 생각했던 것보다 날카롭다거나 어느 각도에서 보면 이미지대로 나오지 않았다거나 하는 등의 이유로 디자이너는 모델을 기준으로 몇 mm 덧붙이거나 깎아내는 수정을 한다. 이 개량을 몇 차례 반복하면 모델이 완성된다. 통상적으로는 스케일 모델을 몇 가지 만들어 비교검토하기 때문에 조형적으로는 어느 정도 검토가 된 상태라 실물크기로 넘어갈 때는 그다지 큰 변경은 하지 않는다.

점토에 의한 모델 작업은 이 조형(粗形)의 개량작업이 원활하게 진행된다는 것이 최대 장점이다. 유럽에서는 석고로 모델을 제작하는 것이 전통적인 기술이지만 현재는 대부분의 자동차 메이커가 점토로 모델을 제작하는 것 같다. 석고 이외에 워커블(workable) 수지나 경질발포 스티로폴(styropor)로 원형을 만들고 그것을 기초로 유리섬유로 보디를 완성하는 방법도 자주 사용된다.

# 5. 자유로운 모델 제작과 NC절삭방식

■ 지금까지 일본 자동차 메이커의 일반적인 모델 개발에 대해 살펴보았다. 그러나 미국과 일본은 모델 제작방법이 크게 다르다. 일본의 모델 제작은 선도(線圖)나 CAD에 의한 도면 데이터를 중심으로 하지만(그림28) 미국에서는 디자이너가 이미지 스케치를 그리고 주요한 하드 포인트나 단면만 지시할 뿐 다른 것들은 모델러(sculptor라고도 불림)가 디자이너가 그리고자 하는 이미지를 해석해 자유롭게 제작하는 방식이다(그림29). 일본에서는 충실하게 도면대로 만드는 것이 좋은 모델러지만 미국에서는 디자이너의 의도를 이해하고 디자이너의 기대이상으로 아름다운 면을 만들 수 있는 모델러가 뛰어난 모델러인 것이다. 엔진이나 거주성을 지키는 등, 지켜야할 포인트는 지키지만 나머지는 자유롭게 만들기 때문에 좌우 보디가 수mm에서 수cm나 다르게 비대칭을 이루는 경우도 있지만 일단은 디자이너의 이미지에 가까운 형태를 신속하게 만든다. 그리고 모델 완성 후에 계측을 하고 데이터화한 다음에 도면화가 이루어진다.

**그림28** NC에 의한 점토 자동절삭 모델 제작

**그림29** 자유로운 모델 제작

(일본 카 모델협회 제공)

■ 일본과 미국은 이처럼 모델을 만드는 방법이 다른데, 그런 각각의 방식에는 일장일단이 있다. 미국방식에서는 고도의 입체조형을 만들 수 있는 모델러 육성이 필요하다. 일본도 뛰어난 모델러가 육성되어 미국방식을 시행하는 기업도 있는 것 같다. 미국방식에서는 디자이너가 상단한 시간과 노력을 필요로 하는 도면작업이 없기 때문에 아이디어 스케치만 집중할 수 있지만 스케치가 주요 의사소통 수단인 만큼 세밀한 차이나 변화 등은 모델러에게 말로 전달하는 수밖에 없다. 그런 면에서 일본식 도면중심 제작방식에서는 디자이너의 의도를 불과 mm단위의 미묘한 차이로 모델러에게 전달할 수 있다.

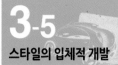

# 6. 자유로운 제작방식과 NC절삭방식 모델링의 장점 및 단점

장점 : ◎ 단점 : ×

| | NC절삭 모델 | 자유제작 모델 |
|---|---|---|
| 제작노력 | ◎ | × |
| 제작시간 | ◎ | × |
| 공장정밀도 | ◎ | ○ |
| 계측 데이터화 | ◎ | × |
| 개량 용이성 | △ | × |
| 디자이너의 의도전달 | × | ◎ |
| 면 제작 | △ | ◎ |

**그림30** 자유로운 제작방식과 NC가공의 장점과 단점

■ 이상 미국과 일본의 모델링 방식에 관해 살펴보았는데, 그림30에서 보듯이 각각 장점과 단점이 있다. 현재 세계적으로 자동차 개발이 손으로 그리던 도면정보에서 CAD가 도입된 설계 시스템으로 혁신되었다. 개발 초기부터 생산단계까지 CAD데이터를 통해 일관적으로 전달하는 시스템이다. 디자이너가 그린 이미지를 항상 CAD데이터로 일원화해 관리하는 방식이 주류이다. 일본 기업에서는 디자이너 스스로가 자신의 스타일을 CAD로 도면화하고 그것을 NC로 절삭·가공하는 방식이 진행되어 오고 있다. CAD(컴퓨터에 의한 디자인 지원 시스템)라는 단어를 들으면 디자이너를 대신해 도면을 그려주는 것으로 생각하기 쉽지만 아무리 뛰어난 CAD 소프트라고 하더라도 손으로 그리는 도면과 마찬가지로 노력이 들어가야만 한다. 분명 정밀도는 마이크론 단위 정도로 정확하지만 CAD 소프트를 다루는 기술을 배우고 익혀야 한다. CAD 작업이 단순한 반복적 작업이 많은 등, 디자이너에게 도움이 되는지 여부가 의심스러운 부분도 있다. 디자인 부문에 요구되는, 사용자가 바라는 자동차를 계획한다는 디자인 본래의 취지에서 보자면 너무 세심한 측면도 있지만 기업 전체의 개발 효율화나 합리화 방향에서는 틀림없이 앞으로 더 진행시켜야 할 합리적 방향이라고 생각한다. 근래 조직적으로 디자인 부문 내에 배치하느냐, 설계 부문에 배치하느냐는 메이커에 따라 다르지만 디자이너의 CAD 데이터화 작업을 줄이기 위해 그 작업을 전문으로 하는 스태프를 두는 메이커도 많아진 것 같다. 그러나 디자이너가 의도한 이미지를 조각가 같은 센스를 가진 모델러가 모델을 제작하는 미국식 자유 제작방식도 버리기 아쉬운 매력적인 방식으로서, 앞으로 양쪽 방식의 장점을 살린, 절충적인 방식으로 나아가리라 생각된다.

# 1. 시팅백

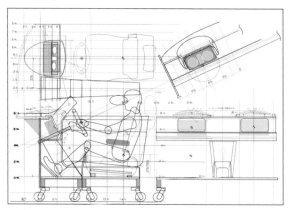

**그림31** 목업 계획도

■ 이상, 입체개발에 있어서 외장 모델과 점토 모델을 주로 설명해 왔다. 앞서 언급했듯이 하나의 차종은 외장과 같은 시기에 내장과 컬러링도 입체개발이 이루어진다. 외장 계획이 진행되고 패키징이 설정되면 그것을 반영한 간이 모델 즉, 목업(mock-up)이 제작된다. 목적은 패키징의 운전자세와 시야, 거주성, 운전석 주변의 조작성, 승강성 등 자동차의 가장 중요한 부분인 운전자와 탑승객과의 관계를 검토하고 확인하기 위해서이다. 이 모델을 「시팅 백(seating back)」이라고 부른다. 전에는 디자이너가 자신의 모델을 확인하기 위해 스스로 만들었지만 현재는 스튜디오 엔지니어들이 담당하고 있다.

**그림32** 프런트 시팅백 예(별책 모터팬 제공)

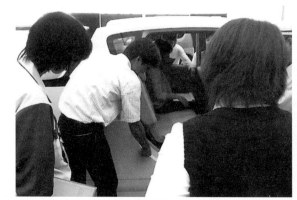

**그림33** 내장 시팅백에 의한 검토회의(다이하쓰공업 제공)

■ 이것은 거주성 등 공간을 주로 검토하는 모델이기 때문에 화려함을 떨어지지만 특히나 내장의 거주성이 계획되고(그림31), 검토되는 중요한 모델이다. 특히 중요한 전반부를 만들어 운전석 중심으로 기능을 확인하는 모델도 있지만 후반부의 거주성이나 짐칸 넓이 등을 확인하기 위해 보닛을 빼고 전부를 포함한 내장 전체의 모델이 제작되는 경우도 있다(그림32). 전체 실내는 만들기 쉽도록 목형으로 만들어지며 시트나 미터기, 시프트 노브 등 조작부품이 배치된다. 문짝 개구부나 필러 형상 등은 시야와 승강성 등에 영향을 주기 때문에 정확하게 제작되며, 내장 시팅 백 검토회의가 이루어져 조작성이나 거주성, 시야 등의 디자인에 있어서 문제가 없는지를 검토한다(그림33).

# 2. 내장 디자인과 내장 모델

■ 운전자나 탑승객이 직접 손을 대고 눈으로 보는 내장 디자인은 아주 매력적이고 중요한 작업이다. 외장 스타일은 구매할 때 동기를 결정해 주기 때문에 중요하지만, 구입 후에는 시트에 앉고 핸들을 조작하기 때문에 내장 디자인이 중요한 것이다. 앞서 설명한 패키징이나 스페이스 백은 스타일의 기본형이나 치수를 결정짓지만 내장 디자인은 직접 실내 공간이나 기기의 조작성과 관련되기 때문에 그 디자인이 적절하지 않으면 쾌적하게 운전할 수 없다.

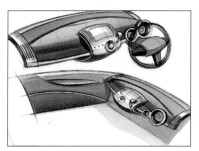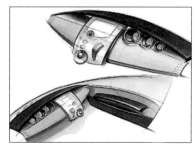

**그림34** 계기판 스케치(다이하쓰공업 제공)

■ 패키징에서 설정되고 시팅 백으로 확인된, 기능부품과 탑승객의 위치자세, 거주공간 설정을 출발점으로 삼아 내장 디자인이 시작된다. 외장과 달리 실내를 안쪽에서 본 공간의 이미지 스케치가 그려진다. 내장 디자인의 경우 외장과 같이 이미지 스케치를 대량으로 그리는 일은 없다. 이미지가 아무리 좋아도 조작이 안 되거나 미터가 보이지 않아서는 사용할 수 없기 때문이다. 계기판 스케치가 꼼꼼히 그려지고(그림34) 어느 정도 이미지가 갖춰지면 패키징을 토대로 정확하게 설정된 시트와 스티어링 휠, 시프트 노브, 미터기, 오디오, 도어 트림, 윈도우 레귤레이터 핸들 등의 내장 이미지가 그려지고(그림35) 계획됨으로써 운전자 조작성이나 시인성이 mm 단위로 검토된다. 조형적인 균형과 동시에 실물크기의 레이아웃 그림 등으로 검토된 사항을 도면이나 시트 모델(그림36) 시팅 백을 통해 실내 공간과 조작성이 확인된다. 계기판이나 시트 등 한 가지 설정을 바꾸면 관련된 배치가 연쇄적으로 영향을 받기 때문에 그 문제점을 해결하기 위해 이 시팅 백이 이용된다. 이처럼 내장 디자인은 조형미와 함께 기능성 추구가 필수적이다. 그런 의미에서 내장 디자인은 외장 이상으로 깊이가 있는 디자인이라고 할 수 있다.

**그림35** 프런트 내장 스케치(다이하쓰공업 제공)

**그림36** 시트 디자인 개발(카스타일링 제공)

# 3. 인간공학과 인터페이스 디자인 실천의 장

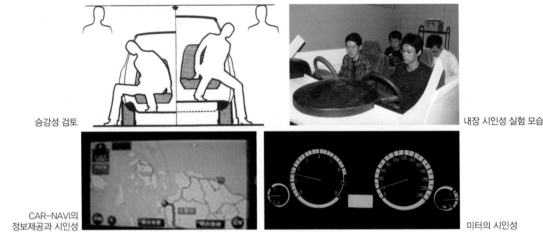

승강성 검토

내장 시인성 실험 모습

CAR-NAVI의
정보제공과 시인성

미터의 시인성

**그림37** 인터페이스 디자인에 관한 실제 예

■ 스케치와 테이프 드로잉을 번갈아 작업하면서 그리고 시팅 백으로 조작성이나 시야를 확인하면서 내장 디자인은 진행된다. 외장 디자인에 비해 기능적인 요소가 많고 기능적 장치의 조작성이나 완성조건을 만족시켜 가면서 조형적인 심미성과 쾌적성을 추구하는, 역시나 제품(product) 디자인다운 작업이다.

■ 외장이 주로 판금 프레스 가공으로 만들어지는 보디를 다루는데 반해 내장에서는 계기판의 본체골격이 수지나 판금으로 만들어지며, 표피는 염화비닐 등 발포재나 연질표피수지가 사용된다. 그리고 미터나 음향기기는 정밀한 기계가 탑재된다. 시트는 판금이나 금속 파이프 골격에 스프링과 우레탄 발포, 표피에는 염화비닐 필름이나 각종 천이 사용된다. 그 밖에 스티어링 휠이나 내장, 센터 콘솔 등 각 부품에는 문자 그대로 적재적소에 다양한 소재가 사용되고 있다. 이런 소재의 성질이나 제조방법, 비용 등을 모르면 좋은 디자인을 만들 수 없다. 이런 장치들에 관한 기술도 해마다 발달하고 있기 때문에 항상 폭넓은 지식을 가질 필요가 있다.

■ 최근에는 디자인 계열의 대학교육에 인간공학적인 수업이나 연습이 들어가 있다. 자동차의 내장 디자인은 정말로 이 인간공학에 관한 실천적 응용의 장인 것이다. 승강성, 핸들을 비롯해 각 장치의 조작성, 시야, 미터기의 시인성, 조명, 안전성과 쾌적성 등을 어떻게 해결하느냐가 디자이너의 업무에 포함되어 있다. 시트도 아름답게 보이는 동시에 타고 내리기 쉽고 착석감이 좋으며, 피곤하지 말아야 하고 당연히 다양한 체격에 대응하는 등의 기능이 요구된다. 종래의 조형교육에서는 이런 문제점들을 해결하지 못했던 것이다. 스케치 이전에 동작분석이나 근육 상태를 조사하는 근전도 등을 배울 필요가 있으며, 그런 것을 파악하기 위해 통계분석 등과 같은 기초통계 교육도 필요하다.

■ 근래에는 지도정보와 도로상황을 나타내는 내비게이션 시스템 등도 등장해 내장 디자인이 그 범위를 확대하고 있다(그림37). 소위 말하는 사람과 기기 간의 조작이나 정보 교환을 다루는 인터페이스 작업도 증가하고 있다. 미터기 표시방법, 내비게이션 시스템의 화면표시 방법 등, 종래의 심미성 추구와 더불어 자동차와 인간과의 커뮤니케이션과 관계된 특성이나, 감성과 관련된 지식과 조화기술이 필요하다고 말할 수 있다.

# 4. 컬러 디자인과 검토 모델

■ 외장과 내장의 각 부품은 판금이나 수지, 천, 알루미늄, 유리 등 다양한 소재로 만들어지면서 색을 갖고 있다. 각각의 부품 색을 종합적으로 계획해 전체 컬러 계획에 바탕을 둔 상태에서 각 부품의 색이 계획된다. 이런 색에 관한 계획은 센스와 풍부한 경험을 가진 디자이너가 담당한다(그림38). 색 동향이나 유행의 예측을 토대로 각 기종의 컬러 개념을 입안하고 다양한 부품의 배색을 지시한다.

일반적으로 색은 적, 청 등 색상과 채도, 명도에 따라 먼셀치(Munsell value, 0~10의 명도축을 색상환 중심에 위치시켜 밝고 어두움의 정도를 나타낸다. N0, N10의 이상적인 흑색과 백색은 현실에는 존재하지 않는다) 등으로 표현되지만, 자동차는 많은 부품과 재료로 구성되기 때문에 아주 엄격한 색 조합이 필요하다. 판금에 열처리 도장되는 차체의 외판 색과 외부 수지가공 메이커에서 도장하는 색을 먼셀치만으로 완전히 맞출 수는 없다. 바꿔 말하면 사람의 색채 식별은 미묘하다. 그래서 일반적으로 자동차 메이커에서는 실물 견본, 컬러 샘플을 통해 도장 색과 수지 색, 천 소재 등을 검토하고 지시하게 된다. 많은 장치의 색을 확인하기 위해 평가조사가 이루어진다(그림39). 각 부품 메이커에 지시하는 컬러 샘플에는 코드 번호가 부여되어 엄격하게 관리된다.

**그림38** 시트 색상 검토

**그림39** 곡면 도장색 샘플 검토

(미쓰비시 자동차공업 제공)

■ 컬러 디자인의 평면개발은 컬러 샘플 작성을 말한다. 도장한 판이나 천에 관한 샘플은 스케치에 상당하는 것이다. 다만 스케치는 디자이너 스스로가 그리지만 도료나 천은 본인이 개발할 수 없기 때문에 도장 메이커나 천 메이커에게 샘플 작성을 의뢰한다. 스케치가 조금씩 개량되어 이미지와 가깝게 되듯이 샘플도 또한 메이커와 더불어 몇 번의 수정을 거치면서 개량된다. 천 등은 한번 개량될 때마다 실색(絲色)을 다시 물들이거나 때에 따라서는 실짜기나 편직을 조정해 전용기로 샘플이 만들어지기 때문에 적어도 몇 주 단위의 시간이 소요된다.

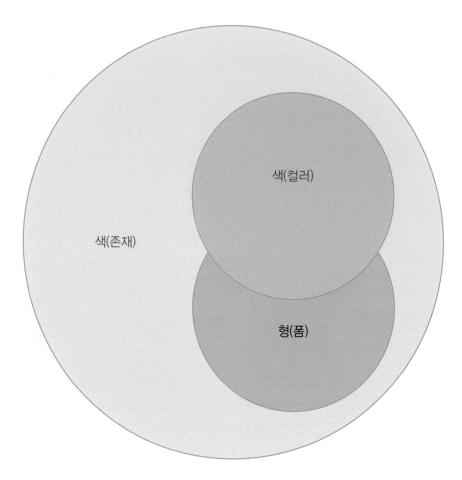

**그림40** 협의와 광의의 2가지 색 개념

(미쓰비시 자동차공업 제공)

■ 자동차의 도장은 일반 가정용품의 도료와는 비교가 되지 않을 정도로 품질기준이 높다. 플로리다(Florida)의 폭로(暴露)시험 등, 강렬한 태양광에 노출되어도 퇴색하지 않도록 엄격한 테스트에 합격한 것만 사용된다. 디자이너가 생각했던 것은 엄격한 견뢰도(堅牢度) 테스트를 거쳐 개발된 것이다. 마찬가지로 시트에 사용되는 천은 일반 천 가게에서 판매되고 있는 것과 비교해 매우 엄격한 조건과 스펙을 통과한 것이다. 진(jeans) 바지를 입은 운전자가 몇 만 번을 타고 내려도 찢어지지 않고 외판과 마찬가지로 태양에 타거나 색이 탈색되지 않도록, 견실한 개발이 진행된다. 외장이나 내장 디자이너는 모델을 통해 형태를 확인할 수 있지만 컬러 디자이너는 다양한 외부 협력회사 없이는 스스로 이미지를 작품으로 옮길 수 없다는 점이 업무상 어려운 부분이라 할 수 있다. 색채에 대한 센스와 아주 실무적인 메이커와의 절충능력이 요구되는 것이다. 자동차 디자이너는 제품 디자인을 전문으로 배운 학생만 될 수 있다고 생각하기 쉽지만 컬러링의 경우는 미술계통의 그래픽을 배운 사람이라 하더라도 충분히 업무를 담당할 수 있다.

■ 색은 개인적 취향에 좌우되는 경향이 강한데, 한편으로 소비자 시점에서 통계적으로 봤을 때는 분명히 유행이 있다. 유행하는 색은 10~12년 주기로 바뀌고 있다. 그리고 일본이나 미국, 유럽에서도 유행하는 색은 조금씩 다르다. 앞서 설명했듯이 색재(色材)는 엄격한 스펙을 토대로 개발되지만 소비자의 색에 대한 기호는 유행과 동시에 문화적 배경이 있다. 각 시장에서 색이 갖는 의미가 미묘하게 다르다. 컬러 디자이너는 색에 관한 센스도 필요하지만, 디자이너 개인적인 색 기호성과 편중이 있다. 자신이 좋다고 생각하는 색이 다른 사용자도 좋아할 것이라 생각하기 쉽다. 어떻게 소비자 전체가 바라는 색이나 소재를 개발하느냐가 필요하다. 소비자 기호에 영합할 필요는 없지만, 소비자가 좋아하는 색을 통계적 시점을 바탕으로 삼아 시장 환경과 시대성을 이해한 가운데 매력적이고 최적인 색채를 선택해야 한다.

■ 근래에는 아주 미묘한 색 차이를 긱 메이거에서 경쟁하고 있다. 적색이나 청색 등, 말은 같아도 종류는 천차만별이다. 예전에 저자는 다임러 벤츠사의 고급감 넘치는 블루를 꼭 어느 모델에 사용하고 싶다고 판매부문으로부터 요청받고 시작차에 똑같은 도료를 메이커에서 공급받아 사용한 적이 있다. 마침내 똑같은 블루로 도장한 시작차를 판매부문에 보여줬는데 「다른 색이고 이미지도 다르다」라는 평가였다. 저자도 동감이었다. 완전히 같은 색이라도 도장하는 방식이 다르면 색이 다르게 보이는 것을 알 수 있다. 차체의 둥근 면이나 전체 조형에 따라 다른 색으로 보인다는 점에 컬러 디자인의 어려움이 있다. 섬세한 센스가 요구되는 이유이다. 벤츠에서 사용했던 고급감 넘치는 블루는 벤츠 스타일에서만 표현할 수 있는 것이다. 색과 형상은 불가분의 관계로서, 별도로 평가할 수는 없는 것이다.

■ 그림40의 개념도에서 볼 수 있듯이 색에 관한 개념에는 통상적으로 이용되는 형상에 대한 색 의미와, 색과 형상을 포함한 존재·실재를 의미하는 넓은 의미가 있다. 「색즉시공」에서의 색은 넓은 의미의 개념을 나타낸다. 컬러링은 협의의 색을 계획하는 것을 나타내지만 그 배후에 있는 존재·실재를 포함한 아주 넓은 영역을 다루는, 의의가 깊은 내용을 포괄하는 작업이다.

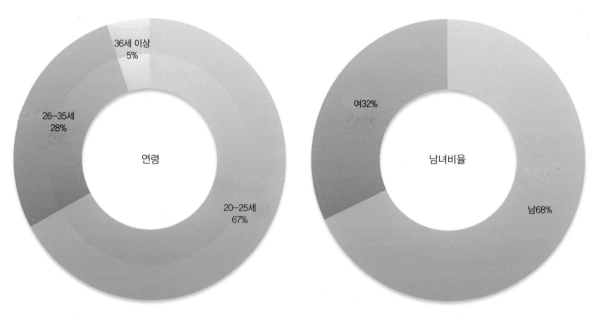

**그림41** 사용자 프로필

■ 지금까지 살펴본 평면개발과 입체개발을 거쳐 완성된 모델은 디자인 부문 직속의 담당이 개발하는 모델 외에 해외의 위성(satellite) 스튜디오나 국내의 외부 디자인 협력회사 등에서 개발된 모델이 다 같이 취합되어 모델 평가조사, 디자인 검토회의가 열린다. 그리고 디자인 부문에 있어서 가장 중요한 디자인 승인회의에 제안(proposal) 모델로서 전시된 다음에 승인을 받게 된다. 아래는 디자인 평가 · 검토 · 결정(승인) 회의에 관해 설명한 것이다.

■ 모델 평가조사
내장과 외장 모델이 완성되면 디자인 평가조사가 열린다. 평가하는 모델도 자사 내 몇몇 모델에다가 해외의 위성 스튜디오나 협력회사 등 다른 거점에서 개발된 모델을 함께 평가하며, 나아가 경쟁차량까지 평가 모델에 집어넣으면 합쳐서 5∼10안이 동시에 비교 · 평가된다. 마치 시합 같은 상황에서 평가조사나 평가회의가 열린다. 평가회의나 디자인 검토회의는 삼엄한 기밀관리 아래서 이루어진다.

■ 클리닉 평가자로는 사용자로서 간주되는, 목표 고객에 상당하는 사람이다. 조사에 있어서 제일 먼저 적절한 평가자인지를 확인하기 위해 프로필이 조사된다. 성별, 연령, 직업, 연간수입, 소유차종, 구입예정차량, 취미, 라이프 스타일 등 사용자의 특성 : 고객 프로필이 조사된다(그림41). 이 프로필은 각 모델의 평가결과와 연령 · 성별 · 직업 등 프로필과의 상관관계를 분석하는데 이용된다.

**앙케이트 조사표** 회답자NO

모델A~X를 비교한 다음 아래 질문에 답해 주십시오 (서열평가, 5단계평가)

| | BEST 1 | 2nd | 3rd |
|---|---|---|---|
| 1. 스타일이 좋은 모델은? | | | |
| 2. 사고 싶은 모델은? | | | |
| 3. 각 모델의 가격이 얼마면 구매의사가 있습니까? | | | |
| 4. ○○개념 이미지에 가까운 모델은? | | | |
| 5. 어떤 디자인 요소와 부분이 좋습니까? | | | |

**그림42** 디자인 조사표 예

■ 프로필 조사 후, 복수의 모델과 실제차량이 제시되면서 각 모델의 외장과 내장에 대해 선택평가 · 단계평가 · 서열평가 등이 이루어진다. 아래와 같은 항목의 디자인 평가에 대해 조사표에 답하는 식으로 이루어진다.

- 어느 모델의 디자인이 좋은가?
- 어느 모델을 구매하고 싶은가?
- 이 모델의 가격은 얼마 정도라고 생각하는가?
- 좋다고 생각한 모델의 어느 부분이 마음에 들었나?
- 나쁘다고 생각한 모델의 어느 부분이 마음에 들지 않았나?
- 개념 키워드에 해당하는 모델은?
- 느낀 점을 자유롭게 서술

■ 이상과 같이 조사표에 대한 회답방식 이외에 사용자의 생생한 목소리를 듣기 위해 디자이너가 직접 참가해 그룹이나 개별 인터뷰를 하는 경우도 있다. 또한 기밀보안을 유지하기 위해 사내의 한정된 사원을 상대로만 하는 경우도 있지만, 보다 객관적이고 계량적인 평가를 얻기 위해 외부 조사기관에 의뢰해 「모델 클리닉」이라고 불리는, 몇 백 명을 대상으로 하는 앙케이트(그림42)에 의한 조사 방법도 있다.

# 2. 디자인 평가에 대한 분석

**감성평가**

| 번호 | S-G | 보기 쉽고 알기 쉽다 | 느낌이좋다 | 따뜻한 감이 있다 | 약동감이 있다 | 샤프하다 | 배색이 좋다 |
|------|------|------|------|------|------|------|------|
| C1 | 홍길동 | 4 | 5 | 4 | 4 | 4 | 4 |
| C2 | 정재성 | 5 | 3 | 2 | 3 | 4 | 3 |
| C3 | 반문환 | 5 | 4 | 4 | 3 | 4 | 4 |
| C4 | 이명옥 | 4 | 2 | 3 | 3 | 4 | 3 |
| C5 | 조경미 | 4 | 4 | 4 | 2 | 2 | 3 |
| C6 | 김옥희 | 2 | 4 | 4 | 2 | 2 | 3 |
| C7 | 최병석 | 5 | 5 | 3 | 4 | 4 | 5 |
| C8 | 이서현 | 5 | 2 | 2 | 4 | 2 | 1 |
| C9 | 문채훈 | 4 | 3 | 3 | 2 | 2 | 3 |
| C10 | 나문희 | 4 | 3 | 2 | 1 | 3 | 2 |
| C11 | 안봉기 | 3 | 4 | 1 | 2 | 2 | 4 |
| C12 | 김 훈 |  |  |  |  |  |  |
| C13 | 정창섭 | 4 | 3 | 3 | 2 | 2 | 2 |
| C14 | 이기동 | 3 | 2 | 1 | 2 | 1 | 1 |
| C15 | 홍지영 | 4 | 1 | 2 | 2 | 2 | 1 |
| C16 | 김성근 | 4 | 3 | 2 | 3 | 2 | 2 |

**그림43** SD(sight draft) 평가 데이터

■ 평가조사는 원칙적으로 무기명이지만 처음에는 평가원의 성별, 연령, 직업, 소유차종, 운전경력, 차기 구매희망 차량, 라이프 스타일 등의 프로필 조사가 이루어진다. 이것은 개념의 목표 고객에 해당하는지 등을 체크하는 동시에 각 프로필 항목별로 집계함으로써 평가결과의 상관분석을 하기 위한 것으로, 평가조사 전에 반드시 하는 것이다. 프로필 조사 후 조사표가 건네지고 각 모델에 관해 조사표의 질문에 답하는 식으로 이루어진다. 평가 내용은 그림43과 같이 가장 좋은 「디자인」·「스타일」·「사고 싶은」 모델 베스트3을 답한다. 또한 디자인 개념의 이미지에 가까운 모델은 무엇인가? 디자인의 어느 부분과 요소가 마음에 들었는가? 각 모델의 인상에 대한 의미평가를 조사하고 인자분석 등을 상세하게 분석한다. 어느 그룹에 있어서는 디자이너가 직접 인터뷰를 하는 경우도 있다. 취합된 평가 데이터는 그림43~45와 같이 집계나 분석이 이루어진 다음 디자인 검토회의나 디자인 승인회의에 기초자료로 제공된다.

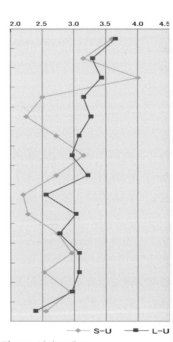

1.보기 쉽고 알기 쉽다
2.느낌이 좋다
3.따뜻한 감이 있다
4.약동감이 있다
5.샤프하다
6.배색이 좋다
7.친숙한 맛이 있다
8.심플(simple)
9.고품질 느낌이 난다
10.정밀함이 느껴진다
11.콘트라스트가 있다
12.인상이 좋다
13.산뜻하다
14.전체적 색조가 좋다
15.피로감이 있다

**그림44** SD평가 그래프

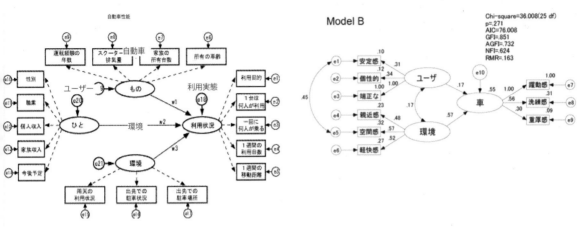

**그림45** 분석 예(공분산구조 모델)

■ 디자이너와 사용자의 평가 차이 : 필자의 경험으로는 일반 사용자의 평가와 디자인 부문의 평가에는 차이가 있다. 매일 스케치나 도면, 모델 등을 직업으로 삼아 밤낮없이 직장에서 디자인하는 업무를 하다보면 세상 속 일반 사용자의 가치관이나 선호하는 것에 대해 주의를 기울인다고 해도 어긋난 감각을 가질 때가 있다. 또한 일반 사용자와 디자이너는 다소 시점이나 가치관이 다르다. 심지어 디자이너는 현재가 아니라 몇 년 후부터 10년 후, 게다가 일본뿐만 아니라 수출국을 포함한 디자인을 하는 것이기 때문에 현재의 좋고 나쁨만 평가하는 일반 사용자들과는 차이가 있는 것도 당연하다고 하겠다.

■ 디자인에 대한 평가는 사람마다 다르기 때문에 상단 그림처럼 단계평가 등의 데이터를 다양한 각도에서 분석하고 그래프로 만든다. 현재는 다변량 해석(multi-variable analysis)이나 애매한 개념을 파악하기 위한 다양한 분석방법이 체계화되어 있다. 각 모델의 평가인자가 어떤 관계구조인지를 알기 쉽게 그래프화 해주는 분석 소프트 등도 개발되어 있다. 모델의 평가 분포도를 토대로 개념지도를 그려서 그 관계를 나타내는 「맵핑(mapping)」과 같은 방법도 이용된다.

■ 디자인 평가 결과를 가장 신경 쓰는 것은 개발담당 디자이너인 책임 디자이너와 프로젝트 리더이다. 최선을 다해 개발한 모델이 사용자 평가로 성적이 나오는 것과 마찬가지여서 수험생이 합격, 불합격 판정을 기다리는 심정으로 결과를 기다린다. 평가결과가 정리되면 그 결과를 토대로 평가결과 검토회의가 열린다. 책임 디자이너는 디자인 담당과 관계자를 소집하게 되는데, 때로는 프로젝트 리더와 상황에 따라서는 해외 시장에 정통한 디자인 어드바이저(컨설턴트, 전문가)까지 참가시켜 검토회의를 개최한다. 평가 데이터를 참고로 다양한 관점에서 활발하게 의견이 나누어진다. 때로는 평가결과를 반영해 모델 리파인(refine)을 하는 경우도 있다.

# 3. 디자인 검토회의 및 승인회의

**그림46** 승인회의 이미지

■ 디자인 검토회의 : 디자인 부문이나 프로젝트를 위해 어떤 디자인 모델 안(案)을 기획안으로 선정해 디자인 승인회의
에 제출할 것인지를 검토한다. 개발담당 디자이너는 당연히 자신이 개발한 제안이 가장 좋다고 제각각 생각하고 있고, 책
임 디자이너도 각 모델이 자기 자식처럼 사랑스러워 우열을 따지기 곤란해 하기 때문에 회의는 백중세를 보이면서 좀처
럼 결론에 다다르지 못한다. 그런 의미에서 당사자와 전혀 관계가 없는 클리닉 사용자 평가는 디자인 방향을 잡아주는 자
료로서 객관적인 지침이 된다. 그러나 모델 클리닉 앙케이트 결과를 집계해 그대로 모델을 결정하는 것은 위험이 따른다.
평가가 평균적으로 좋아서 합산점이 높은 디자인도 있고 합산점은 약간 뒤지지만 어느 특정 항목에 있어서 월등히 매력
적 평가를 받아 버리기 어려운 모델도 있다. 책임 디자이너나 디자인 부장은 거의 담당 디자이너와 같은 의견을 보이지만
프로젝트 리더는 설계측면의 신뢰성이나 생산성, 경제성 등 다른 시점을 갖고 있기 때문에 디자인 부문과 의견이 갈리는
경우도 있다. 많은 토론을 거쳐 디자인 검토회의에서는 「승인회의에는 X안과 Y안을 전시하고 앙케이트 디자인 평가 결
과나 관련부문의 의견을 첨부하되 X안을 추천한다」는 식의 결정을 내린다.

■ 디자인 승인회의 : 디자인 검토회의를 마친 다음에는 디자인 승인회의가 최고 경영자가 참석한 가운데 심의된다. 기업
에 따라서 다르겠지만 이 회의는 경영심의로서 중요한 기밀회의에 속한다. 회의에서 디자인이 승인되고 결정되면 그 스
타일은 변경할 수 없게 되며 프로젝트로서 생산준비 단계로 넘어간다. 그때까지의 기획이나 디자인 개발에 있어서도 상
당한 공정수와 비용을 필요로 하지만 시작차 개발이나 양산금형 착공 등은 비교가 되지 않을 정도로 막대한 단위의 비용
이 발생한다. 디자인 승인 이후에는 되돌릴 수 없는 상황이 되는 것이다. 특히 디자인 부문에 있어서 지금까지의 디자인
개발 성과에 대한 승인을 얻는 것이기 때문에 매우 중요한 회의라 할 수 있다(그림46).

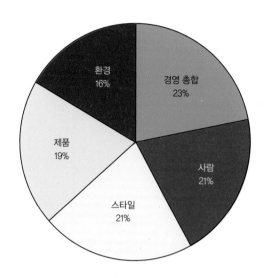

**그림47** 디자인을 승인할 때 중시하는 항목

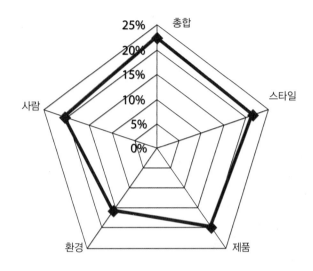

**그림48** 우선항목 웹그래프

■ 디자인 승인회의는 처음에 프로젝트의 경영전략과 개발취지 및 목표, 상품판매 기획, 생산계획 등과 같은 제반 관련사항을 관련부문이 보고하고 승인을 받게 된다. 경영기획이나 프로젝트 취지에 대해 설명한 다음에는 드디어 제안 모델에 대한 프레젠테이션이 시작된다. 책임 디자이너나 담당 디자이너가 턴테이블에 놓인 몇 대의 제안 모델에 관해 개념과 특징을 모델이나 파워 포인트로 설명하고 마지막으로 디자인 부문으로서 추천하는 모델을 제안한다. 제안하는데 있어서 디자인 검토회의의 결과와 앙케이트 평가결과를 함께 보고하는 것은 물론이다. 통상적으로는 디자인 부문이 제안하고 추천하는 모델이 승인을 받지만 「최근 판매된 타사의 차종과 너무 비슷한 것은 아닌가」「북미에서는 이 차종이 여성의 출근차가 되는 한이 있더라도 조금 화려하게 했으면 좋겠다」「동남아시아에서는 더 기본적인 가격으로 팔 필요가 있다」「가지치기 차량으로 4WD 트럭을 꼭 내놓았으면 좋겠다」「채산성이 중요하므로 더욱 비용절감을 검토해 주기 바란다」등등, 관련 경영간부들의 의견도 제시된다. 이런 의견들을 종합적으로 포함해 디자인 승인을 받게 되며, 여기서 제시된 의견들은 의사록에 남겨져 앞으로의 과제로 설정됨으로써 각 부서에서 개별적으로 검토를 받게 된다.

■ 그림47, 48은 디자인 승인회의에서 어떤 점을 중점적으로 제안하는지에 대해 일본 자동차 디자인 부문에 앙케이트로 조사한 결과이다. 디자인 승인회의에서는 스타일을 심의하는 동시에 경영과 사용자, 기술, 환경 등 종합적인 판단이 필요하다는 것이 분명한다. 수 백억이나 되는 투자를 필요로 하는 자동차의 프로젝트 개발은 스타일의 심미성만으로는 결정할 수 없다는 사실을 알아 둘 필요가 있다.

# 1. 생산화 준비 단계 도면발행·CAD 데이터화

그림49 디자인 부문의 주요 도면발행 항목

■ 디자인 승인회의에서 디자인이 결정되면 디자인 부문은 결정된 디자인을 신속하게 도면으로 발행하도록 요구 받게 된다. 북미에서는 승인된 모델이 최종 아웃풋으로서, 계측이나 CAD 데이터화는 디자이너의 업무로 다뤄지지 않는 회사도 있는 것 같다. 많은 일본 기업에서는 스케치나 렌더링으로 표현할 수 없는 정밀한 형태나 치수 등에 있어서 타 부문에 정규 도면으로 도면을 발행할 때 까지를 디자이너의 업무로 간주하는 회사가 많은 것 같다.

■ 외장, 내장 담당이 발행하는 주요 도면은 그림49에 나타낸 것과 같다. 도면 형식을 크게 구분하면 외형형상의 연속도면을 나타내는 「선도(線圖)」와 국제제도 기준으로 측정한 치수를 바탕으로 삼은 「디자인 그림」으로 구분할 수 있다. 또한 기업에 따라서는 선도와 디자인 그림의 중간에 속하는 도면형식도 인정하고 있는 것 같다.

■ 일본에서는 모델을 작성할 때 이미 디자이너가 만든 선도나 도면이 있기 때문에 정식그림은 모델계획 선도를 바탕으로 삼아 정밀하게 CAD 스태프가 디자이너의 의도를 파악해 정식도면으로서 데이터를 작성한다. 현재의 CAD는 일정한 피치 단면의 선 데이터뿐만 아니라 중간의 모든 면에도 정보가 있는 면 데이터를 하고 있기 때문에 CAD 스태프의 지원 없이는 도면 발행이 불가능한 상황에 있다.

# 2. CAD 데이터가 일원화되는 의의

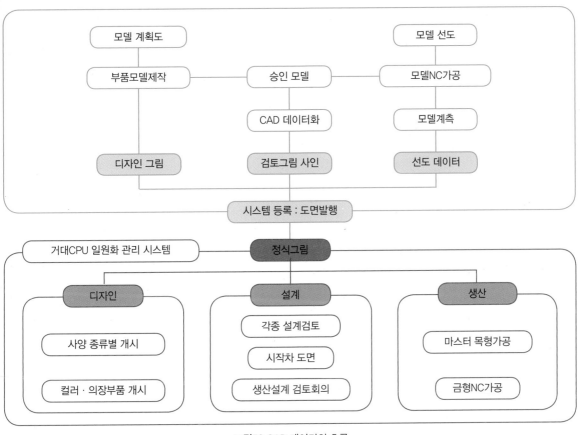

**그림50** CAD 데이터의 흐름

■ 전에는 선도와 디자인 그림을 손으로 그렸었지만 CAD 데이터로 도면이 발행되고 있다. 약 15~20년 전, 디자인 부문에 CAD가 도입되었을 때 익숙하지 않았던 점과 불안정한 시스템 완성도 탓에 디자이너의 불평 내상이 되기도 했다. 그러나 현재는 「자신의 의도를 관련 부분에 정확하게 전달할 수 있다」 「수정도 빠르고 정확하게 할 수 있다」, 「대량의 도면지가 책상 위에서 사라져 도면관리가 편하다」 「확실한 보관이 가능해서 필요할 때 모니터로 볼 수 있기 때문에 편리하다」 「레이어(layer)별, 색상별로 작업과 관리를 할 수 있어서 파악이 쉽다」 등 등, 「디자인을 하는데 있어서 없어서는 안 될 제품」이라는 의견으로 바뀌었다.

■ 그림50에서 볼 수 있듯이 승인 모델 전부터 디자이너가 모델제작을 위해 작성하는 모델 계획도나 검토 그림은 대략적이긴 하지만 CAD데이터로 되어 있다. 모델이 승인되면 CAD 스태프에 의해 신속하게 디자이너가 작성한 선도 데이터를 토대로 보디 선도의 데이터화가 진행된다. 미국 방식의 자유제작 모델의 경우 토대가 되는 데이터가 없기 때문에 정밀하게 모델을 계측해 데이터화한다. 이 경우 자유롭게 모델이 만들어졌기 때문에 좌우 편차가 5~10mm나 나는 경우도 있어서 디자이너의 의도를 들어가면서 미세조정이 이루어진다.

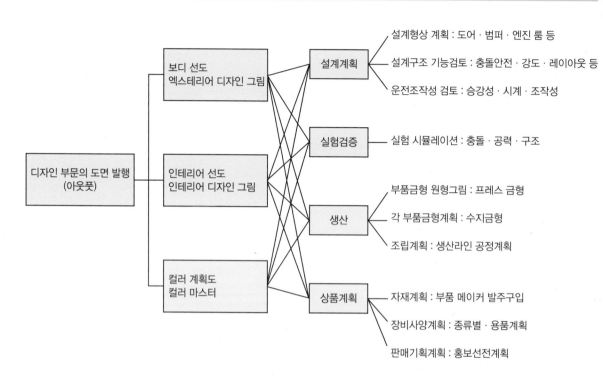

**그림51** CAD데이터의 이용 사례

■ 주요 차체나 범퍼, 계기판 등, 선도 이외의 부품 도면은 설계도와 똑같은 치수지시를 메인으로 삼는 디자인 그림이 CAD로 작성된다. 이전에는 미묘한 커브를 표현하는 선도와 치수를 지시하는 도면이 별도의 소프트로 작성되었던 시기가 있었지만, 현재는 효율화를 위해 한 가지로 통일되어 있다.

■ 도면에는 보디 선도, 계기판 등 명칭과 주를 달게 되는데, 각 회사마다 정해진 도면 코드 번호를 만드는 규칙에 따라 도면번호를 설정하고(등록하며), 사인이 됨으로써 정식적인 도면이 되는 것이다. 사인은 CAD 데이터를 작성한 사람은 물론이고 디자이너와 책임 디자이너, 부문장 등이 책임을 갖는다는 증거로서 사인한다. 도면이 발행되면 그림51에서 보듯이 크게 디자인, 설계, 생산 부문에서 이용하게 된다.

■ 디자인 부문 내에서는 색상 검토를 형상 데이터로 하게 되는데, 적색이나 청색 등의 후보 색상을 칠한 다음 이용될 것 같은 배경 장면과 합성해 모니터 상에서 다양한 각도로 검토확인(그림55)한다. 동시에 내장의 장비품 디자인 언더레이(under lay)로서 이용한다.

■ 설계 · 실험부문에서는 시작차를 만들기 위한 설계도 작성에 이용된다. 나아가 승인 받은 디자인 형상이 반영된 설계도를 토대로 강도와 구조, 충돌, 시야, 공기저항 등 다양한 시뮬레이션 검토에 사용된다. 시작차 제작 이전에 그림 상으로 다양한 검토가 가능한 것이다. 공력(aerodynamic)에서는 실차의 풍동 테스트 이전에 공기저항 계수의 개요가 시뮬레이션으로 도출할 수 있으며, 실차로 충돌실험을 하기 전에 충돌시의 차체 변형이나 받게 되는 충격을 추정할 수 있다. 그밖에 디자인 부문에서 정식도가 발행되면 다양한 시뮬레이션 검토나 설계에 이용하게 된다.

■ 생산부문은 금형의 원형이 되는 마스터 모델 제작이나 선도 데이터를 NC언어로 변환해 금형가공 데이터로 사용한다. 제작을 의뢰 받은 수지 메이커는 계기판의 선도 등에 있어서 그대로 형상을 수지성형 금형으로 깎는 것이 아니라 수지가 성형할 때 수축되기 때문에 미세한 수축률을 미세하게 수정함으로써 완성된 계기판 형상이 디자인에서 지시된 형상이 되도록 금형을 만들게 된다. 완전하게 변형된 상태로 수축되면 간단하지만 형상이나 눈에 보이지 않는 보강 리브 등에서는 가로세로의 수축률도 다르기 때문에 그에 따른 미세 수정이 부품 메이커의 노하우라 하겠다. 이 수축률은 이용하는 수지에 따라서도 달라지기 때문에 아주 어려운 경험을 필요로 하는 기술과 같다.

■ 정규도면으로 등록되면 그 데이터는 거대 컴퓨터에 의해 엄격한 기밀관리 상태 하에서 데이터로 보관된다. 보관된 데이터는 개발관계자가 패스워드 등으로 인가를 받으면 설계, 실험, 생산부문 담당도 자기 자리에서 단말 모니터로 도면을 볼 수 있다. 원도면(base drawing)에서 파생되어 만들어진 도면(후속도면)도 차례로 등록됨으로써 한 가지 차종만으로도 막대한 양의 데이터가 보관된다. 초기 디자인에서 최종 생산금형에 이르기까지 통일된 언어를 이용해 개발을 진행하는 CAD 시스템은 각 자동차 회사의 기술 노하우로써, 각사의 기존 개발 노하우와 질 향상을 위해 특별부문을 설치하면서까지 접목에 공을 들이고 있다. 각 자동차의 CAD나 NC 정보 시스템은 사내뿐만 아니라 관련회사나 협력회사와의 통일화가 계획되어 있다. 기업에 따라 CAD 시스템은 종합적인 정보 시스템 전략의 하나로 다루어지는데, 처음에 데이터화하는 디자인 부문은 다소의 노력을 필요로 하지만 개발 전체적으로 보면 불가결한 것이라고 생각한다. 디자이너는 CAD 조작에 익숙해지도록 훈련을 받는 동시에 그런 의의를 배우는 것이 필요하다.

# 4. CAD 시스템

■ 20세기 전반 무렵까지는 종이 위에 문자나 평면도면의 스케치로 기록하면서 계획도면으로서 디자인이 의도하는 형태나 기능을 전달해 왔다. 20세기 후반부터 컴퓨터가 발달하면서 기록이 종이에서 전자매체로 바뀌게 된다. 이것은 디자이너가 도면을 그리기 위해 많은 시간과 노력을 들여 대형 트레이싱 페이퍼(tracing paper)에 운형자나 컴파스(compass)를 이용해 연필로 신중하고 무리한 자세로 도면을 그려야 했던 제약에서 해방된 것을 의미한다. 특히 커브가 많은 자동차의 선도는 그 선이 그대로 모델이나 금형을 제작하는 기준이 되었기 때문에 특히나 정밀도가 요구되었었다. 밤늦게까지 도면을 그리는 작업은 대단한 노력이 아닐 수 없었다. 커다란 도면을 완성시켰을 때는 성취감마저 느끼게 되는데, 지금에 와서 생각해보면 그립기까지 하지만 이젠 추억으로 흘러가고 있다. 하지만 도면 발행 일정이 닥쳐오면 좀 더 쉽고 정확한 선을 의도한 대로 그릴 수 있는 기계를 갖고 싶다는 생각이 몇 번이나 들곤 했을 것이다. 그리는 매체가 스케치나 제도용지에서 컴퓨터 모니터 화면으로 바뀌면서 그렸다가 지우고, 복사나 축소·확대가 자유로운 CAD(computer-aided design, 컴퓨터 보조 설계) 시스템 환경은 문자 그대로 도면 때문에 고생하던 디자이너에게 있어서 꿈의 컴퓨

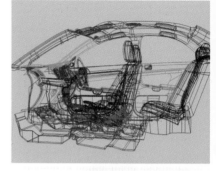

**그림52** CAD 모니터로 보는 검토도면

터 시스템이라고 할 수 있을 것이다(그림52, 53). 현재의 디자이너 대부분은 컴퓨터 모니터를 앞에 두고 작업을 함으로써 스케치 용지나 제도용지를 다룰 기회가 줄어들었다. CAD가 없이는 디자인이 성립될 수 없는 상황이 된 것이다.

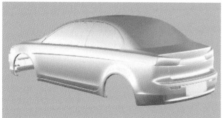

**그림53** CAD에 의한 작업과 전달
(미쓰비시 자동차공업, 일본 자동차 모델협회, 닷소 시스템즈 제공)

■ 이상 디자이너의 제도작업을 지원하는 CAD 시스템이 하드(hard)한 측면에 있어서는 아주 편리하기 때문에 현재의 디자인에서 필수적이라 하겠다. 그러나 새로운 아이디어를 떠올리고 펼쳐나가는, 디자인 창조에 관한 지원에 있어서도 반드시 충분한 것은 아니다. 새로운 독창성 넘치는 디자인을 어떻게 떠올리고 펼쳐나갈지에 대해서는 「디자이너 자신이 생각할 영역」으로서, 어떤 것도 연구되고 지원되지 않았기 때문이다. 그것은 디자인의 성역과 같은 영역으로서, 그 핵심에 있어서는 컴퓨터가 개입하지 않았으면 하는 의견도 있다. 그러나 디자이너가 아이디어나 독창성을 찾다가 벽에 부딪쳤을 때 그에 관한 발상을 지원해줄 시스템이야말로 앞으로 개발되어야 할 진짜 의미에서의 디자인 지원일 것이다. 다음 페이지부터는 미래에 CAD가 새롭게 나아가야 할 방향에 대해 이야기해 보겠다. 디자인 발상의 원리와 기술 탐구를 토대로 거기에 대한 지원은 어떠해야 하는지를 생각해 보고, 혁신하는 것이 필요하다고 생각한다. 디자인의 발상단계부터 상품개발의 종합적인 지원이야 말로 새로운 디자인의 가능성을 열어나가는 미래의 CAD인 것이다.

# 5. CAD, NC의 발달 발상부터 생산까지

**그림54** 다양한 각도로 스타일을 검토

■ 현재 IT기술을 배경으로 삼아 CAD의 하드와 소프트는 눈이 번쩍 뜨일 만큼 급격한 발달을 하고 있다. 설계제도를 지원하는 일서부터 시작해 이미지를 만들어 타인에게 전달하는, 이미 디자이너가 일상적으로 사용하는 새로운 도구로서 필수적인 것이 되었다. IT기술의 진보와 함께 개발현장의 디자이너 갈망이 CAD를 개선시키고 발전시켰다고 해도 과언이 아니다. 앞으로도 자동차 기술 및 제품개발의 발전과 더불어 CAD는 계속해서 진보를 계속할 것으로 예측된다. 현재 CAD를 이용하는 사례를 다음과 같이 소개한다.

■ 그림54는외장 스타일을 표현한 CAD 도면으로, 모니터 상에 형상을 나타내는 선으로 그림이 표시된다. 3D 데이터 상태로 모든 각도에서 형싱을 확인할 수 있으며, 확대나 축소도 자유롭고 수정이나 각종 검토를 할 수 있다. 필요에 따라 자동차 안에서 형상까지 확인할 수 있다. 각 디자이너의 도면은 상세한 레이어(layer, 투명한 부분화면)를 포함해 중앙 컴퓨터에서 통합적으로 관리되기 때문에 설계자나 관련 기술자는 그 데이터를 서로 공유할 수 있어서 내용을 각자의 모니터로 보기도 하고 그것을 바탕으로 기술검토나 플로 차트(flow chart)를 만들 수 있다.

■ 그림55는 배경을 바꾸어가며 같은 스타일의 느낌 차이나 경관과의 매칭을 검토하는 장면이다. 스튜디오 안에서만 모델을 보는 것에는 한계가 있다. 자동차는 다양한 장소를 이동할 수 있고 전 세계에 수출되고 있다. 자동차가 달리는 모습

**그림55** 배경을 바꿔가며 스타일을 확인

**그림56** 색상별 차종 검토

을 연상시키는 도시, 산, 바다, 눈길이나 사막 등 다양한 경관에 스타일과 색상이 조화를 이루는지 어떤지를 모니터 상에서 검토하고 확인한다.

■ 그림56은 다양한 색상을 검토하는 장면이다. 형태와 색상은 불가분의 관계를 갖는다. 같은 색이라도 형태가 다르거나 빛의 각도, 바라보는 각도 등이 바뀌면 색도 다르게 보인다. 개발하는 모델 색상은 어떤 색이고 그 색은 어떠해야 할까. 모니터 상에서 색을 보기에는 오차도 있고 정밀한 색은 재현할 수 없는 단점이 있긴 하지만 전체적인 색 계획이나 배경과의 매칭 등을 검토하기에는 충분하다. 색상에 관한 전체 계획을 세우는데 있어서도 CAD는 필수적인 장치라 할 수 있다.

■ 그림57은 스타일과 기능구조를 검토하는 장면이다. 앞에서 다룬 패키징과 같은 중요 부품이나 사람의 배치, 스타일을 비롯해 내장 부품의 배치나 기능과의 세심한 정합성이 검토된다.

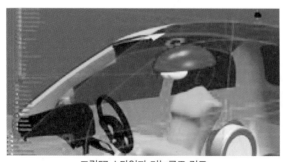

그림57 스타일과 기능구조 검토

이상과 같은 사례는 전형적이라 할 수 있지만, 조형적인 검토나 그림 그리기는 물론이고 구조나 공간, 충돌안전, 공기역학 등 각종 시뮬레이션에 CAD가 이용되고 있는 상황에서 이미 CAD 없는 디자인은 상상할 수 없다고 해도 과언이 아니다. 장래에 디자인을 목표로 하는 사람은 CAD에 관한 기초지식과 기술을 반드시 익혀둘 필요가 있다.

# 6. CAD의 미래 종합상품개발 시스템으로서의 전망

간이형상 색상평가 시스템
평가결과를 반영해 사용자가 생각하는
스타일 제작이 가능

**그림58** 스타일과 상품평가가 시장조사에 대한 이용

**그림59** 조건입력에 의한 스타일 제작
베리에이션의 자동 그림그리기(그림54~59 닷소 시스템즈 제공)

■ 지금까지 살펴 본 CAD 기술은 정말로 디자인 개발의 혁신이라고 해도 지나치지 않다. 바야흐로 CAD는 문자 그대로 발상의 지원서부터 스케치 그리기, 제도, 시장조사, 금형제조, 생산시장조사나 판매촉진지원의 매체로 활용하는 것이 기술적으로는 가능한 상황이 되었다. 그림58~59는 CAD 기술을 적용한 예다.

■ 그림58은 기본치수와 운전자세 등과 같이 스타일 조건을 입력하면, 다르게 표현하자면 패키징을 설정하기에 따라 스타일 베리에이션(variation)을 자동으로 그려주는(보이게 하는) 기술이다. 기본 스타일이 순식간에 그림으로 그려지는 동시에 생각지도 않았던 새로운 스타일이 등장할 가능성을 갖고 있어서 발상을 지원하는 수단으로도 발전이 기대된다.

■ 앞으로 CAD는 스타일&상품평가 시장조사 분야로도 이용이 가능해진다(그림59). 개발된 디자인이 사용자에게 어떻게 받아들여질까를 파악하는 것은 중요한 디자인 프로세스다. 스타일 조사와 동시에 사용자가 요구하는 스타일을 현장에서 바로 보고 확인할 수 있다. 지금까지의 시장조사는 설문에 의한 인상평가와 통계분석으로 이루어져 왔다. 하지만 이 CAD는 평가와 동시에 자신이 좋아하는 형상이나 색이 무엇인지, 간단한 조작을 통해 선택한 스타일을 바탕으로 이 부분을 조금 더 둥글게 하고 싶다거나, 색을 조금 엷게 했으면 좋겠다는 등등의 방식으로 그 장소에서 화상 수정이 가능해짐으로써 바라는 것을 구체적으로 확인할 수 있게 된다. 디자이너는 사용자들의 이런 구체적인 요구사항을 참고로 최종 디자인을 완성하면 실패할 확률이 적고, 매력적인 상품개발이 가능해진다.

■ 위와 같은 표현의 확대는 카탈로그에도 응용이 가능하다. 현재의 카탈로그는 종이 매체라는 제약부터 일부 한정된 사양의 영상으로만 보여줄 수 있지만, 새로운 CAD는 사용자가 희망하는 모델 사양의 장비나 색, 옵션 등의 조합을 모니터 상에서 모두 확인할 수 있다. 고객이 희망하는 오더 메이드(order made) 디자인이 기술적으로 가능해짐으로서 CAD 화면에서 본 디자인을 그대로 생산해 세계에서 한 대 밖에 없는, 사용자 개인이 디자인한 자동차를 타는 것도 꿈만은 아니게 되었다. 전 세계 사용자는 아주 다양해서 요구하는 디자인도 다양할 수밖에 없다. 가까운 미래에는 멀리 떨어진 나라에 있는 사용자가 자신이 희망하는 오리지널 스타일과 색상의 차량이 모니터 화상으로 디자인되고, 그리고 내장에 앉아서 스스로 시승 시뮬레이션을 할 수 있으며, 확인 후에는 사양 데이터가 생산공장으로 바로 연결되어 생산되어서는 상품으로 배달되는 것도 꿈만은 아닐 것이라고 생각한다.

# 1. 장비사양 디자인의 전개

## XYZ장비사양서

| 부품 | 명칭 | 코드 | DOM | | | | NAS | | | EC | |
|---|---|---|---|---|---|---|---|---|---|---|---|
| | | | ST | DX | SDX | SP | EST | SP | SPL | ST | DX |
| 엔진 | XX–KYZ–2000 | KYZ–1234 | 0 | 0 | 1 | 1 | 0 | 1 | 1 | 0 | 1 |
| | YY–KYZ–1800 | KYZ–1235 | 1 | 1 | 0 | 0 | 1 | 0 | 0 | 1 | 0 |
| 타이어 | 185/70/15 | KYZ–1236 | 0 | 0 | 1 | 1 | 1 | 1 | 1 | 0 | 0 |
| | 165/100/13 | KYZ–1237 | 1 | 1 | 0 | 0 | 0 | 0 | 0 | 1 | 1 |
| 범퍼 | NAS | KYZ–1238 | 0 | 0 | 0 | 0 | 1 | 1 | 1 | 0 | 0 |
| | DOM | KYZ–1239 | 1 | 1 | 1 | 1 | 0 | 0 | 0 | 1 | 1 |
| 계기판 | 우측핸들용 | IXA–2345 | 1 | 1 | 1 | 1 | 0 | 0 | 0 | 1 | 1 |
| | 우측핸들용 | IXA–2346 | 0 | 0 | 0 | 0 | 1 | 1 | 1 | 0 | 0 |
| 미터 | 표준타입 | IXA–3456 | 1 | 1 | 0 | 0 | 1 | 0 | 0 | 1 | 1 |
| | DX타입 | IXA–3457 | 0 | 0 | 1 | 0 | 0 | 1 | 0 | 0 | 0 |
| | 스포츠 | IXA–3458 | 0 | 0 | 0 | 1 | 0 | 0 | 0 | 1 | 1 |

**그림60** 장비사양서

■ 지금까지 살펴 온, 몇 주간에 걸친 디자인 부문의 주요 부품 도면발행 작업이 끝나면 디자인 개발이 일단락되기는 하지만, 여기까지의 디자인 그림은 기본 디자인을 그린 것으로서 파생차량이나 사양ㆍ종류별 상품에 관한 디자인 개발은 안 된 상태다. 예를 들면, 북미사양에는 안전 범퍼라고 하는 특별히 크게 앞쪽으로 돌출된 범퍼를 장착해야 한다. 파생차량인 왜건의 EU 사양에는 현지 딜러가 강력하게 요청하는 안개등이 사양으로 설정되어 있어서 안개등이 잘 배치된 프런트 그림이 필요하다. EU로 수출되는 차량 뒤쪽에는 EU 규정의 가늘고 긴 번호판에 균형이 좋은, 일본의 가니시와는 다른 디자인을 해야 한다. 그리고 내장에는 더 다양한 장비가 설정되어 있다. 시트는 표준 디자인 외에도 버킷(bucket) 감각이 좋은 스포츠 시트와 원단 가죽을 이용한 고급 시트 3종류가 설정되어 있기 때문에 각각의 형상을 디자인해서 도면을 발행해야 한다. 계기판과 관련해서는 타코미터(tachometer)가 있는 사양과 오토매틱(automatic)과 매뉴얼 시프트에 따라 각각의 미터 표시 패널도 달라진다. 오디오도 3단계로 나누어지는 등, 관련된 부품은 모두 디자인해서 도면을 발행할 필요가 있다. 디자이너는 주요 디자인의 도면 발행 후에도 몇 주는 더 밤늦게까지 이런 사양장비와 관련된 디자인과 도면 발행에 쫓기게 된다.

■ 상품기획 부문에 의한 장비사양서(그림60)는 모든 차종의 사양과 상세한 부품의 유무가 일람표로 지시되고 있다. 전 세계로 팔리는 차종의 장비계획서는 양도 상당하다. 컴퓨터가 없이는 대응할 수 없을 만큼 복잡한 것이다. 디자인 부문도 장비계획서를 잘 파악해 디자인 부품에 누락이 없는지를 체크한다. 이 복잡한 장비사양서는 자동차 디자인이 많은 부품으로 구성되고, 그 조합이나 상품 개념으로 비용이나 상품 종류를 설정함으로써 더 다양한 사용자의 요구에 대응하기 위해서인 것이다.

# 2. 컬러 디자인의 도면 발행 컬러 마스터 발행

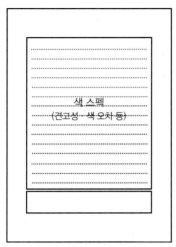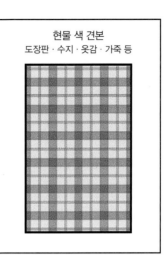

**그림61** 컬러 마스터에 대한 참고 예

■ 디자인이 승인된 모델은 몇 가지나 되는 사양 가운데 대표 사양을 적용한 한 종류에 지나지 않는다. 모든 부품에는 색이 들어가기 때문에 컬러 디자이너가 내외장의 배색 개념에 대해 스케치나 CG(computer graphics)로 검토하고 디자인 승인이 난 모델 등에서 확인하는 것은 1가지 사양을 확인하는 것뿐이다. 특히나 장비사양 계획과 밀접하게 관련되어 있는 것이 컬러 디자인이다.

■ 보디 색상 8가지 + 투톤 컬러 2가지, 내장 기조(基調)색 3가지 등 기본적인 색과 기조색에 대한 계획이 각종 내후성(耐候性) 및 견고성 등의 검토 후에 결정되면 그 색을 오차 없이 정확하게 칠한 샘플이 만들어진다. 도료 메이커는 약 15×25cm 알루미늄 판 등에 생산할 때와 똑같은 방법으로 도장된 샘플을 만든다. 현재 차체 색상도 일반적인 솔리드 컬러나 메탈 컬러, 펄 컬러 등 미묘한 색이 많아서 샘플을 만드는 것만도 시간과 노력을 필요로 한다. 내장도 마찬가지여서 수지부품의 기조색을 시시하는 내장 기조색 견본(interior bsae color sample)이 수지 메이커에서 만들어진다. 내장 견본에서 특수한 것은 시트나 내장 등에 쓰이는 시트 천이나 카펫 등과 같이 연질소재가 많아서 시트 메이커에서 만든 천이 샘플이 된다는 것이다. 색을 다르게 해서 만들어진 샘플은 미묘한 차이가 나기 때문에 디자이너가 의도한 샘플을 만드는 것이 컬러 개발의 중요한 작업이라 할 수 있다(그림61).

■ CAD 시스템에서 색이 제외되어 있는 것은 CAD의 중요 장치 가운데 하나인 모니터의 색이 실제 색과 다르기 때문이다. 적색과 청색 등 색 개념은 알겠지만 펄 색이나 메탈 색이 들어간, 입자의 질에 따라 바뀌는 미묘함은 재현할 수 없는 것이다. 사람은 아주 섬세한 색상 차이를 식별할 수 있는 능력이 있는데, 일반적으로 색상 지시에 이용되는 만셀치(채도 · 명도 · 색상)로는 표현할 수 없다는 것이 색 샘플로 컬러를 개발하는 이유다.

각각의 색 샘플은 도면과 마찬가지로 컬러 코드 번호가 등록됨으로써 정식 색 견본과 컬러 마스터로 불리며 관련부문에 발행 · 배포된다. 외장과 내장 디자인에서 말하는 도면과 마찬가지로 타 부문에 디자인 의도를 전달하는 정보 미디어라 할 수 있다.

# 3. 색 부품 리스트에 의한 배색

XYZ:CPL 참고 예

| 부품 | 명칭 | 색이름 | DOM | | | | | | NAS | | | EC | |
|---|---|---|---|---|---|---|---|---|---|---|---|---|---|
| | | | ST | DX | SDX | SDX | SP | SP | ST | SP | SPL | ST | DX |
| | | | DK GRAY | DK GRAY | BLACK | BEIGE | BLACK | BEIGE | DK GRAY | BLACK | BEIGE | DK GRAY | BEIGE |
| | | 내장기조색 | BC-23451 | BC-23451 | BC-23452 | BC-23453 | BC-23452 | BC-23453 | BC-23451 | BC-23452 | BC-23453 | BC-23451 | BC-23453 |
| 보디색 | XXBLACK | BC-S12345 | 0 | 0 | CCN:124 | CCN:126 | CCN:124 | CCN:126 | 0 | 0 | CCN:126 | 0 | CCN:126 |
| | XXWHITE | BC-S12346 | CCN:127 | CCN:128 | 0 | CCN:128 | 0 | CCN:126 | BC-23451 | 0 | 0 | BC-23451 | 0 |
| | XXORENGE | BC-S12347 | 0 | 0 | 0 | 0 | CCN:129 | CCN:130 | CCN:131 | CCN:124 | CCN:124 | 0 | 0 |
| | XXRED | BC-S12348 | 0 | 0 | 0 | 0 | CCN:124 | 0 | | CCN:124 | CCN:124 | 0 | CCN:124 |
| | XXGREEN | BC-S12349 | CCN:123 | CCN:124 | CCN:126 | CCN:126 | CCN:127 | CCN:128 | CCN:129 | CCN:130 | CCN:131 | CCN:132 | CCN:133 |
| | XXBLUE | BC-S12350 | 0 | CCN:128 | CCN:128 | 0 | 0 | 0 | CCN:128 | CCN:128 | CCN:128 | CCN:131 | 0 |
| | LIGHTBLUEXX | BC-S12351 | 0 | CCN:129 | CCN:129 | 0 | 0 | 0 | CCN:129 | CCN:130 | CCN:131 | CCN:132 | 0 |
| CCN:124 | | 컬러 NO | ST | DX | SDX | SDX | SP | SP | ST | SP | SPL | ST | DX |
| 시트 천 본체 | LEATHER | JR-2347 | 0 | 0 | 1 | 0 | 1 | 0 | 0 | 1 | 0 | 0 | 0 |
| | FABRICS | FC-2348 | 0 | 0 | 0 | 0 | 0 | 0 | 0 | 0 | 0 | 0 | 0 |
| | KNIT | FC-2349 | 0 | 0 | 0 | 0 | 0 | 0 | 0 | 0 | 0 | 0 | 0 |
| 시트 겨드랑이 | V.LEATHER | JR-2347 | 0 | 0 | 1 | 0 | 1 | 0 | 0 | 1 | 0 | 0 | 0 |
| 헤드레스트 | V.LEATHER | VL-2347 | 0 | 0 | 1 | 0 | 1 | 0 | 0 | 1 | 0 | 0 | 0 |
| 시트 매치 | V.LEATHER | VL-2348 | 0 | 0 | 1 | 0 | 1 | 0 | 0 | 1 | 0 | 0 | 0 |

**그림62** 색 부품 리스트 참고 예

■ 컬러 디자인은 섬세한 색상 감성을 필요로 하는데, 자동차의 사양별 종류와 밀접한 관계가 있어서 복잡한 부품의 색 조합에 관한 계획을 필요로 한다. 앞쪽의 그림60 장비사양서에나타난 사양 계획에 기초해 각 장비품의 색을 상세하게 계획하고 지시하는 색 부품 리스트를 CPL(color parts list)라고 한다. 위 그림62에서 볼 수 있듯이 8~10가지 색을 넘는 차체(body) 색과, 3~5가지 색의 내장기조색을 조합해 전부를 설정하면 생산 라인이 혼란스러울 우려가 있기 때문에 국내(DOM), 북미(NAS), 유럽(EU) 등의 사용자가 원하는 색 조합을 설정해 컬러 코드를 만든다. 내장 색이 3종류만 있는 경우도 스포츠나 럭셔리 등의 사양을 설정하게 되는데, 그로 인해 각 시트에 붙이는 천이나 소재도 달라진다. 여러 가지 사양에, 복잡하게 전개되는 장비계획에, 복수의 내장색과 외장색이 적용되기 때문에 매우 복잡한 배색 계획이 돼버린다. 장비사양서를 토대로 부품과 색 관련 사항을 일람표로 만든 사례를 참고로 나타낸다. 각 메이커에는 각각의 코드 설정이나 색 번호 등이 달라서 배색에 관한 조합이 제각각이지만 그림62와 같은 색 부품 리스트에 의해 계획되고, 색 지시가 이루어진다. 이 일람표에 나타난 색 소재와 색 이름이 컬러 마스터(현물 색 견본)로서 발행됨으로써 생산과 직결되는 부품 색이 지시된다.

■ 사양에 따라 여러 가지 색이 설정되는 부품들을 대상으로 각 부품의 색이 컬러 마스터 코드 번호로 지시되는 일람표다. 모든 사양에 한 가지 색밖에 없는 부품은 설계도에 의해 지시되기 때문에 이 CPL에 들어가지 않는다. 컬러 디자이너는 여러 장의 색을 칠하는 대신에 이 CPL에 색 견본에 대한 코드 번호를 설정함으로써 배색 계획을 하는 것이다. 컬러 디자이너는 뛰어난 색 감각과 더불어 장비계획을 바탕으로 한, 복잡한 조합을 머릿속에 넣어 두고 이론적으로 계획하는 능력이 필요하다. 그리고 국제적으로 판매하는 자동차 기종은 색에 대한 기호가 서로 틀려서 그 나라의 시장에 어울리는 색이 어느 시장에서나 선호 받는다고는 할 수 없다. 나라마다 색에 대한 기호가 있다는 것을 파악할 필요가 있다. 이런 것들을 종합계획으로서 정리한 결과가 이 CPL인 것이다. 언뜻 보기에 복잡하고 무미건조해 보이는 이 일람표에는 많은 의도와 생각을 종합한 내용이 포함되어 있는 것이다.

# 1. 양산 진행

■ 디자인 부문의 결과물인 도면 발행과 견본 발행을 끝내더라도 디자이너의 업무는 남아 있다. 양산차가 공장 라인에서 안정적으로 생산되어 발매되기 이전에 프로젝트는 2개의 중요한 산을 만나게 된다. 디자인 부문의 개발이라는 산을 넘으면 업무 주체가 설계나 실험부문으로 넘어가지만 시작차 개발과 양산 시작차에 관한 보조(follow) 업무를 해야 하는 것이다.

■ 시작차는 실제로 주행이 가능하고 양산과 거의 똑같은 재료와 사양으로 만들어진다. 다양한 테스트나 설계품질 확인에 이용된다. 만들어진 시작차는 장시간의 내구주행시험이나 등판성능, 험로주행, 연비주행, 배기가스, 충돌 등 다양한 성능 테스트와 확인을 위해 사용되는데, 10~20대 정도가 제작된다. 충돌 테스트에서 사용되는 시작차 이외에는 상세한 장비사용에 관한 상품성 확인을 위해서도 이용된다.

■ 시작차가 완성되면 시작차 검토회의가 프로젝트 리더 등의 주최로 열리게 되는데, 디자이너도 출석해 문제가 없는지를 확인한다. 「계기판의 부품 이음새가 불량하다」「보디 색과 범퍼 색이 다르게 보인다」「내장 광택이 고르지 못하다」 등의 디자이너 관점에서 문제점이 지적되면 그에 대한 대책이나 향후 개선책이 토의된다. 그때까지 디자인 부문에서 검토했던 것은 점토나 목형으로 만든 모델로서, 실제로 판금이나 수지로 된 것이 아니었다. 디자인 스튜디오 실내에서 보는 것과 넓은 옥외에서 보는 인상은 다르다. 실제 태양광 아래에서 보면 색에 대한 느낌도 상당히 다르다. 시작차는 그런 문제점을 찾아내서 상품품질을 향상시키기 위해 만드는 것이기 때문에 기본 디자인은 바뀌지 않지만 미세한 수정이 가해지면서 도면이 개정되는 경우도 있다. 특히 장비사양이나 색에 관한 디자인은 시작차가 모델을 대신해 확인 받는 경우도 있는데, 예를 들어 현지 요청에 따라 설정한 레드 컬러 내장이 너무 강렬해서 정말로 이렇게 해도 되는지 등의 의견이 나오는 경우가 있다. 그러면 북미 담당이 현지에 확인을 해보고 그 결과 경쟁차종도 마찬가지로 강렬한 내장을 하고 있어서 문제가 되지 않는다는 것을 확인을 해주게 된다. 이런 것을 크라프츠맨십(craftsmanship)이라고 부르고 있다. 자동차는 이동기계에 지나지 않지만 정성을 쏟아 물건을 만드는 장인처럼 공들여 물건을 만드는 프로세스인 것이다.

수정이 필요할 경우 도면이나 색 견본과 다른 메이커는 몇 백억이나 들어가는 금형개조비가 발생하기 때문에 신중한 의견교환이 이루어진다. 그 판단 기준은 정식도면이고 색 견본인 것이다.

■ 시작차보다 더 개선되어 생산 라인과 실제 금형으로 만들어진 부품들을 실제 양산 라인에서 조립한 생산 시작차(prototype vehicle)가 다음 단계에서 만들어진다. 시작차와 마찬가지로 시작차를 앞에 두고 관계자가 모여서 문제점을 검토한다. 거의 생산차에 가까운 상태의 시작차지만 디자이너도 참가해 「내장과 계기판의 광택이 다르다」「오디오와 센터 콘솔의 부품 이음새가 나쁘다」 등 사용자 입장에 서서, 장인이 애정을 담아 물건을 만드는 것처럼, 장인 정신으로 지적을 한다.

■ 지금까지 설명해 온, 바쁜 생산준비 단계를 마치고 디자인 승인이 나고부터 약1년 반 정도의 시간이 지나면 각종 실험 결과나 안전기준 등의 신청을 정부기관에 제출해 인가를 얻게 된다. 그러면 드디어 일련의 신차발표 행사가 열리게 된다. 발표에 앞서서 판매부문 대표나 판매점 사장 등에게 신차가 발매된다. 사장을 비롯해 개발 프로젝트 리더가 상세한 신상품 특징 및 세일즈 포인트 등을 소개하며 실제 차량이 등장한다. 현재 모델과 비교해 무엇이 개선되었는지, 경쟁차량에 비해 어떤 점이 뛰어난지 등이 설명된다. 그리고 디자인 부문에서도 자동차의 디자인 개념이나 디자인 특징, 포인트 등이 파워포인트나 자료를 통해 설명된다. 발매 전에 각 판매점은 자동차 제조회사로부터 예약을 받아야 하기 때문이다. 각 판매점의 담당직원은 실제차량을 보고 각각의 지역 사용자 특성 등을 감안해 제1차 구매를 결정하는 것이다. 그 때문에 테스트 코스에서의 시승 등도 열리게 되는데, 이때 성능이나 새로운 장비 등도 설명된다.

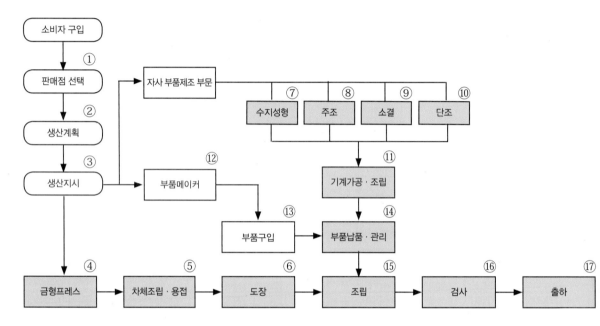

**그림63** 자동차의 생산가공 및 생산공정 개요

■ 거의 2년이나 되는 오랜 자동차 개발을 끝내고 드디어 생산부문 공장에서 생산을 하게 된다. 자동차 부품은 세세한 볼트나 와셔까지 포함하면 수 천 개의 부품으로 구성된다. 세세한 부품은 차체와 도어, 엔진, 서스펜션, 타이어, 계기판, 시트, 라디오 등 10～100개의 부품으로 구성되는 부품(components)을 이루며, 자동차는 이런 주요 부품들이 조립되면서 한 대의 자동차로 완성되는 것이다.

■ 그림63은 자동차 생산공정의 개요를 표시한 것이다. 사용자가 판매점에서 여러 차종들 가운데 한 가지 사양이나 색을 골라 차종을 선택하면 판매점은 그런 내용들을 정리한 주문표를 생산공장에 주문한다①. 주문은 공장단위로 이루어지는데, 월별·일별 생산계획②으로 정리된다. 이 생산계획을 통해 각 부품을 몇 개 제조해 X월 Y일에 Z개를 납품하도록 지시하는 생산지시③가 떨어진다. 이 생산지시 내용은 크게 사내에서 제작되는 부품과 외부 부품 메이커⑫에서 제작되는 것으로 나누어진다.

수지나 강재, 강판, 경금속재가 내부제작 ④～⑩ 공정을 거쳐 가공된다. 자사 자동차 공장에서 가공하는 부품은 이외로 작은 편이고 외부 메이커에 발주·구입하고 있다. 부품 대부분은 외부 부품 메이커, 타이어, 계기판, 유리, 카펫, 내장, 등화기 등에 발주가 나간다⑬. 부품 메이커는 지시 빌은 도면과 스펙대로 제작한 다음 정해진 날짜에 납품하게 된다. 수 천개의 가공부품은 조립 라인을 총괄하는 부품창고로 들어간다⑭. 수 천개의 부품이 용접이나 도장을 거쳐 만들어진 차체는 벨트 컨베어를 타고 이동해 가면서 많은 부품이 정연하게 장착된다. 다른 차종과 사양의 보디가 정확한 타이밍에 메인 라인으로 집결해 도장이나 조립되는⑮ 모습은 정말로 첨단 공정 시스템답게 자동차 기술의 중추를 이루는 것이다. 여러 공정을 거쳐 조립되고 완성된 차체는 다음으로 검사⑯를 받고 출하⑰된다. 근래에 자동차 조립공정이 숙련된 노동자에서 자동조립 로봇 등으로 대체되면서 상당히 혁신적 조립이 이루어지고 있다. 생산부문의 세밀한 조립계획이나 그 공정의 자동화 기술은 요컨대 자동차의 필수 기술이라고 할 수 있다.

■ 디자인 부문의 스태프도 자신이 개발한 차종의 공장현장에 가보는 것이 중요하다. 개발할 때는 생각지도 못했던 것이 현장에서 큰 문제로 발생하거나, 현장 기술자들로부터 「좋은 디자인의 차를 만들게 되어 좋다」 등의 응원을 받는 경우도 있다. 무엇보다도 물건을 만드는 근본을 배우는데 의의가 있다고 하겠다. 디자인의 근본은 물건 만들기고, 그 현장은 공장인 것이다.

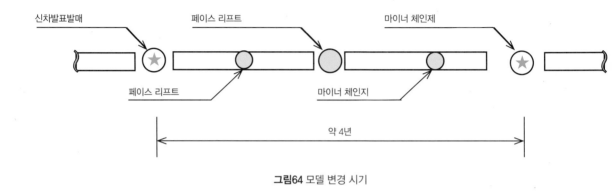

**그림64** 모델 변경 시기

■ 판매점에 대한 설명에 이어 정식 보도발표가 이루어진다. 호텔이나 넓은 회장에서 몇 대의 모델을 전시한 다음 사장 이하, 관련된 중역이나 개발 대표자가 수많은 신문과 잡지사, TV, 평론가 등 매스컴 관계자들과 특별 초대된 VIP 고객들에게 신차를 설명한다. 보도관계자들로부터「환경기준에 대한 대응은?」,「안전기준에 대한 대응은?」등의 질문을 받으면 담당자가 답변하게 된다. 보도발표가 판매설명회와 다른 점은 보도발표용 사진이나 자료가 배포된다는 점이다. 나누어진 사진이나 자료를 바탕으로 다음날 일제히 신문이나 TV 등에 보도되며, 잡지 등은 최신호에 소개기사가 게재된다. 보도발표 이외에 특히 자동차 잡지 등은 특집호가 편성되면서 책임 디자이너나 담당 디자이너의 취재기사가 실린다. 디자인상의 강조점이나 성능적인 특징 외에 비하인드(behind) 스토리가 상세한 사진 등과 함께 실리게 된다. 매스컴에 대한 정보제공은 커다란 PR(public relations)효과가 있어서 메이커와 매스컴은 서로 도움을 주고받는 좋은 관계를 유지한다.

■ 자국에서의 판매점과 보도발표에 이어 해외에서 판매할 차종은 해외의 대형 모터쇼 등을 기회로 현지 사양 모델에 대한 발표발매를 하게 된다. 북미나 EU 등의 해외 판매에 있어서 프로젝트 리더는 자신이 개발한 차량의 PR을 위해 발매 중에 바쁜 나날을 보내게 된다.

■ 신차 발표후 국내에서 판매가 시작된다. 자신이 디자인한 모델이 사용자에게 어떤 평가를 받을지 긴장감이 크지 않을 수 없다. 디자인 사전평가조사로 대략적인 반응은 예측할 수 있지만 돈을 들여 살 때의 평가는 다른 경우도 있다. 담당 디자이너는 판매점을 찾아다니며 내방객의 반응을 조사한다. 또한 직접 고객과 부딪치는 세일즈맨의 초기반응도 듣는다. 아주 양호한 반응이 나오는 경우도 있고 생각했던 것보다 반응이 좋지 않을 경우도 있어서 일희일비하기도 한다.

■ 이런 반응들을 바탕으로 마이너 체인지 계획이 시작된다. 상단 그림64는 신차발표발매 이후 다음 풀 모델 체인지까지의 페이스 리프트, 마이너 체인지(minor change) 경과를 나타낸 것이다. 대략 4년을 주기로 해서 계획적으로 모델이 변경된다. 인위적인 모델의 진부화라는 비판도 있지만 「내장의 세일즈 포인트가 없다」, 「프런트 주위에 특징이 있었으면 좋겠다」, 「XX사양에 펄과 백색도장이 가능한 사양을 설정해 주었으면 좋겠다」 등의 초기 사용자 평가나 반응을 포함해 페이스 리프트(face lift)나 마이너 체인지 디자인이 이루어진다. 기본 보디 형상이나 계기판 등은 바뀌지 않기 때문에 프런트 그릴 변경이나 다양한 사양의 조합, 외판 컬러, 시트 천 변경, 옵션이었던 내비게이션의 정규사양 설정 등, 장비사양 계획이나 CPL을 중심으로 하는 디자인 변경을 페이스 리프트, 년식 변경 등으로 부르면서 계획을 진행해 간다.

■ 마찬가지로 해외에서 발매된 자동차에 대해서도 똑같은 조사가 이루어진다. 그리고 몇 개월이 지나면 어느 종류가 몇 대 팔렸는지를 통계적으로 파악할 수 있게 되면서 개발 여부가 분명해진다. 예상했던 것보다 많이 팔리거나 팔리지 않는 등, 애초에 계획했던 대로 흘러가지 않는 경우가 어느 메이커에게나 똑같이 있다. 국내와 북미, EU 등 모든 시장에서 잘 팔려 생산이 따라가지 못할 정도로 빅 히트를 치는 모델은 절대로 없는 것이다.

■ 팔리지 않는 이유 중 스타일이 나빠서 팔리지 않는 경우를 포함해 「똑같이 개발하는데 왜 잘 팔리기도 하고 팔리지 않기도 하는지」를 연구할 필요가 있다. 반성과 연구를 반영해 조금씩 그릴이나 액세서리가 바뀌는 등 판매대수 회복과 상품력 향상을 위한 모델 체인지 계획이 이루어진다. 디자이너는 시대의 조류를 읽을 줄 아는 센스와 동시에 사용자가 요구하는 방향을 간파하는 능력이 앞으로 점점 중요질 것으로 생각된다.

■ 이상, 자동차의 디자인 실무와 개발에 대한 공정을 따라 살펴보았다. 산업 디자인을 목표로 하는 독자들은 개발경험이 없기 때문에 지루한 설명이 많이 있었을 것으로 생각한다. 그리고 대학이나 전문학교에서 배우고 있는 디자인이나 상상하고 있는 것과 상당히 다르다고 생각하는 독자도 많이 있을 것이라 생각한다. 아무리 뛰어난 디자이너라도 자동차 디자인을 혼자서 전부 할 수는 없다. 그리고 차종의 프로젝트로서 개발이 진행되고 디자인도 그 프로젝트 개발의 한 가지로 조직되어 운영되고 있다. 대학에서의 디자인 교육은 개인 디자이너를 육성하기 위한, 그 기초를 배우는 각종 과제가 부과됨으로써 기술을 배우는 것이다. 자동차 실무는 개개의 디자이너가 조직 속에서 프로젝트 멤버의 일원으로써 그 역할을 완수할 필요가 있다. 프로젝트 개발에는 엄격한 일정이 계획되며, 내부 디자이너도 같은 프로젝트 디자이너인 동시에 좋은 라이벌이기도 한 것이다.

■ 이 실무 설명은 약30년 정도가 되는 저자의 자동차 개발경험을 기초로 한 것인데, 저자는 메이커에서의 개발업무를 떠난지가 10년이 넘어가고 있다. 이미 자동차 메이커의 디자이너로서 실무에 종사하고 이는 독자에게는 여기서 설명하고 있는 것과 다른, 새로운 기술이나 조직이 만들어져 있을 것으로 생각한다. 그리고 조직이나 기술에 대한 명칭도 다른 경우가 있을 것으로 생각한다. 그러나 개발 실무에 관한 기본적 내용은 이 책에서 설명된 것과 크게 다르지 않을 것이라 생각하지만, 10년간의 다양한 변화와 함께 기업규모의 차이로 인해 다른 경우도 있을 수 있다는 것을 감안하면 이 책의 실무와 차이가 있다는 것도 예상된다.

■ 이 장에서 설명한 실무를 할 자동차 디자이너는 그런 기초로서 무엇을 배워야 할까? 프로 디자이너가 되기 위한 방법을 다음 장에서 설명해 볼까 한다. 저자가 대학에 몸담고 있던 당시의 디자인 연습수업을 중심으로 하면서, 자동차 디자이너로서의 트레이닝 방법과 참고를 위해 학생들의 과제작품에 대해서 이야기해 볼까 한다.

# 4장
# 디자인 기초연습

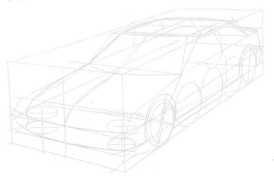

# 물건을 만들면서 실력을 연마

■ 자동차 디자인의 조형에 관한 사항을 스타일링(styling)이라고 부른다. 스타일링은 조형(molding)을 주로 하는 계획적 행위 전반을 가리킨다. 스타일링의 기본은 조형기술인데, 물건 만들기가 근본에 있다. 대학 교과과정(curriculum)에서는 기초 디자인이나 표시연습을 끝마친 학생이 자동차의 디자인 연습을 수강하는 것으로 되어 있다. 그런 기초를 하지 않고서는 자동차 디자인을 할 수 없기 때문에 이 장에서는 기초적인 표시기법에 대해 확인 차원에서 설명하기로 하겠다.

■ 디자인 전반에 관한 기법을 해설하는 책은 많이 있지만, 자동차 디자인의 표시에 초점을 맞춘 책은 거의 없는 것 같다. 이 장은 디자인의 언어라 할 수 있는 스케치나 모델과 연관된 텍스트로 읽어주길 바란다. 단순한 표현 테크닉뿐만 아니라 그 의미를 설명할까 한다. 자동차 디자인 기술은 디자인 가운데 가장 고도의 종합기술로서 다른 영역의 제품 디자인 전반에 관한 텍스트로서도 참고가 될 것이라 생각한다.

■ 디자인(design)의 어원은 밑그림, 소묘라는 의미다. 예술가가 작품을 창작할 때 최종작품을 그리기 전에 그 구도나 떠오르는 이미지 및 구상을 계획하고 소묘로서 나타내는 것을 디자인이라고 부른다. 디자인이란 행위는 자신의 아이디어나 사물의 형태를 데생(dessin)하는 의미가 있다. 디자인이 아트(예술)의 한 영역으로 시작된 것은 그린다고 하는 능력과 시각표시 기술 즉, 소묘(drawing, 일반적으로 채색을 쓰지 않고 주로 선으로 그리는 회화표현)와 데생을 공통적인 기술로 삼고 있기 때문이다. 디자인의 기초는 소묘와 스케치로 시작된다고 해도 좋을 것이다. 그 기술은 많은 미술대학에서 가르치고 있으며, 많은 미술관련 책에 소개되어 있기 때문에 여기서는 상세히 살펴보지 않겠다. 이어서 소개될 과제에서 알 수 있듯이 팔을 움직여 많은 스케치를 하는 것이다. 또한 카탈로그나 뛰어난 렌더링을 따라해 봄으로써 노하우나 포착방법을 근육으로 배우는 것이 중요하다.

# 1. 기초 소묘계획

**그림1** 스케치 평가와 검토

**그림2** 디자인에 관한 조언

**과제** : 실제 자동차를 연필로 그리기
**과제** : 카탈로그를 보고 컬러로 묘사
**과제** : 자동차 렌더링 묘사

■ 자동차 디자인은 현대의 디자인 산업영역 가운데서도 가장 고도의 기술이 요구된다. 컴퓨터 시대에 맞춰 스케치나 가공이 CG, CAD, NC로 바뀌었지만 그 기본은 손으로 그리는 것이다. IT시대이기 때문에 그 근본이라 할 수 있는, 손으로 형태를 그리고(그림1, 2) 물건을 만들기 위해 몸으로 땀도 흘려보는 실감이 중요하고, 그러면서 공간이나 형상의 실제 체험도 중요하다.

■ 디자인에 관한 기술습득은 스포츠 트레이닝과 마찬가지다. 처음에는 익숙하지 않아 잘 되지 않더라도 몇 번이고 되풀이하는 동안에 서서히 능숙해져 간다. 또한 왜 그것이 기초인지를 잘 이해하면서 연습하다보면 더 효과적인 기술을 습득할 수 있다. 어쨌든 매일 포기하지 않고 기초 트레이닝을 계속할 필요가 있다. 각자의 수준에 맞춰 습관처럼 손을 움직여 근육으로 기억하는 것이 중요하다. 팔을 연마시킬 필요가 있는 것이다. 디자인은 시각적인 언어를 사용해 생각하고 자신의 의지와 의도를 전달하는 기술이지만, 그 기본은 근육과 육체라는 사실을 인식하면서 이 책을 이용해 주길 바란다.

# 2. 의장 : 의도를 전달하는 기술 의장

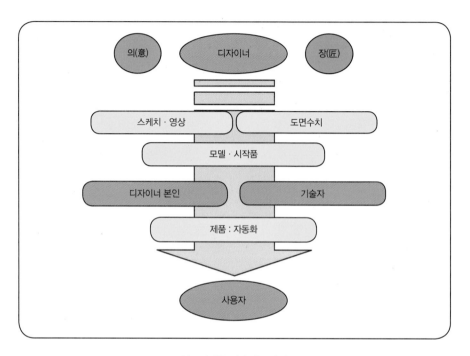

**그림3** 의지를 전달하는 개념도

■ 일본에서는 디자인을 의장(意匠)이라고 부른다. 「의(意)」는 디자이너의 의지나 생각을 가리키고, 「장(匠)」은 뛰어난 기능이나 예술, 지식을 가진 사람을 의미한다(그림3). 디자인이란 계획이나 아이디어를 전달하는 기술이라고 해도 좋을 것이다. 일반적으로 디자이너가 전달하는 상대는 그것을 제작하는 기술자와 디자인을 보기도 하고 이용하기도 하는 사용자다. 디자인은 기술자에게 스케치나 도면, 그래프 등으로 제품의 형상과 기능을 전달하며, 최종적으로는 사용자에게 멋진 상품으로서 전달하는 기술인 것이다. 디자인 기술은 타인이 알기 쉽게 자신의 의도를 전달하는 것이지만, 디자이너 자신도 처음 단계에서는 자신이 최종적으로 제안할 아이디어를 모른다. 개발단계의 스케치는 사실 본인에게도 형상이나 이미지를 전달하고 있는 것이다. 어느 심리학자는 「사람은 슬퍼서 우는 것이 아니라 울기 때문에 슬픈 것이다」라고 말한 적이 있다. 막연한 이미지를 볼 수 있게 그림으로 나타냄으로써 자기 자신의 마음에 그리는 형상을 알 수 있는 것이다. 그림으로 표현함으로써 더 아름답고 이상적인 제품 이미지를 자문자답하는 과정에서 표현해 나가는 것이 디자인이라고 할 수 있을 것이다. 그 표현방법으로는 스케치나 언어, 수치 등 다양한 방법이 있겠지만 가장 일반적인 방법은 스케치다. 이 장에서는 그런 기본적인 기법을 설명하고, 5장의 대학 연습과제 작품을 통해 연관된 전달기술에 대해 배워보기로 하자.

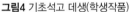

**그림4** 기초석고 데생(학생작품)

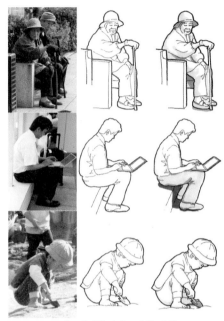

**그림5** 인접한 사람 모습을 데생

**과제1** : 석고상을 연필이나 목탄을 사용해 입체적으로 그리기(그림4)
**과제2** : 인접한 사람 모습을 재빨리 그리기(그림5)

■ 데생 : 그림그리기와 관찰력에 관한 기술 향상을 위해 최근에는 애니메이션이나 만화를 볼 기회가 많은 탓인지 형태를 평면적으로 일러스트해서 그리는 것은 잘하는데 입체적으로 그리는 것을 힘들어 하는 학생이 늘어나는 것 같다. 미술계 대학에서는 데생은 기본이고 충분을 시간을 두고 석고 데생이나 나체 데생 등 입체를 평면으로 그리는 기초적인 기술을 배우지만, 공학계 디자인 학생은 숫자나 통계학 등을 배우는데 편중되어 있어서 그림 그릴 시간을 갖기 어렵다. 학교 과제인 데생 이외에도 주변 사물이나 인물을 그리는 습관을 갖도록 하자. 내가 학교를 다닐 때는 스케치 북을 항상 끼고 다녔던 기억이 난다. 근래의 디자인 학생은 스케치북이 노트북이나 태블릿으로 바뀌었다. PC시대가 되었더라도 조형의 기본은 데생이다. 언제든지 흥미가 가는 것을 메모대신 스케치로 그리는 습관을 갖도록 하자. 그리는 기술을 배우는 것도 중요하지만 데생을 하는 의의는 주변의 사물을 잘 보고 관찰하는 기술을 몸에 익히는 것이다. 데생을 배우지 않은 사람과 배운 사람은 관찰력 면에서 몇 배나 다르다고 생각한다. 이런 관찰을 통해 아이디어의 근원이 되는 자료가 축적된다. 반드시 자신이 스케치북을 항상 몸 가까이 두기를 바란다. 과제를 제출하기 위한 스케치북이 아니라 생활의 일부로 데생을 하는 습관을 몸에 붙이는 것이다. 그것은 디자이너의 정보원이자 귀중한 데이터 베이스가 될 것이다.

■ 데생은 손과 팔로 그리는 것이다. 관찰한 시각정보를 팔을 통해 바꾸는 것이 기본이다. 저자는 대학시절이 아니라 대학수험 전에 석고 데생과 정물 스케치를 많이 연습했다. 추운 석고 데생 작업실에서 연필과 목탄으로 데생에만 몰두했던 기억이 난다.

# 4. 기본입체 묘화

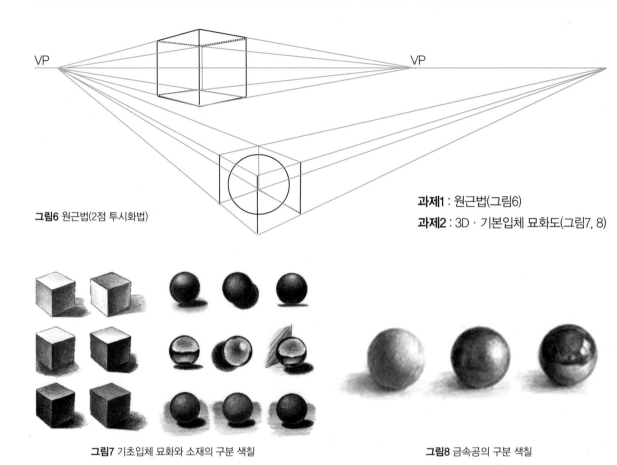

VP

VP

**그림6** 원근법(2점 투시화법)

**과제1** : 원근법(그림6)
**과제2** : 3D · 기본입체 묘화도(그림7, 8)

**그림7** 기초입체 묘화와 소재의 구분 색칠

**그림8** 금속공의 구분 색칠

**과제1** : 원근법을 이용해 다양한 각도에서 본, 입방체 · 구체 · 삼각추 · 원기둥을 선으로 그리고, 흑백연필로 음영을 표
　　　　시해 그리기(그림6)
**과제2** : 기본 입체를 색과 다른 재질로 그리기(그림7, 8 유리와 도금된 금속 · 목재 등의 재질 표현)
**과제3** : 기본 입체와 질감, 빛을 인식하고 가정용품을 정밀하게 스케치하기(다리미, 포트, 선풍기 등)

■ 기하학적 입체를 정확하게 그리는 일은 데생의 기본이다. 단순히 묘화를 위한 트레이닝뿐만 아니라 세상의 모든 것
이 이 기초입체로 구성되어 있다는 것을 인식할 필요가 있다. 자동차의 복잡한 스타일은 이 기초조형의 조합으로 구성
되어 있다는 것을 배우도록 하자.
기초입체라도 입방체는 특히 중요하다. 도학 등에서 투시화법을 배워 둘 필요가 있다(그림6). 투시화법의 기초인 입방체
속에서 스케치하는 것을 배우도록 하자. 수평선이 기울어지는 경향을 보이는 사람이 있다. 각 선을 잘 연장시켜 투시화
법으로 그려졌는지 정방형으로 보이는지 등을 체크하도록 하자.
여러 가지 과제를 몇 번이고 되풀이하면서 그려보자. 입방체는 다른 기초입체보다 많이 그려보도록 하자.

# 1. 자동차의 원근법

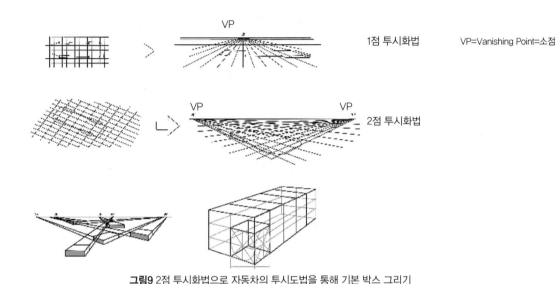

1점 투시화법

VP=Vanishing Point=소점

2점 투시화법

**그림9** 2점 투시화법으로 자동차의 투시도법을 통해 기본 박스 그리기

**과제1** : 자동차 평면도에서 투시화법을 이용해 1점 투시, 2점 투시 방법으로 그려보기

**과제2** : 자신이 좋아하는 자동차의 3면 도면에서 반투명 용지에 정면도, 측면도, 평면도를 그리기

**과제3** : 카탈로그나 사진을 묘사하기

1) 짙은 흑연필로 자동차 카탈로그나 사진을 사실적으로 묘사해 보자

2) 카탈로그 사진에 가공의 장방형 블록을 그리고 기본입체와 투시화법을 의식해 그리보자

**과제4** : 자동차를 정밀하게 그려보자. 색연필과 파스텔, 구아슈(gouache, 거칠게 빻은 안료와 백악을 수용성 전색제로 교착시켜 만든 혼합물. 구아슈를 섞으면 불투명한 효과가 나타난다), 리키텍스(Liquitex 미국제) 등으로 채색해 보자. 빛과 반사를 정밀하게 그리자. 차체 색과 도금 색, 수지 등의 재질감을 포함해 정확히 관찰하고 정밀하게 그리자. 특히 바퀴나 타이어는 복잡한 모양을 하고 있으므로 꼼꼼히 그려보자. 색도 검은 색이기 때문에 빛을 잘 모를 수 있으므로 주의해서 그려보도록 하자

■ 투시화법은 스케치의 기본인 1점 투시, 2점 투시, 3점 투시 등 기초적인 것을 배우도록하자. 2점 투시가 기본이지만 투시화법의 적절한 소점(消點 : Vanishing Point)을 설정해 자연스러운 느낌으로 표현하는 것이 중요하다. 의도적으로 어느 부분을 강조하기 위해 원근법(perspective)을 강하게 하는 경우가 있는데, 자연스러운 투시화법을 설정하는 것이 중요하다. 자신의 오리지널 투시화법의 언더레이(밑그림)을 갖게 되면 스케치에 도움이 된다. 자동차는 기본입체의 집합체라고 했는데 감각적인 데생도 직방체 투시화법을 바탕으로 하고 있다. 기본적인 직방체의 2점 투시화법을 따라서 반투명한 스케치 용지를 위에 깔고(underlay) 실제로 과제1~4를 연필로 그려보자(그림9, 10).

**그림10**
직방체 안에 자동차 그리기

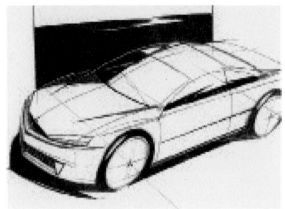

그림11 밸류 스케치의 밑그림

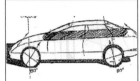
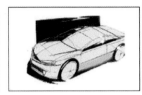
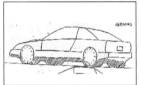
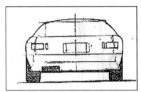
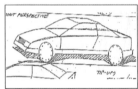
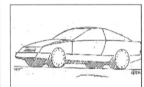

그림12 밸류 스케치 사례

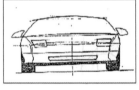
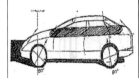

그림13 작은 밑그림으로 구도와 밸류를 그리기

**과제1** : 자동차 선화(線畵)를 몇 장 복사한 다음 다른 색으로 정밀하게 칠해보기(그림11, 12)

**과제2** : 작은 밸류 스케치 그리기(그림13)

■ 채색의 토대는 빛의 강약을 나타내는 흑색과 백색, 회색의 모노톤 표시가 기본이다. 데생의 기초인, 목탄이나 연필을 사용해 그리는 담채(淡彩) 스케치를 밸류 스케치(value sketch)라고 한다. 사진이나 실제차량을 자세히 관찰하고 조금 밝은 부분과 어두운 부분을 강조해 강약을 주면서 그리는 것이 좋다.

■ 처음부터 스케치를 커다란 종이에 그리려고 하면 그 크기 때문에 콘트라스트(contrast)나 그라데이션(gradation)이 약해질 수 있다. 그리려는 스케치가 작으면 검게 칠하는 것도 재미있다. 또 스케치 용지에 3~5cm 정도 크기의 작은 ㅁ 표시를 많이 그림으로써 흑백의 모습을 의식하면서 다양한 각도를 통해 자동차의 밸류 스케치를 그려보도록 하자. 구도 와 흑백의 밸런스를 염두에 두고 강약이 느껴지도록 검은 부분은 아주 검게, 하이라이트 부분은 하얀 색으로 표현하도 록 하며, 중간 상태도 균형을 잘 잡아 그리도록 한다.

# 3. 구도와 각도

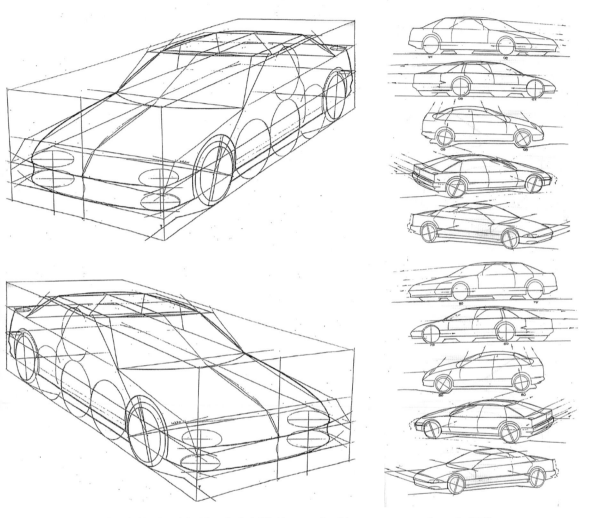

**그림14** 다양한 각도에서 같은 모습의 차량을 선도로 그린 모습(art center school 텍스트에 재구성)

**과제** : 이전 페이지의 과제2 밸류 스케치 가운데 각도가 다른 스케치를 몇 장 간추린 다음 확대한 밸류 스케치를 커브자를 이용해 정확하게 그리기

■ 세밀한 부분이 어떻게 그려져 있더라도 적절한 구도와 효과적인 방향(view)이 설정되어 있지 않으면 예쁘게 보이지 않는다. 자신이 표현하고 싶은 디자인 구도와 방향을 자유롭게 그릴 수 있도록 선화(線畵)를 그려본다. 타이어와 전고의 관계, 초점 설정 등을 바꿔가면서 그려본다. 기본은 투시화법과 자동차를 둘러싼 직방체.

# 4. 타이어 그리기

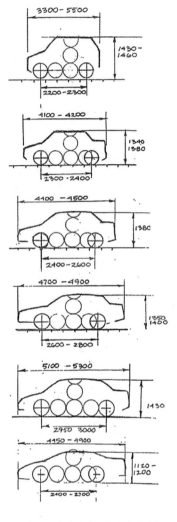

**그림15** 타이어 사이즈와 차체의 비율

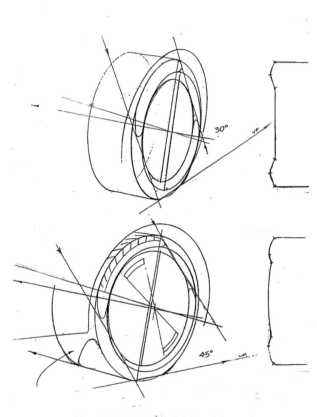

**그림16** 다양한 각도에서 타이어를 선화로 그린 모습

■ 지금까지 살펴본 것은 자동차의 차체 그리기 방법을 주체로 한 것이었다. 자동차를 포함해 바퀴가 있는 것을 일반적으로 차라고 한다. 「차(車)」에 대한 한자의 기원은 짐받이 양쪽으로 바퀴가 달린 모습을 위에서 본 상형문자라고 한다. 위아래의 가로 선은 바퀴를 나타낸 것이고, 세로 선은 차축을 의미한다. 이런 차의 중요한 부위라 할 수 있는 타이어를 그리는 것은 아주 중요한 작업이다. 그림15는 타이어 크기와 각종 차체 타입과의 비율을 나타낸 것이다(그림15).

앞서 배운 원근법으로 그려진 입방체 측면에 이 비율을 바탕으로 타원을 정확하게 그린다(그림15, 16). 그리고 원기둥(圓柱)을 의식하고 타이어 폭을 그린다. 자동차 스케치에 있어서 이 바퀴를 정확하게 그리지 않으면 차답게 보이지 않는다. 바퀴의 기본은 원기둥이다. 원기둥을 바탕으로 타이어 단면을 그리고, 그 단면을 따라 입체적으로 타원을 그린다.

# 5. 크롬 표현하기 주변이 비춰진 모습을 그리기

**그림17** 크롬 도금

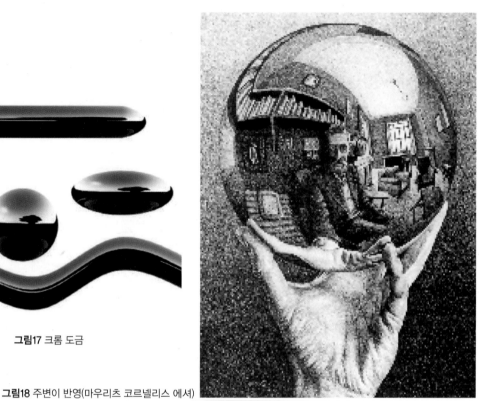

**그림18** 주변이 반영(마우리츠 코르넬리스 에셔)

**과제** : 흰 종이에 선화로 그려진 반원통 및 구면의 선화에 크롬 도금·적·청·녹색의 광택도장을 상정해 파스텔이나 마커(marker)로 색을 입힌다. 웜 컬러, 쿨 컬러를 의식하고 채색해 본다

■ 자동차는 다른 제품과 달리 광택이 나는 도장외판이나 크롬(chrome) 도금(鍍金), 유리 등으로 구성되어 옥외에 놓이는 경우가 많은 제품이다. 크롬 처리를 한 범퍼, 몰, 휠 캡 등은 거울처럼 바깥 풍경을 비춘다. 기본입체에 비춰진 주면 모습을 의식하면서 그려본다. 자연환경의 기본은 땅과 하늘이다. 하늘에는 밝은 느낌의 푸른 하늘과 구름, 태양이 있다. 땅과 하늘을 공이나 원통 등 凸 모양을 통해서 보면 그림17처럼 윗부분은 밝게, 땅을 반사하는 아랫부분은 어둡게 보인다. 차가 위치하는 환경에 따라 반사되는 풍경이 다르긴 하지만, 원경의 경우 하늘과 땅 사이에는 나무와 건물이 있다. 그리고 그것들이 보이는 것은 태양빛에 비춰지기 때문이다. 크롬으로 도금된 묘화는 네덜란드의 마우리치 코르넬리스 에셔(Maurits Cornelis Escher,1898~ 1972)의 작품처럼(그림18) 그 주변의 환경을 의식하고 그리는 것이 중요하다.

■ 인상파 화가들은 사물이 빛에 의해 보인다는 것을 강조해 화법에 적용함으로써 말 그대로 인상적이고 아름다운 표현을 이루어냈다. 그 기본은 태양빛을 의식해 웜 컬러(暖色)로, 음영부분은 쿨 컬러(寒色)를 기본으로 해서 그렸다. 카메라에서 말하는 화이트 밸런스나 온도차이를 의식적으로 그린 것이다. 이 웜 컬러와 쿨 컬러를 의식해서 채색을 하게 되면 빛을 더 그릴 수 있어서 신선하게 보인다.

휘어진 면

평면

**그림19** 도장판금의 투영

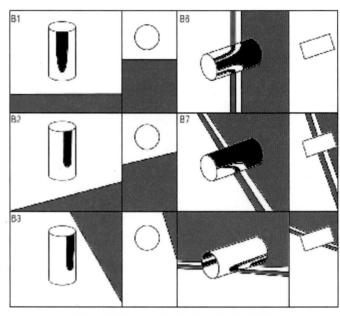

**그림20** 책상 위의 원기둥(우측 위 그림)에 비춰진 투영

**과제** : 그림19를 교본으로 삼아 환경이 반사된 철면, 평면, 요면을 그려보자

■ 통상적인 정물화는 배치되어 있는 환경 주변이나 배경을 그리지만 반사·투영(reflection)은 고정된 물체 앞의 풍경이나 전경(前景)을 그리는 것이 기본이다.

■ 자동차 문은 프레스 가공으로 인해 복잡한 형태로 만들어져 있지만, 기본형상은 원기둥을 가로로 잘라 엎어놓은 측면의 일부라고 생각할 수 있다. 이 원기둥에 대지나 수목, 하늘과 같은 경치가 차체에 투영된다. 바깥 경치가 원기둥에 응축되어 비춰지는 것이다. 그림19에서 보듯이 평면에 반사된 풍경이 사진기의 광각렌즈(wide-angle lens, 대중적으로 사용하는 필름의 대각선 길이와 비슷한 40~60mm 렌즈가 표준렌즈)나 어안렌즈(fish-eye lens, 사각(寫角)이 180°를 넘는 초광각 렌즈이며, 특수한 효과를 필요로 하는 사진촬영에도 사용되나 원래는 하늘의 구름의 양을 측정하기 위해 사용되는 렌즈)처럼 응축되어 비춰진다. 반사·투영을 그리기 위해서는 자동차의 앞쪽 전경을 그리는 것에 대해 의식할 필요가 있다. 그리려는 뒤쪽 풍경은 보이지 않기 때문에 뒤돌아보고 그 풍경을 보는 것이다. 자신에게는 보이지 않는 후방 풍경을 그린다는 생각으로 그리려고 하는 환경에 대해 원기둥을 거울처럼 대하고 그려보자.

■ 측면과 마찬가지로 윗면이나 경사진 풍경도 반사된다. 그림20은 검은 환경 상태의 하얀 테이블 위에 우측 평면도로 위치한, 경면(鏡面)처리된 원기둥의 반사·투영 그림이 그려진 것이다. 위 그림을 그대로 이용할 수는 없지만 그리는 형상이나 환경을 설정하고 도학적으로 생각해 반사·투영을 감안하면 어느 정도는 그릴 수가 있다. 복잡한 명도와 색을 가진, 빛에 대한 환경을 그린다는 사실을 의식하고 인상파의 풍경화를 그린다는 생각으로 그려보자.

# 1. 아이디어 스케치 그리기

(프런트 쿼터 뷰 스케치)

(리어 쿼터 뷰 스케치)

**그림21** 아이디어 스케치 예

**과제** : 테마와 지금까지 배워 온 묘화기법을 이용해 프런트 & 리어 쿼터 뷰의 아이디어 스케치를 30~50매 그리기

■ 지금까지의 기초연습 과제를 토대로 자신의 아이디어 스케치를 30분~1시간 안에 그릴 수 있도록 연습해 본다. 매번 원근법을 취하는 것은 쉬운 일이 아니므로 마음에 든 스케치를 반투명한 스케치 용지 아래에 깔고 새로운 스케치를 그린다. 자신이 의도한 형상을 마커나 색연필, 파스텔로 그린다. 빛을 의식하고 가치(value)를 생각하면서 신속하게 그린다. 쭉쭉 시원하게 그려본다. 선이 삐져나오는 것은 신경 쓰지 말고 자신이 깨끗한 선을 그릴 수 있을 만큼의 속도로 그린다. 처음에는 입체를 의식하고 단면이나 보이지 않는 선도 그린다. 중요한 선은 자를 대로 그리는 것도 좋지만 가능한 손으로만 그려보자. 아이디어가 막히면 새로운 모티브나 감동 받은 영화 등을 벽면에 붙이고 참고로 한다.

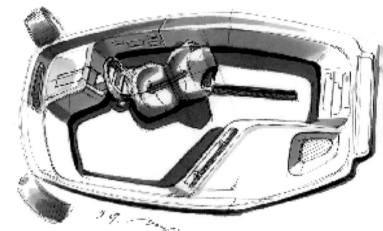

**그림22** 다양한 내장 스케치(별책 모터팬에서 발췌)

**과제** : 자동차의 실내모습 전체를 내려다보는(조감) 각도에서 스케치를 그려본다

■ 내장 스케치는 외장 스케치와 비교해 다른 표현력이 필요하다. 실제로는 볼 수가 없는 각도에서 상상으로 형태를 그린다(그림22). 세밀하게 미터나 문자판을 그리기 이전에 계기판이나 시트 전체의 형태를 그린다. 실내전체를 하나의 조형으로 그리겠다고 마음먹는다. 어느 정도 기본형이 갖춰지면 상세한 부품이나 미터를 표현한다.

# 3. 차체의 반사·투영 빛 그리기

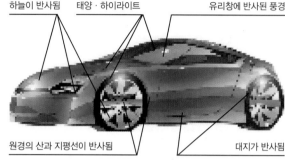

하늘이 반사됨　　태양·하이라이트　　　유리창에 반사된 풍경

원경의 산과 지평선이 반사됨　　　　대지가 반사됨

**그림23** 차체의 반사·투영

**그림24** 빛 그리기(호아킨 소로야 화집에서)

**과제** : 그림23, 24를 참고로 자동차의 측면외관에 빛(풍경)이 반사되는 것을 의식하고 정밀하게 그려보자

■ 원기둥을 바탕으로 기초적인 반사·투영을 그릴 수 있으면 자신이 디자인한 차체 단면이 외부 환경에 노출되어 있다는 것을 의식하고 그려본다. 실제 풍경은 번잡하기 때문에 그릴려는 환경을 정리해 단순화시킬 필요가 있다. 잡지 사진이나 뛰어난 스케치를 참고로 해서 반사·투영 그리는 법을 배워본다(그림23). 어렵지 않게 하늘이나 눈앞의 대지가 떠오르면 빛을 그린 것이 된다.

■ 그림24는 초기인상파 화가인 스페인의 소로냐(Joaquin Sorolia y Bastida 1863–1923) 작품이다. 그림 속의 귀부인이 해변을 산보하고 있는 장면을 인상적으로 포착한 것이다. 흰 드레스는 하얀 것이 아니라 약간의 노란색을 풍기고 있으며, 그늘진 부분은 청색이지 흑색이 아니다. 아침 햇살을 쐬며 해안을 걷고 있는 시간과 환경을 엿볼 수 있다. 사진에서 말하는 색온도도 의식적으로 그려져 있는 것을 알 수 있다. 우리들은 인상파 이후에 살고 있기 때문에 빛을 스케치할 수 있도록, 빛을 그릴 수 있는 자동차 디자인을 지향했으면 하는 바람이다. 전경이나 주변 경관, 빛을 그린다는 의식을 갖고 그려본다. 태양빛은 흰 색이 아니라 옅은 황색으로, 아침햇살과 저녁햇살은 색온도가 다르다. 일본과 북미, 미국 서해안 등 환경에 따라서도 빛은 달라진다. 평소부터 빛을 의식하고 경관이나 자동차는 빛을 반사시켜 보인다는 것을 이해하면서 주변을 관찰하자. 푸른 하늘과 구름, 대지의 색, 수목의 그늘 등 매력적인 빛을 느낌으로써 주위가 빛나 보일 것이다.

# 4. 렌더링 매력적으로 그리기

**그림25** 렌더링 예

**과제** : 렌더링을 묘사해 보자
**과제** : 아이디어 스케치 한 장을 정밀하게 배경을 넣어서 그려보자

■ 자동차 디자인 세계에서 렌더링은 제품의 정밀한 스케치를 가리킨다. 그림25는 학생이 그린 렌더링이다. 이처럼 실제 모델처럼 사실적으로 그린다. 필요할 때는 커브자를 사용한다. 최대한 새하얀 색과 시커먼 색은 사용하지 말고 웜 컬러나 쿨 컬러를 의식하면서 빛을 인상적으로 그려본다. 태양광은 웜 컬러고, 그 그림자(음영) 부분은 쿨 컬러로 변화한다. 더불어 주변의 환경색도 미묘하게 반사되기 때문에 앞서 배운 반사 · 투영 효과도 반영시켜 그려본다.

■ 현재는 전문지나 서적 혹은 인터넷에서 저명한 디자이너의 스케치나 렌더링을 비교적 손쉽게 입수할 수 있다. 뛰어난 렌더링을 모으고 그 채색이나 표현기법을 따라해 보는 것이다. 거의 비슷한 렌더링을 그릴 수 있을 때 당신의 표현기술은 크게 향상되어 있을 것이다.

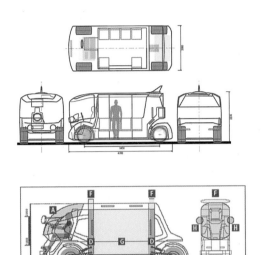

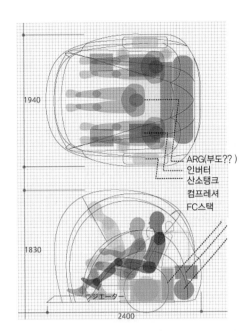

ARG(부도?? )
인버터
산소탱크
컴프레셔
FC스택

**그림26** 패키징 드로잉 예

**그림27** 패키징에 사용하는 드로잉 테이프

**과제** : 설정한 개념을 바탕으로 탑승개과 엔진, 타이어 등 주요 컴포넌트의 실루엣을 제거하고, 도면상으로 그 배치를 검토함으로써 그 결과를 패키징 드로잉으로 정리해 그려보자

■ 앞서 배웠듯이 패키징이란 자동차 탑승객이나 엔진, 트랜스미션, 타이어, 가솔린 탱크, 트렁크 등 주요 컴포넌트의 배치를 설정하는 것을 가리킨다. 디자인 개념을 바탕으로 우선시되는 레이아웃을 설정함으로써 기본 스타일을 만들어내는데 있다. 아이디어 스케치를 바탕으로 패키징 드로잉을 아래와 같은 순서로 만들어본다.

■ 80~100mm 트레이싱 페이퍼에 가로세로 20mm 크기의 페이퍼를 준비해 둔다. 최종 아이디어 스케치를 바탕으로 엔진, 타이어, 트랜스미션, 탑승객, 화물 등의 그림을 그려놓은 종이조각을 섹션 페이퍼에 배치해 보면서 패키징 드로잉을 임시로 설정한다(그림26). 다음으로 전륜 휠 센터를 원점으로 삼아 1/10 크기의 삼면도(三面圖)와 주요 단면을 손이나 드로잉 테이프(그림27)로 검토하면서 다음 자 등으로 정확한 패키징 드로잉을 작성한다(PC상에서 CAD소프트를 이용해도 상관없다).

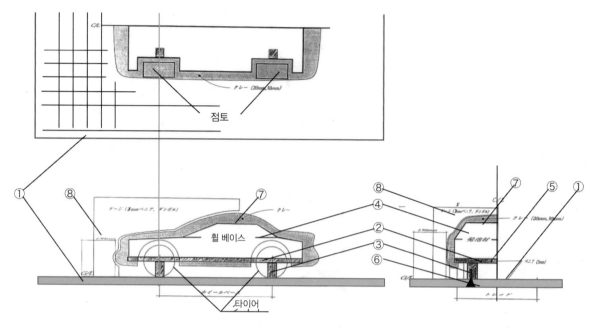

**그림28** 축소 점토 모델의 구조

**과제** : 점토 모델을 위한 간이 정반과 모델 코어를 제작해 점토 모델을 준비하자

■ 모델 제작에 관한 전반적인 공정을 모델링(modeling)이라고 부른다. 일반적으로 자동차의 아름다운 곡면을 형상으로 갖는 모델에는 자동차용으로 개발된 공업용 점토를 이용한다. 많은 학생들이 점토를 붙이거나 깎아내는 동안에 형상이 갖춰질 것이라 생각하기 쉽지만 자신의 이미지를 명확하게 스케치나 도면에 그릴 수 없다면 입체적인 차는 만들어지지 않는다. 기본적인 공정 수순 가운데 일부분을 빼면 그 프로세스의 몇 배나 되는 노력을 필요로 한다. 절차를 정확히 파악하고 반복적으로 모델을 만듦으로써 물건을 만드는 기쁨을 체감해 본다.

■ 아래와 같이 점토로 인한 스케일 모델의 구조와 제작공정을 설명한다(그림28).
① 정반제작 : 1/10 모델도면의 평면도 전후좌우에 약15cm의 여백을 두고 10t~15t 무게의 합판을 준비한다(계측 브리지, 서페이스(surface) 게이지, 게이지를 놓기 위해 여백이 필요).
준비한 합판 전체에 볼펜과 자로 20mm 간격의 가는 선을 가로세로로 그린다.
② 모델 판재의 제작 : 평면외형도보다 5~10mm 작은 5t 크기의 합판을 실톱 등으로 잘라둔다.
③ 코어지지용 각목 : 타이어 반지름 높이의 각목②을 폭 길이만큼 2개 잘라내고, ②의 아랫부분인 앞뒤 차축의 중심 위치에 목공용 접착제 등으로 접착시킨다(나사 고정도 가능).

그림29 스크레이퍼 성형 모습

그림30 면 다듬기

**과제** : 주요 단면을 포함한 모델 계획도를 그려보자

**과제** : 모델 계획도, 모델 도면을 토대로 점토 모델을 제작해 보자

④ 모델 코어 : 우레탄 발포재(發砲材)를 사용해 100t 무게의 블록을 절삭해 모델 그림보다 5~7mm 작게 해서 모델 코어를 만든다(직선 가능)(발포제의 미세한 찌꺼기를 도구 등을 사용해 제거할 것).

⑤ ③에 ④를 목공용 접착제 등으로 접착시킨다.

⑥ 정반과 모델 코어의 연결 : 정반의 센터와 앞 차축 중심을 연결기준으로 삼아 정반 아랫부분 쪽에서 ③을 나사로 고정시킨다(완성후, 정반에서 모델을 떼어내야 하기 때문에 접착은 하지 않는다).

⑦ 초벌작업(粗盛) : 준비된 모델 코어에 따뜻해진 점토를 단단히 붙이는 초벌작업을 한다. 정성스럽고 빈틈없이 두께가 일정하게 붙이지 않으면 나중에 깎아낼 때 구멍이 생기거나 완성 후에 균열의 원인이 된다(따뜻해진 점토는 부드러워서 붙이기가 쉽지만 바로 식어서 딱딱해지기 때문에 자주 점토 오븐으로 온도를 맞춰가면서 작업한다).

⑧ 게이지 제작 : 플라스틱판이나 베니어판에다가 모델그림에서 카본지로 트레이스(trace)한 도면에 맞춰 실톱 등을 사용해 게이지를 제작한다.

⑨ 제작된 게이지를 이용해 성형을 하는데, 중간 면을 높이 쌓거나 스크레이퍼로 깎거나 하면서 부드러운 면을 만든다(그림29). 또한 양손으로 스틸 자나 스틸 판을 곡선 지게 하면서 면을 따라 움직여 깎아내는 경우도 있다.

⑩ 면이 이미 제대로 깎였으면 마무리를 한다. 스틸 판을 이용해 반들반들한 면으로 완성시킨다(그림30).

**그림31** 프로 디자이너와 모델러에 의한 모델의 리파인지도

**그림32** 꼼꼼한 리파인과 마무리, 도장작업을 거쳐 모델이 완성된다

■ 도면대로 만들어진 최초의 모델을 오리지널 모델 또는 제1차 모델 등으로 부른다. 학생 중에는 제1차 모델이 완성되기 전에 마음에 들지 않는 형상을 수정하는 사람이 있는데 그렇게 하면 계속해서 수정할 곳이 생겨 수습이 안 될 상황에 처한다. 제1차 모델 가운데 마음에 안 드는 부분도 있을 것이라 생각하지만 먼저 도면에 충실하게 제작한다. 도면에서는 괜찮다고 생각한 형상이 3D 모델로 만들면 이미지가 달라지는 경우나 마음에 안 드는 처리가 보이기도 한다. 제1차 모델이 완성되면 바로 가느다란 테이프를 사용해 수정할 부분에다가 바로 테이프 선을 그림으로써 단면도를 수정하는 등, 리파인(refine)작업에 들어간다. 이때 지도자의 조언을 듣고 리파인에 참고하는 것도 중요하다(그림31). 리파인 계획과 수정 모델링의 리파인작업을 되풀이 하면서 2차 모델, 3차 모델 식으로 서서히 최종 모델에 다가간다. 최종 모델이 완성되면 스틸 판 등으로 굴곡진 곳이 없도록 부드럽게 거울처럼 면을 다듬어준다.

**그림33** 완성된 스케일 모델(5장 참고)

■ 나아가 개념이나 이미지에 맞는 색을 정하고 신축적으로 도장을 입힌 다이녹 필름이라는 특수한 필름을 사용해 표면에 주름이 잡히지 않게 붙여서 임시 도장 식으로 마무리한다. 다이녹 필름이 없을 경우나 심지어 완성도를 높일 경우에는 석고가루(gesso) 등으로 밑칠을 한 다음 건조시켜 굴곡이 있으면 퍼티(putty)로 메꿔주고 심지어 내수 페이퍼로 몇 회고 되풀이해 갈아 줌으로써 거울 같이 매끈한 면이 만들어지도록 해준다. 완전한 면이 완성되면 설정한 도료를 스프레이 건으로 도장한다. 한꺼번에 두껍게 한 번에 도장하는 것이 아니라 얇고 균일하게 칠한 다음, 먼지가 없는 응달진 곳에서 몇 시간~반나절 동안 충분히 건조시킨다. 심지어 몇 회의 도장과 건조를 반복한다. 그리고 마지막으로 클리어를 뿌려 완성한다(그림32). 그림33의 완성된 스케일 모델은 5장에 소개할 작품의 최종 모델로서, 몇 번의 리파인과 정성스러운 마무리와 도장 작업의 결과물인 것이다.

# 5. 점토 모델링 작업 공구

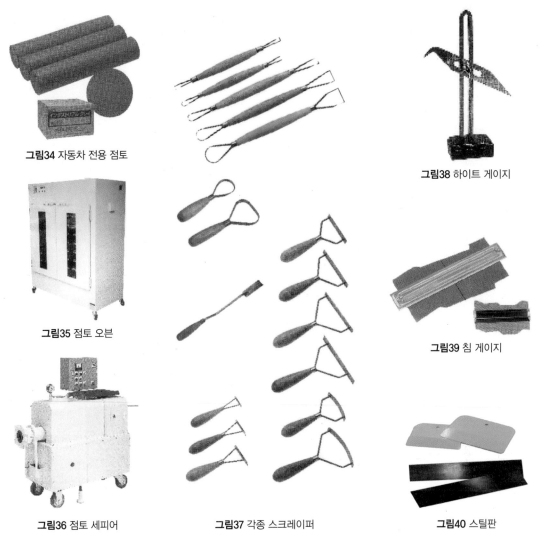

**그림34** 자동차 전용 점토

**그림35** 점토 오븐

**그림36** 점토 세피어

**그림37** 각종 스크레이퍼

**그림38** 하이트 게이지

**그림39** 침 게이지

**그림40** 스틸판

(TOOLS 카탈로그 발췌)

■ 점토 모델링에는 전문 도구가 필요하다. 상단 그림은 디자인 기구 메이커인 TOOLS(일본)의 도구 카탈로그에서 발췌한 것이다(그림34~40). 이것들은 점토를 깎아 내거나 단면을 계측하는 전문도구들이다. 이들 전문도구에 대한 사용방법은 경험자한테서 실습을 통해 배우면 좋을 것이다. 학생은 몇 개의 작품을 만들면서 익혀나간다. 통상적인 실습작품은 1/10 축소 모델, 졸업할 때는 1/5 축소 모델을 만든다.

■ 기업에서는 점토 모델 제작을 모델러라고 하는 전문직이 담당함으로써 디자이너가 직접 모델을 제작하는 일이 없지만 입체적인 조형의 기본은 모델로서, 자신이 직접 손으로 만들어 봄으로써 조형의 본질을 배울 수 있다. 미래의 디자이너를 꿈꾸는 사람이라면 반드시 이 도구들을 사용해 점토 모델링을 실습해 보기 바란다.

■ 앞서 설명했듯이 디자인은 조형만을 가리키는 것이 아니다. 그 조형의 배경을 이루는 개념이 중요하기 때문에 그를 위한 조사를 빼놓을 수 없다. 다음과 같이 디자인의 개념 구축 방법에 대해 설명해 보겠다.

■ 브레인스토밍(brainstorming) : 과제 설명이나 스케줄이 설명된 다음에는 먼저 5~6명의 그룹으로 나뉘어 각자 과제의 테마에 대해 자유롭게 자기 생각을 제시하는 브레인스토밍을 한다(그림41 좌). 테마에 대해 문자 그대로 뇌에 폭풍을 일으켜 머리를 풀어주는 것이다. 다음으로 논의된 말과 내용을 작은 카드나 포스트잇 등에 적어 메모한다. 자유롭게 발상함으로써 관련된 영역을 넓혀나가는 것이 브레인스토밍의 목적이지만 한 가지 룰이 있다. 바로 「타인이 말한 내용을 부정적으로 발언하지 않는다」는 것이다. 「그런건 관계 없지 않나」, 「…는 다르지 않나」, 「…에는 반대다」등과 같은 부정적인 발언은 금지다. 잠잠하던 뇌에 폭풍을 일으켜 그룹 전체의 발상에 대한 활성화를 도모하는 것이 목적인데, 모처럼 활발하게 아이디어가 나오고 모두가 끓어오르고 있는데 물을 끼얹는 발언은 바람직하지 않기 때문이다.

**그림41** 브레인스토밍과 KJ맵의 연습 장면

■ KJ맵* : 다음으로 메모된 포스트잇이 몇 백 장 쌓이고 새로운 항목이 더 나오지 않으면 일단 브레인스토밍을 끝마친다. 다음으로 모두가 메모 내용을 검토하면서 비슷한 것들을 항목별로 구분한 다음 A5 종이에 붙여 하나의 그룹으로 만든다.  약10~15개 정도의 그룹이 만들어지면 각 그룹을 대표하는 말을 생각하고 타이틀을 정한다. 다음으로 각 그룹을 비교하면서 커다란 켄트지에 내용이 비슷한 그룹은 가깝게, 먼 그룹은 멀리 배치한다. 모든 인원이 이 작업을 한다(그림 41 우). 이런 구분은 횡축을 「오래된 것–새로운 것」, 「종축은 소프트–하드」로 설정하는 등, 그 배치에 대한 기본개념(축)을 생각하는 것이 중요하다.

■ 영역과 개념 파악 : KJ맵은 문자 그대로 디자인의 테마에 대한 영역과 그 개념을 상대적으로 규정한 지도인 것이다. 향후 개별적으로 전개할 아이디어 스케치나 그 방향을 혼돈하지 않도록, 자신이 그리는 스케치가 전체의 어느 위치에 와 있고, 아이디어를 어떤 방향으로 펼쳐나갈 것인지를 확인하는 중요한 가이드북이 된다.

■ KJ맵은 감각적으로 개념에 대한 원근은 평가해 개념을 파악하는 방법으로서, 기업 내에서도 자주 이용된다. 말뿐만 아니라 스케치나 연관된 사람과 제품, 풍경 등의 시각적 자료를 정리하는 데에도 이용되고 있다. 개인적으로도 가능하므로 몇 번이고 연습해 보고 꼭 그 방법을 몸에 익혀두길 바란다.

---

*KJ맵 : 문화인류학자인 가와키타 지로가 개발한 개념정리법. 카와키다 지로의 이니셜을 따서 KJ법이라고도 부른다. 메모된 카드의 유사성을 검토해 공간적으로 배치함으로써 개념 맵을 작성하는 방법. 필자는 그림이나 사진 등의 개념정리에 응용하고 있다.

# 2. 디자인 자료조사와 현장취재

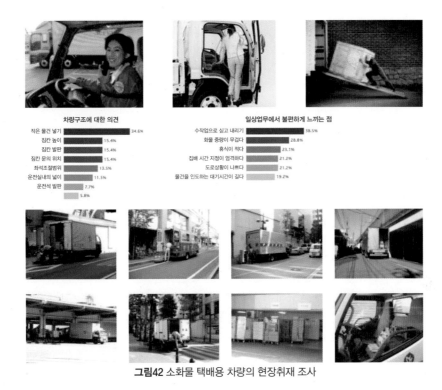

**그림42** 소화물 택배용 차량의 현장취재 조사

■ 위 그림은 5장에서 소개할 졸업연구 가운데 조사내용 일부를 게재한 것이다. 전체의 테마 영역을 파악하고 자신의 테마를 결정했으면 관련된 자료를 모은다. 테마와 관련된 사람, 사용자, 제품 현상, 이용되는 환경 등 관련된 책이나 잡지를 통해 최대한 많은 자료를 모은다. 그런 자료들 속에서 관련된 테마나 자신의 이미지에 맞는 사진 및 영상을 간추려내 개념을 위한 자료로 삼는다.

■ 문헌이나 잡지는 어떤 사람의 자료나 연구 성과라 할 수 있다. 반드시 옳은지 아닌지는 알 수 없다. 가능한 자신이 설정한 상황과 가까운 장소에 똑같은 시간에 나가서 현장을 취재하는 것이 중요하다.

■ 그림42는 최근 증가하기 시작한 여성 트럭 운전사용 운반차량을 위한 현장조사다. 여성 운전사를 인터뷰하고 배송센터와 운송처에서 앙케이트 조사를 벌여 문제점을 명확하게 파악한다. 학생이 제안하는 트럭 디자인의 필요성을 잘 알 수 있다.

■ 그림43은 할머니와 손녀가 함께 관광을 떠날 때 필요한, 새로운 여행 가방을 제안하기 위한 자료다. 통계 데이터나 취재를 통해 이동범위나 연간 여행 이동회수 등이 조사되어 있다. 고령자가 자주 가는 사원에서의 앙케이트나 현장취재 등을 통해 수화물이나 선물 등을 갖고 다니는 것이 커다란 애로점이라는 사실, 잠시 쉴 수 있는 간이 의자의 필요성을 현장 취재조사를 통해 유도하고 있다.

**일주일에 몇 번 외출하는가?**

주 2~3회 20%
매일 60%
주 5회 20%
질문3

**하루 중 외출 시간대**

아침 10%
저녁 식료품 등의 구매 20%
오전 병원이나 먼 곳으로 외출할 경우 30%
오후 가까운 곳에 나갈 경우 25%
낮 15%
질문4

64세 13.7 / 78.9%
69세 14.4 / 72.2
74세 15.8 / 70.0

상단 : 최근 1년 동안 외국여행을 다녀온 사람
하단 : 최근 1년 동안 5회 이상 외국여행을 한 사람
박보당생활연구소 실버 10년 변화 조사연보 1995

**외출에 걸리는 시간은?**

**외출하는 장소는 대개 어디인가?**

**그림43** 고령자와의 여행에 대한 기초조사(치바대학 졸업연구 작품)

■ 위 그림은 5장에서 소개할 졸업연구 가운데 조사내용 일부를 게재한 것이다. 전체의 테마 영역을 파악하고 자신의 테마를 결정했으면 관련된 자료를 모은다. 테마와 관련된 사람, 사용자, 제품 현상, 이용되는 환경 등 관련된 책이나 잡지를 통해 최대한 많은 자료를 모은다. 그런 자료들 속에서 관련된 테마나 자신의 이미지에 맞는 사진 및 영상을 간추려내 개념을 위한 자료로 삼는다.

■ 문헌이나 잡지는 어떤 사람의 자료나 연구 성과라 할 수 있다. 반드시 옳은지 아닌지는 알 수 없다. 가능한 자신이 설정한 상황과 가까운 장소에 똑같은 시간에 나가서 현장을 취재하는 것이 중요하다.

■ 그림42는 최근 증가하기 시작한 여성 트럭 운전사용 운반차량을 위한 현장조사다. 여성 운전사를 인터뷰하고 배송센터와 운송처에서 앙케이트 조사를 벌여 문제점을 명확하게 파악한다. 학생이 제안하는 트럭 디자인의 필요성을 잘 알 수 있다.

■ 그림43은 할머니와 손녀가 함께 관광을 떠날 때 필요한, 새로운 여행 가방을 제안하기 위한 자료다. 통계 데이터나 취재를 통해 이동범위나 연간 여행 이동회수 등이 조사되어 있다. 고령자가 자주 가는 사원에서의 앙케이트나 현장취재 등을 통해 수화물이나 선물 등을 갖고 다니는 것이 커다란 애로점이라는 사실, 잠시 쉴 수 있는 간이 의자의 필요성을 현장 취재조사를 통해 유도하고 있다.

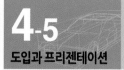

# 3. 프리젠테이션

**그림44** 최종 프리젠테이션 모습

■ 디자인이란 자신의 아이디어나 계획을 알기 쉽게 커뮤니케이션하는 기술이다. 연습 최종일에는 반드시 프리젠테이션을 한다. 학생은 자신의 작품을 설명하고 얼마나 제안이 가치 있는지를 패널이나 파워포인트로 설명한다(그림44). 테마와 지금까지 생각해 온 것과 제안하는 디자인의 특징 등을 간결하게 설명한다.

**그림45** 최종 제안은 해피엔드로 끝난다

■ 개념은 앞에서 설명한 바와 같이 5W1H다. 정확하게 5W1H를 설명하고 디자인 특징 3가지를 간결하게 소개하자. 많은 특징이 있겠지만 3가지 이상 언급하면 결국 어떤 것이 특징인지 알 수 없게 된다. 그리고 무엇보다도 자동차의 형상뿐만 아니라 그 자동차가 사용되는 상황이나 장면이 매력적이고 영화와 같이 감동적인 라스트 신과 해피엔드로 나도 모르게 그 제품을 갖고 싶게 되는 것이 최고다(그림45).

■ 프리젠테이션은 작품 설명에 대한 연습임과 동시에 취업할 때 포트폴리오 설명을 위한 예행연습도 된다. 취업활동을 할 때 작품설명을 위한 트레이닝으로서 많은 도움이 된다.

# 높은 목표설정과 꾸준한 노력

■ 4장에서는 저자가 가르쳐 온, 대학에서의 디자인 연습내용 가운데 기초적인 것을 정리해 설명했다. 이 장에서 언급한 것들을 참고로 삼아 그 내용이나 방법 등을 잘 이해하고 실제로 자신이 연습해 보길 바란다. 이 책을 읽고 이해를 하는 것만으로는 부족하다. 각 항목의 실행방법과 노하우를 되풀이하면서 실천해 몸에 익혀야 한다.

디자인 기술의 습득은 스포츠와 마찬가지로 하는 방법을 배운 다음 반복적인 연습을 통해 훈련하는 것 외에는 왕도가 없다. 타인보다 더 잘 하고 싶다면 타인 이상으로 연습하는 수밖에 없는 것이다. 그냥 닥치는대로 자기 스타일로만 해서는 잘 될 수 없다.

가능하면 좋은 선생에게 적절한 지도를 받는 것이 중요하다. 만약 그런 환경을 갖추지 못할 때는 좋은 친구나 경쟁자를 갖는 것도 방법이다. 스포츠도 마찬가지여서 똑같은 동료가 있으면 힘든 연습과 반복되는 연습을 견뎌낼 수 있으며, 동료한테서 좋은 점을 배울 수도 있다. 디자이너를 지향하는 친구를 반드시 가까이 두길 권하는 바다.

■ 멋진 디자이너를 목표로 삼아 「높은 목표를 설정」하고, 그 목표를 향해 계획적이고 착실하게 한 걸음 한 걸음 「꾸준한 노력」을 축적하는 것이 중요하다. 확고한 목표(꿈)를 갖고 노력하다보면 반드시 그 꿈은 현실이 될 것이라 믿길 바란다. 꿈을 향해 지금이라도 당장 연습을 시작해 보길 바란다.

# 5장
# 디자인 학습 작품

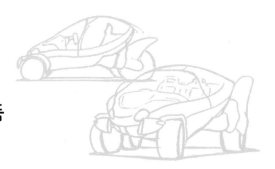

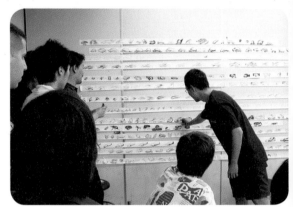

학습풍경

■ 학습은 아이디어 스케치 등과 같이 기초적인 표시교육부터 CG를 포함해 렌더링과 모델 그림, 프레젠테이션까지 점차적으로 고도화되지만, 일관해서 발포재로 간이 모델이나 점토 모델 등으로 작품을 손으로 제작하도록 의무화하고 있다. 컴퓨터 시대이기 때문에 역설적으로 디자인의 원점인 물건 제작교육을 중요하게 생각하는 것이다.

■ 학생은 스스로 땀 흘리며 자기 손으로 작품을 만들어 봐야 만드는 것에 대한 기쁨과 형태나 기능을 손 감촉과 근육으로 배울 수 있다. 앉아서 배우는 강의가 머릿속으로 학습하는 것인데 반해 학습은 팔 근육을 통해 몸으로 물체가 만들어지는 과정을 배운다. 그런 의미에서 디자인 학습은 스포츠의 반복학습으로 기초체력을 키워 기술을 습득하는 학습방법과 아주 비슷하다. 스포츠의 경기규칙이나 이론을 책상 위에서 배우고 시험성적이 뛰어나다고 해서 뛰어난 운동선수가 되는 것은 아니다. 디자인도 마찬가지로서 기본적인 이론이나 지식을 배우면서 4장에서 설명한 기초기술을 매일같이 학습함으로써 실제 경기나 시합에 나가 활약할 수 있는 것이다. 일류 프로 선수라고 해도 매일 달리기나 근력훈련 등 기초 훈련을 게을리 해서는 안 된다. 그리고 시합경험을 통해 그 실력향상을 측정한다. 학습은 기초학습과 그것의 응용이라 할 수 있는 테마 개발학습으로 나눌 수 있다. 이 장에서는 이동기관(transportation)의 학습과제 작품을 소개하고 그 사례를 통해 디자인을 배워보도록 하겠다.

■ 힘든 반복적 학습이나 과제를 실패하도라도 꺾여서는 안 된다. 실패를 용기로 바꾸는 낙천적 정신과 끈질기고 굳센 노력을 필요로 한다. 실력을 키우기 위해서는 좋은 학습동료와 선의의 경쟁자가 필요하며, 진지하게 동료로부터 배우는 자세가 중요하다. 같은 학습동료한테서 솔직한 평가와 조언을 얻는 것이 좋은 것이다. 그리고 무엇보다도 솜씨 좋은 동료의 기술을 주시해야 한다. 이것은 프로가 되어서도 마찬가지다. 그 근본은 「더 솜씨를 갈고 닦고 싶다」「좋은 디자이너가 되고 싶다」고 하는 강한 의욕이다.

# 5-1 디자인 학습의 구성

# 학습 커리큘럼

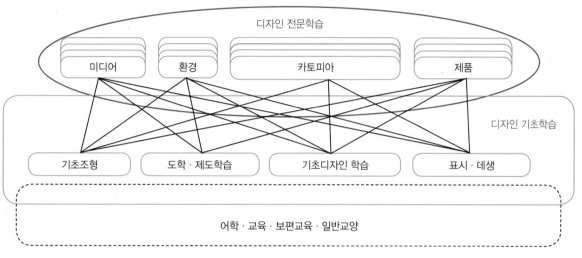

**그림1** 디자인 학습의 구성

■ 디자인 커리큘럼이 충실한 대학의 디자인 조직에서는 그림1에서 볼 수 있듯이 학부 1·2년차에 디자인 기초학습이 이루어지고, 2년차 때 전문학습 가운데 2개의 학습수업을 받게 되며, 나아가 3년차 때는 1개의 전문학습 취득이 필수로 되어 있다. 자동차나 모터바이크, 자전거 등의 디자인을 전문으로 배우고 장래에 자동차나 교통기기 디자이너를 희망하는 학생은 6개월에 15회 단위로 하는 「트랜스포테이션 디자인 학습」이라고 하는 학습 커리큘럼 수업을 필수적으로 4회 들어야 한다. 그리고 4학년생은 그때까지 배워온 학습과 강의의 집대성이라 할 수 있는 졸업제작연구가 이루어진다.

■ 디자인을 창조적으로 하기 위해서는 폭넓은 지식과 식견이 필요하다. 공학 등과 같은 최신 기술은 물론이고 다음 장에서 설명하겠지만 사람과 제품, 환경에 관해서도 알아 둘 필요가 있다. 예전의 대학에서는 일반교양이라고 하는 강의가 2년간 열렸으며, 그 수업을 이수한 다음부터 디자인 전문수업이나 학습을 수강하게 되어 있었다. 현재는 1년차부터 전문수업을 듣게 되어 있는데, 전문 디자이너를 양성하기에는 좋지만 디자인은 다른 공학 이상으로 폭넓고 종합적인 지식과 교양을 필요로 한다. 그런 의미에서 예전의 교양과정도 괜찮았다고 생각한다. 입학하고 나서 학습의욕이 높을 때 전문 디자인을 배우는 것이 좋을지, 디자인의 기본이라고 할 수 있는 폭넓은 교양을 먼저 배우는 것이 좋을지에 대해서는 일장일단이 있다고 생각한다.

■ 디자인에 대한 틀이나 거기에 필요한 지식은 크게 확대되고 있다. 이미 4년 동안에 디자인 기초를 배우는 것은 어려워지고 있다. 사정이 허락한다면 대학원 등에 진학해 6년 동안의 교육과정을 검토하는 것도 좋다고 생각한다. 만약 4년만 하고 졸업해야 하는 상황이라면 졸업 후에도 다양한 영역에 흥미를 갖고 폭넓은 지식을 쌓도록 노력해야 할 것이다. 그리고 무엇보다도 여행이나 이벤트 등에 참가해 많은 경험들을 체득하는 것이 중요하다. 이렇게 쌓은 지식이나 체험은 나중에 훌륭한 디자인을 꽃 피우는 밑거름이 될 것이라 생각한다. 디자인을 배우면서 어느 정도의 수준에서, 지금 무엇을 배우고 있는지를 객관적으로 파악할 필요가 있다.

# 2. 트랜스포테이션 디자인 학습의 구성

학습 I : 「조형 모티브에 의한 아이디어 진행」 ··············

학습 II : 「자동차 기능과 패키징」 ··············

학습 III : 「개념에 따른 디자인」 ··············

학습 IV : 「어드밴스 디자인」 ··············

졸업연구 : 「조사 · 연구에 기초한 디자인」 ··············

경쟁(COMPETITION) ··············

■ 자동차나 교통기기 디자인과 관련된 학습수업은 2·3학년을 통한 2년 동안 「트랜스포테이션 디자인(transportation design) I～IV」까지 4개의 학습수업이 반년 단위로 구성되어 있다. 심지어 4학년 때는 그때까지 배워온 학습과 강의의 집대성이라 할 수 있는 졸업제작연구가 이루어진다.

■ 학습할 때 : 트랜스포테이션 디자인에 관한 학습은 일선에서 활약하는 기업 디자이너인 외부강사와 교수에 의해 이루어진다. 학습은 학습과제 아래서 주당 15회가 이루어진다. 학생들에게는 매회 교수나 강사로부터 어려운 과제가 제시되며, 더불어 여름방학과 봄방학에도 숙제가 부과된다. 학생들에게는 아주 어려운 학습수업일지 모르겠으나 현역 디자이너로부터 첨단 기술을 배울 수 있는 기회이기 때문에 동기부여를 받아 학습에 임하게 된다. 다음 페이지부터 그런 작품을 소개하도록 하겠다. 어떤 과제로 학습을 진행했는지, 그리고 그 과제에 대해 학생들은 어떤 디자인 작품을 만들었는지에 대해 작품들을 통해 살펴보길 바란다. 각 작품 가운데 뛰어난 점이나 핵심 포인트에 대해 저자의 짧은 소견을 곁들였다. 어떤 점이 그 작품의 포인트인지 참고해 주기 바란다.

# 5-2 카토피아 디자인 - I 모티브에 의한 디자인

**목적**

● 스케치 • 렌더링의 기초기술 습득

● 아이디어 진행 방법 :
  형체의 추상화와 데포르메

● 간이 모델링의 습득

● 프로세스 개요 파악

**그림1** 학습 목적

□ 모티브 설정

□ 아이디어 진행

□ 모델링

**그림2** 모티브에 의한 디자인 학습 개요

■ 이 학습의 목적을 그림1에 나타냈다. 모티브에 의해 아이디어를 진행시키고 나서 간이 모델까지 제작하는 일련의 프로세스를 배우면서 스케치나 렌더링 방법, 아이디어 진행방법에 관한 기초를 배운다.

■ 처음으로 디자인을 배우는 학생에게 「10년 후의 자동차 디자인」등과 같은 과제를 주면 대부분의 학생은 팔짱을 끼고 고민에 들어가지만 쉽사리 아이디어 스케치는 진행 되질 않는다. 그러는 한편으로 자동차를 좋아하는 학생은 어딘가에서 본 것 같은 자동차만 그리기 시작하면서 스케치를 잘 그리는 것이 디자인이라고 착각하는 사람도 있다. 확실히 자동차 디자인이나 교통기기에 관한 디자인은 생각해야 할 것이 많아서 갑자기 디자인을 해보라고 하면 무엇을 생각하고 그려야 할지 감을 잡지 못하고 당황하게 된다.

■ 그래서 일단은 자신이 좋아하는 동물이나 사물의 형상으로부터 힌트를 얻고 그것을 탈 것으로 진행하도록 과제를 바꾸었더니 놀라우리만치 아이디어 진행 범위가 넓어지면서 스케치를 그리게 되었다. 조형 모티브(감동한 적이 있는 형상)를 단서로 아이디어 스케치를 그리게 되면 손을 움직이기가 쉽고,그 형상의 특징을 추상화해 전개하는 방법을 배울 수 있다.

■ 실제차량의 스케치 등 기초표시를 끝마친 다음, 영수증용 프린트 종이(약 6cm의 폭으로된 롤 종이)에 그림2와 같이 엄선한 모티브를 잘 관찰해 그 형상의 특징을 데포르메(deformer, 어떤 대상의 형태가 달라지는 일로서 강조)함으로써 기본형을 추상화하면서 조금씩 교통기기로 아이디어를 진행시키는 학습을 한다. 시간을 2분 정도로 잘라 집중하면서 계속해서 신속하게 색연필로 스케치해 나간다. 롤 종이는 전체가 10m까지나 하기 때문에 수업 시간 내로는 다 그릴 수 없으므로 롤 종이 전부에 스케치를 그리고 천천히 교통기기로 진행시키는 것을 숙제로 삼는다(153페이지 학습풍경 우측 참조).

■ 10m 가까이나 되는 롤 종이에 그려진 아이디어 스케치를 펼쳐 놓으면 상당히 장관을 이루는데, 각자의 아이디어 진행 프로세스를 한 눈에 볼 수 있다. 그런 여러 가지 스케치 가운데 다음 아이디어 스케치의 베이스가 될 스케치를 골라 표시해 둔다.

# 1. SIMBA
오츠카 유

■ 모티브 : 사자

스와힐리(Swahili, 아프리카 Zanzibar 및 그 부근 연안에 사는 Bantu 사람)말로 사자를 심바(SIMBA)라고 부른다. 사바나(savanna)에 사는 동물들 가운데 최상 위에 군림하는, 말 그대로 백수(百獸)의 왕이다. 사바나의 왕을 모티브로 사바나 를 탐험하면서 여행할 수 있는 탈 것을 생각해 보았다.

■ SIMBA의 형상 특징을 아이디어 스 케치로 추상화해 그려낸다.

■ 백수들을 만나고 백수의 왕 이 된 기분으로 여행을 즐긴다. 가슴부분과 허리부분의 인상 을 부드러운 커브로 연결하고 있다.

■ 사바나 대지를 물들이는 빛 속을 헤매다가 왕자 라이온의 야생과 부드러움을 배 운다.

■ 사바나 관광에 SIMBA가 제대로 어울린다. 저물어가는 저녁 햇살 속에서 6명의 관 광객은 동물들과 마음을 통하게 된다. 개방적이며 시야가 좋은 앞 유리를 크게 열고서 차 안으로 들어간다.

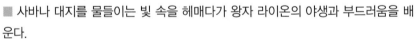

● 이 작품은 백수의 왕인 사자를 모티브로 하고 있는데, 그 기본 형상을 잘 포착해 내 고 있다. 사용이 예상되는 환경도 사바나로 설정함으로써 대초원의 석양에 잠기는 제 안 장면은 자연을 느긋하게 여행하고 싶어 하는 사람에게 꿈과 편안함을 줄 것 같다. 뒤쪽 캐빈을 열고 사바나를 망원경으로 감상하는 모습이나 카메라로 촬영하는 장면을 넣으면 이미지가 더 잘 전달될 것이다.

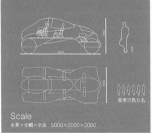

# 2. EXPLORER - Jumping Rabbit
이토 가즈히코

■ 모티브 : 뛰어오르는 토끼(Jumping Rabbit) 뛰어오르는 토끼는 강인한 뒷발이 특징이다. 다리의 특징을 모티브로 황야를 자유롭게 달리는 어드벤처 비클(adventure vehicle)로 변신했다.

FRONT VIEW

REAR VIEW

■ 고속도로에서 달릴 때와 황야를 천천히 달릴 때 두 가지 상황에 맞춰 제어기술을 통해 주행 모드를 전환시킬 수 있다. 자세가 높은 상태에서는 먼 곳의 황야까지 조망할 수 있다.

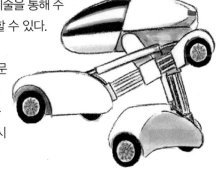

● 이 작품은 뛰어오르는 토끼 특유의 모습에다가 민첩하게 달려 나갈 때와 문뜩 멈춰 서서 주변을 두리번거릴 때의 2가지 움직임에 주목함으로써 모티브로 삼고 있다는 점이 아주 뛰어나다고 생각한다. 폼과 동시에 2가지 형태와 동작 모드를 뛰어오르는 토끼의 뒷발 기능을 본 따 기계적인 유압장치를 연상시키는 기구로 제어하도록 제안하고 있다. 꿈을 타고 황야를 질주하는 것 같다.

■ 모티브 : 메뚜기
초원을 노래하는 여치. 경쾌한 하체로 자연을 즐긴다.

■ 가늘고 경쾌한 다리가 특징이다.

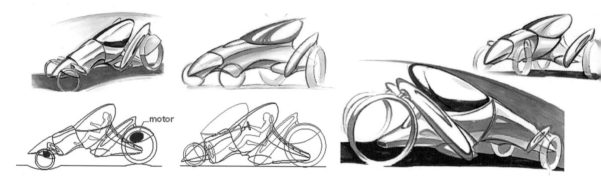

■ 초원의 대지를 가볍게 내달린다.

● 이 작품은 여치를 모티브로 경쾌한 초원을 내달리는 오프로드(off-load) 차를 제안하고 있다. 여치의 가늘고 섬세한 다리에 주목한 것으로 1인승의 사륜 바이크가 있다면 초원을 즐겁게 뛰어놀 수 있을 것 같다.

# 4. SWAMP - DIVING BEETLE
## 우타다 미키히로

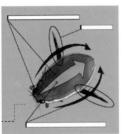

■ 모티브 : 물방개

연못이나 늪에 살면서 수면이나 물속을 아름답게 헤엄쳐 다니는 폼과 커다란 뒷다리를 움직여 재빠르게 수영을 한다.

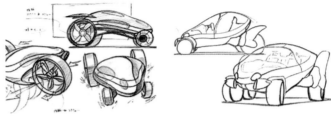

■ 유선형 폼과 리어 휠을 회전시켜 환경친화적인 전기 모터로 달린다.

■ 통상적인 주행 상태, 오르고 내릴 때, 지상에 있을 때 등 상황에 맞춰 높낮이를 조정하는 것 외에 지면이 고르지 못한 곳에서는 강력한 서스펜션으로 성능을 발휘한다.

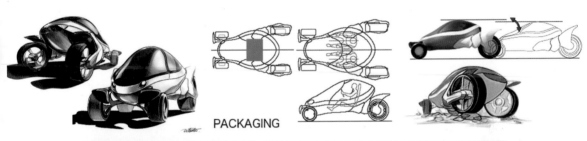

PACKAGING

■ 연못이나 호수, 그리고 그 주변을 아무렇지도 않고 자유롭게 수영하고 달린다.

● 이 작품은 물방개를 테마로, 연못이나 호수 주변을 자유롭게 달릴 수 있는 수륙양용의 오프로드 차를 제안한 것이다. 물방개처럼 후륜을 이용해 전기 모터에 의한 스크류로 움직임으로써 타이어의 부력으로 물 위에서도 달릴 수 있다. 자연환경조사나 감시를 위한 이동수단으로 도움이 될 것 같다.

# 5. THE KNIGHT
### 가와시마 쯔요시

■ 모티브 : 나이트

기사가 입던 서양갑옷은 사람의 체격과 움직임에 딱 맞아서 판금가공의 기능과 미를 겸비한, 기술의 정수를 모아놓은 공예품이다. 부드러운 곡면을 한 경면조형은 자동차의 국소적 부분에 응용이 가능하다.

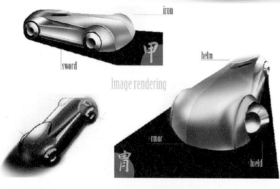

■ 굴곡진 형상이 힘차 보이는 서양갑옷의 면을 참고삼아 개개의 기능을 명쾌하게 구성했다.

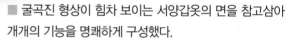

● 이 작품은 서양의 단금(鍛金)기술을 예술의 영역으로 끌어올린 갑옷에 착안했다는 점이 신선하다. 굴곡진 면 등 조형적 측면과 더불어 갑옷을 몸에 걸치는 체격이나 동작을 커버하는 기능적인 면을 추구하면 더 좋은 모델로 발전할 수 있을 것으로 생각한다.

# 6. CATFISH
곤 테츠야

■ 모티브 : 아마존의 메기
이 메기는 물속의 썩은 나무를 먹고 사는, 자연환경의 파수꾼이다.

■ 연비효율이 좋은 삼륜전동차는 저항이 적은 자연친화적인 에코 스타일(echo style)을 하고 있다.

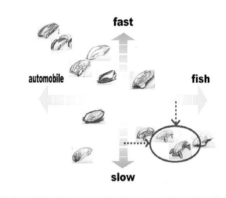

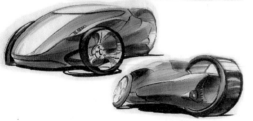

● 보통 어둡고 탁한 담수에 사는 메기는 특별하지 않은 탓에 그다지 주목 받지 않는 물고기지만, 이 작품은 그런 평범한 메기에 주목함으로써 그 매끈한 폼이 주는 특징을 잘 잡아내고 있다. 작자가 메커니즘(mechanism) 지식이 상세하다는 것을 느낄 수 있다.

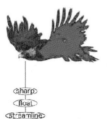

■ 모티브 : 독수리
푸른 하늘을 우아하게 날아다니는 독수리는 바람을 친구로 삼을 만큼의 날렵한 폼에 날카로운 부리와 눈, 먹이를 단단히 움켜쥐는 다리가 특징이다.

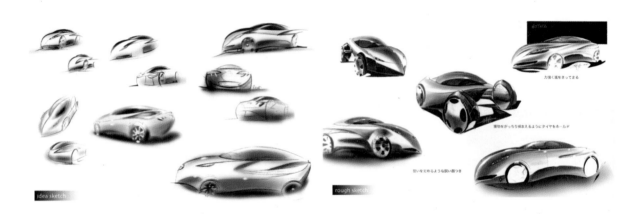

idea sketch

rough sketch

- Striking × Impact -
go flying along on a

■ 날카로운 부리와 눈을 가진 GT(Gran Turismo,장거리 · 고속 주행용의 고성능 자동차) 스타일의 폼은 대지를 단단히 움켜쥐고 바람과 함께 날아갈 것처럼 달린다.

● 이 작품은 날카로운 부리와 계속해서 이어지는 머리 부분 그리고 눈의 특징이 잘 포착되어 사실적으로 조형되어 있다. 꼬리 부분의 처리와 뒤쪽의 기능적인 폼을 좀 더 가다듬으면 더욱 매력적으로 보이지 않을까 한다.

# 8. SQUID - Speed Strength
후지카와 신페이

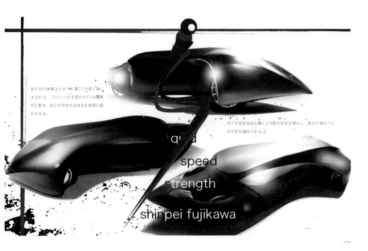

■ 모티브 : 오징어

오징어는 바다 속에서 앞뒤로 자유롭게 이동할 수 있다. 주변 환경에 맞춰 색을 바꿔 빛나게 할 수도 있다.

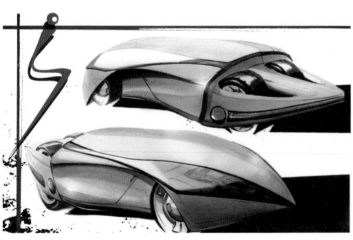

■ 오징어는 바다 속에서 자유롭게 앞뒤로 움직일 수 있는, 뛰어난 유영기술을 갖고 있다. 그 형태와 제어기술을 모티브로 폼을 그린 것이다. 한 눈에 봐도 오징어를 연상할 수 있어서 이 과제로는 좋은 작품이다. 이 작품의 스케일 모델에는 형광도료가 칠해져 있어서 암실에서 섬뜩하게 빛나도록 되어 있다. 그런 탐구와 창조의욕은 높이 평가할만하다.

● 이 작품은 오징어의 형상과 환경에 맞춰 색을 바꾸는 특징 등에 착안했다는 점이 흥미를 끈다. 이 모델에는 적외선에 의해 섬뜩하게 빛나는 특수도료가 칠해져 있어서 프레젠테이션에서 모두를 깜짝 놀라게 했다.

# 5-3 카토피아 디자인 - Ⅱ PACKAGING DESIGN

■ 4명이 탑승하기 위해서는 어떤 치수가 필요한지 입체적으로 체감한다.

■ 자동차 주요부품의 실루엣을 3도면에 배치해 전체적인 기본 실루엣 (silhouette, 윤곽의 안을 검게 칠한 얼굴 그림)을 설정한다.

■ 동시에 메커니즘이나 기능, 스타일 관계를 배운다.

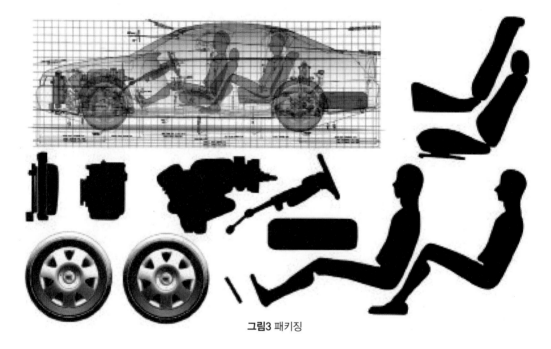

그림3 패키징

■ 자동차는 몇 천개의 기능성 부품으로 구성되어 있다. 자동차의 기본형은 타이어나 탑승객, 화물 등 주요한 인자의 크기나 배치에 따라 스타일이 정해진다. 이런 것에 관한 일련의 계획을 자동차업계에서는 패키징이라고 부른다. 이 학습은 자동차의 기본성능과 구조, 스타일링 관계에 대해 패키징을 통해 배운다. 학습은 처음에 그림3과 같이 1/4 크기의 주요 부품 실루엣이 전달되고, 그것을 토대로 자신이 생각한 소형차를 디자인한다. 학습 중에 기능을 배우기 위해 플라스틱 모델 제작을 과제로 부여 받는 경우도 있다. 플라스틱 모델을 만들어 봄으로써 부품 이름이나 엔진과 변속기 관계, 타이어에 동력이 어떻게 전달되는지 여부, 타이어가 핸들에 의해 어떤 식으로 움직이는지 등 기능과 형상 관계를 배울 수 있다.

■ 트랜스포테이션 Ⅱ에서는 패키징을 중심으로 경자동차 등, 공간적으로 여유가 없는 자동차를 테마로 각 부품을 배치하면서 학습하게 된다.

# 1. HAYABUSA

마에다 아츠시

■ 리컴번트(recumbent, 가로누운) 자전거는 새로운 삼륜 자전거다.

■ 리컴번트 자전거에 작은 모터를 장착하면 매처럼 빨리 달릴 수 있다.

● 이 작품은 자전거의 경쾌함과 공력적 폼, 전동 어시스트 모터를 장비한, 건강하고 생태학적인 3륜 자전거다. 군더더기 없는 구조와 경쾌한 기능미를 살린 점이 평가 받을 만하다.

자유롭고
캐주얼한 스타일

취미 용품을 가득 싣고
신나게 질주한다

차고조정과
온로드
(on-load),
오프로드
(off-load)모드를
선택할 수 있다

오버 펜더나 사이드 실 커버는 몇 가지의 옵션을 통해
개성을 연출할 수 있다

■ 젊은이는 다양한 취미를 갖고 있으면서 윤택한 생활을 즐기고 있다. 젊은이의 다채로운 취미에 걸맞게 커스터마이즈할 수 있는, 스포티한 픽업트럭을 타깃(target)으로 하고 있다. 취미생활에 사용하는 장비들을 맘껏 실을 수 있는 스포츠 픽업은 새로운 취미생활을 확대할 것이다. 전방 시야를 좋게 하는 비스듬한 필러 라인이 후방으로 이어지면서 스포티한 사이드 윈도우를 만드는 동시에 그 라인의 연장선으로 만들어진 화물공간에는 취미 용품을 가득 싣고 신나게 질주한다.

● 이 작품은 취미 용품을 자전거 등의 비율에 맞춰 먼저 짐칸 넓이를 설정하고 있다. 자신의 취미를 자랑하면서 달릴 수 있도록 하는데 착안했다는 점도 좋다.

# 3. COUPLA
우타다 미키히코

■ 수많은 운전경험을 갖고 있으면서 맞벌이를 하는 중년 커플은 자동차의 중요한 포인트를 알고 있다. 두 사람만의 편안한 시간과 공간을 누릴 수 있는 실내가 포인트다.

● 이 작품은 평면 레이아웃 검토와 동시에 간이 목업을 만들어 패키징을 입체적으로 계획하고 있다는 점이 평가받을만 하다.

# 4. 2×2 WHEEL SPORTS

마가사카 켄

■ 사륜이 아니라 2륜×2륜으로 부드럽게 달리기 때문에 전동 모터로 구동되는 바퀴를 고도의 제어기술로 컨트롤함으로써 보디 전체로 달리고, 돌고, 서게 된다. 보디 전체로 제어하기 때문에 동물에 가까운 자연스러운 운전을 즐길 수 있다.

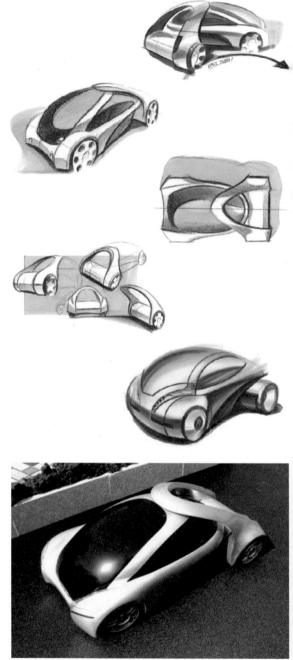

● 이 작품은 파워 유닛과 탑승객 공간이 분리되는 패키징으로 구성되어 있어서 차체 전체에서 주행을 제어하게끔 만들어진 스타일이라는 점이 평가 받을만하다.

# 카토피아 디자인 - Ⅲ CONCEPT DESIGN

■ 저자는 학생들에게 「약효가 없는 약은 먹을 필요가 없다」는 말 그대로 「개념이 없는 디자인은 평가할 필요가 없다」고 가르치고 있다. 개념에 따라 똑같은 스타일이라 하더라도 좋거나 나쁜 식으로 평가가 달라진다.

■ 사람들 대부분의 삶이라는 것이 이동이나 교통에 의해 하루하루의 생활이 영위되고 있다. 통근이나 통학, 물건 사기, 레저 등 매일같이 이동하지 않는 날이 없는 것이다. 개개인의 이동방법이나 교통수단은 아주 다양하다고 하겠는데, 거기에 사용되는 기기도 다양해야 할 것이다. 10년 뒤의 이동생활에 있어서 편리하고 쾌적한 이동기기를 생각해 보자. 자동차는 말할 것도 없고 유모차나 자전거, 스쿠터, 3륜 바이크, 승용차, RV 등 어딘가 생활에 맞지 않는, 개선해야할 문제점이 있다. 지금까지 설명했듯이 개념이란 사고방식이나 개념을 말하는데, 그것을 문맥을 통해 하나의 스토리를 만듦으로써 상대에게 그 생각을 전달하는 것이다. 매력 넘치는 이동기기에 관한 스토리를 창작해 사용자에게 제시하면서 그 스토리에 등장하는 이동기기를 디자인하는 것이 이 학습의 목적이다.

■ 10년 후의 젊은이들 생활을 예측해 개념을 설정하고, 아이디어를 끄집어내 모델로 표현하는 것이 과제다. 스타일과 함께 구체적인 5W1H를 설정함으로써 문맥 속에 등장하는 사용자와 이동기기 · 자동차에 관한 스토리를 제시하고, 마지막 해피엔드 장면에서의 디자인을 제안하는 것이다.

■ 스토리는 기승전결이 필요하다. 신문과 마찬가지로 큰 타이틀이나 그것을 보충해 주는 서브 타이틀도 필요하다. 그리고 5W1H에 관한 자세한 설명으로 생생한 상황을 전달할 수 있다. 깔끔하고 간결한 문장이 될 수 있도록 착실하게 학습을 해두어야 한다. 디자인 스토리는 스케치나 사진으로 설명하는 것이 최선이다. 긴 설명문보다 1장의 스케치나 사진쪽이 웅변적으로 전달하는 힘이 있는 것이다.

■ 디자인의 마지막 장면은 해피엔드여야 한다. 주인공과 이동기기와 그 장면이 조화를 이뤄서 드라마틱하게 끝나는 것이 중요하다. 최종 제출물로서 점토 모델과 더불어 패널과 PC를 사용한 슬라이더로 개념 프레젠테이션이 필요하다.

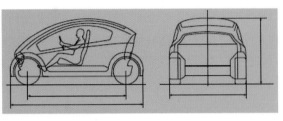

■ 가족들이 여유로우면서도 즐겁고, 단란하게 지낼 수 있는 자동차, 그것이야 말로 패밀리카의 필수 조건이라 할 수 있다. 시트와 도어를 자연스럽게 배치할 수 있게 함으로써 마음이 통하는 가족공간으로 탈바꿈한다.

● 이 작품은 가족끼리 여행이나 외출을 나갔다가 자연 속에서 즐겁게 얘기하거나 식사를 하고 싶을 때는 문을 쓰러뜨려 사용하면 되며, 심지어 낮잠까지 잘 수 있도록 고안되어 있다. 단란한 가족의 공간을, 자연 속에서 만끽할 수 있다면 얼마나 즐거울 것인지 일러스트가 잘 대변해 주고 있다. 모델만을 보면 일반 2박스 차로밖에 보이지 않지만 일러스트가 웅변적으로 디자인 개념을 말하고 있다. 개념 디자인 과제로서는 뛰어난 작품이라고 평가할 수 있다.

# 5-4
## 카토피아 디자인-Ⅲ

# 2. SNOW LIFE CAR - DUAL EDGE
이시카와 아쯔시

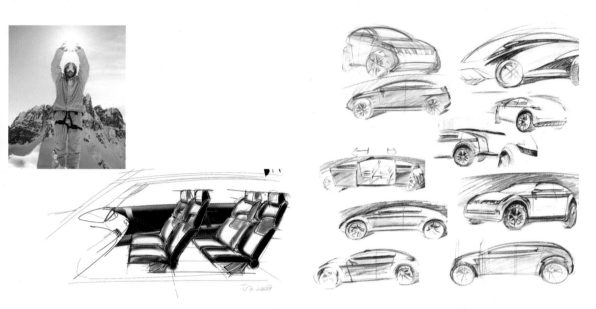

■ 이 작품은 스키 여행을 위한 왜건을 제안한 것이다. 2개의 스키 패널에서 따서 DUAL EDGE라고 이름 지었다. 스키장까지는 고속으로 운전할 수 있도록 스포츠 왜건에 어울리는 공기역학적 폼을 하고 있다. 스키장으로 현장조사를 많이 다녀본 결과, 다수의 외장과 내장 스케치가 남겨짐으로써 과제에 대해 충실한 제안을 하고 있다. 제안하려는 스타일과 스키 장면이 갖추어 졌다면 더 매력적인 컨셉트 제안이 되었을 것으로 생각한다.

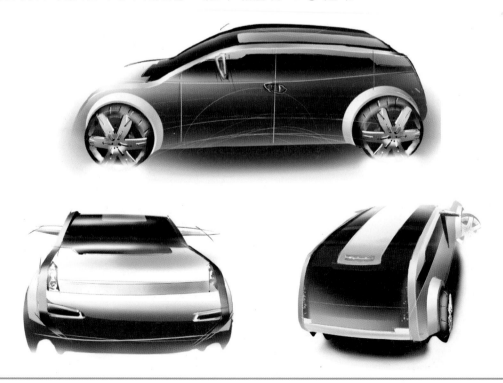

# 3. OASIS for YOUNG
시마다 요시히로

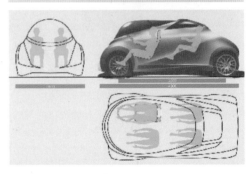

■ 오아시스 푸른 하늘과 아름다운 경치를 바라보면서 친구와 함께 운전하기도 하고, 이야기를 나누는데 여념이 없는, 마음의 오아시스를 연출하고 있다.

● 이 작품은 친한 친구와 따뜻한 남쪽 바닷가를 운전하며 즐긴다는 배경을 하고 있다. 높은 탑승위치를 통해 경치를 즐기면서 친구와의 즐거운 대화공간이 연출되고 있는 등, 말 그대로 젊은 세대의 오아시스라는 이름에 맞게 원박스(one box) RV 스타일을 하고 있다. 뒷자리 승객의 아래 부분과 후방의 짐칸 공간 등으로 설정되어 있지만, 짐이나 놀이기구 등이 패키지 드로잉으로 그려졌다면 왜 승차위치가 하이 포지션을 하고 있는지 쉽게 이유를 알 수 있을 것으로 생각한다. 스케치 표현력이나 배경 설정은 아주 뛰어나다.

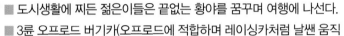

■ 도시생활에 찌든 젊은이들은 끝없는 황야를 꿈꾸며 여행에 나선다.

■ 3륜 오프로드 버기카(오프로드에 적합하며 레이싱카처럼 날쌘 움직임과 안정된 점프를 즐길 수 있다. 바닥에서부터 차체까지의 폭이 몬스터트럭보다 낮아 빠른 스피드로 점프 및 다양한 묘기 주행을 할 수 있다.)라는 개념을 설정했다.

■ 와이드 타이어로 대지를 단단히 움켜쥐고는 후륜 서스펜션으로 쾌적하게 달린다.

● 떠들썩한 도시를 떠나 젊은이 혼자서 광대한 황야를 향해 여행에 나선다. 이 작품은 황야를 단단히 움켜쥔 3개의 타이어를 기능적으로 배치함으로써 매력 넘치는, 공상적 오프로드 3륜차를 제안하고 있다. 사람과 이동기기와 환경을 연결하는 개념이 독립적인 상태를 이루고, 조금 더 그 관계를 시각적으로 표현했다면 현실적인 개념으로서 어필했을 것이라 생각한다.

# 5. SCION
## 나가사카 켄

■ 10년 후 젊은이의 하루를 예측했다. 바쁜 일과에서 해방되어 애인과 함께 저무는 석양을 보기 위해 바람을 가르면서 드라이브를 즐긴다.

■ 이 작품은 도시 속에서 직장에 다니는 독신 회사원의 하루를 조사한 다음 주말이나 일과 후에 즐길 수 있는, 시원스러운 오픈카를 제안하고 있다. 멋진 스타일의 스포츠카가 아니라 세밀한 자료조사를 토대로 제안하고 있다는 점이 높게 평가 받을만하다. 애인과 함께 저무는 석양을 보기 위해 떠날 때, 이런 차가 있으면 얼마나 행복할까에 대해 제안한 사람의 기분이 잘 전달되는 작품이라 할 수 있다.

■ 마음가는대로 자유롭게 여행하는 백패커(backpacker), 이것을 지원하는 툴 감각의 왜건을 제안.

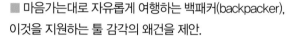

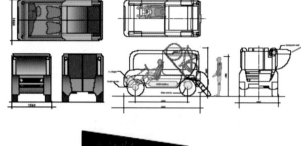

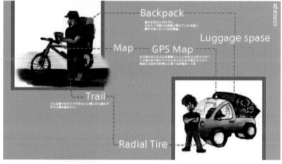

● 이 작품은 등에 배낭 하나 짊어지고 마음가는대로 자유롭게 혼자서 여행하는 것을 테마로 캐주얼하고 도구 감각적인 왜건 박스카를 제안한 것이다. 정말로 당장이라도 혼자 떠날 것 같은 자유로운 캐릭터와 제안하는 차량의 스타일도 이 개념에 아주 잘 어울리는 등, 뛰어난 개념 디자인을 하고 있다. 일련의 프로세스에는 작가의 에너지 넘치고 순수한 성품을 엿볼 수 있어서 상당한 호감을 갖게 된다. 설명하는 글이 하나도 없어도 작가가 의도하는 바를 읽어낼 수 있는 좋은 작품이다. 여행지의 경치나 모습을 조금 더 고민하면 더 이미지를 끌어올릴 수 있을 것이라 생각한다.

# 7. HOBBY SPACE GEAR for YOUNG
**이토 가즈히코**

■ 퍼골라(pergola, 덩굴을 지붕처럼 올린 정자 또는 작은 길)가 있는 RV

10년 후 도시의 젊은이는 정보 미디어에 대한 스트레스에서 벗어나 아웃도어에서 놀게 된다.

RV차의 사이드 도어를 들어 올려 퍼걸러로 만들었다.

■ 아웃도어를 향해 멋스러운 퍼골라가 연출된다.

■ 다양한 취미를 갖고 있는 친구들의 취미 공간.

---

■ 퍼골라가 있는, 안락한 공간의 조건

• 강인성, 주파성(走破性), 안락한 분위기.

• 사람이나 스포츠 장비도 가득 실을 수 있다.

• 차 안에서 독서나 잠도 잘 수 있는 넉넉한 공간.

• 문을 들어 올리면 아웃도어의 상징으로 변신.

■ 취미를 즐길 수 있는 밝고 개방적인 채광 지붕.

---

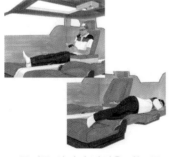

■ 독서를 하거나 낮잠을 자는 등, 집에 있는 것 같은 기분.

■ 지붕으로 바뀌면서 퍼골라 감각을 연출.

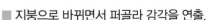

■ 장난감을 만들거나 그림을 그리는 화실을 연출.

■ 거리에서 한바탕 땀을 흘리고.

■ 4명이서 스노 보드 은세계를 향해.

■ 아웃도어에서 즐겁게.

● 이 작품은 다채로운 취미에 맞춰 실내를 다목적으로 사용할 수 있도록 치밀한 패키징 검토를 토대로, 활동적이고 창의적인 젊은이의 취미 공간으로 제안하고 있다. 아웃도어를 위한 접점인 사이드 도어를 퍼골라처럼 자연스러운 그늘로서 상징적으로 연출함으로써 스토리 전개를 돋보이게 하고 있다. 그리고 개념 그대로 취미에 맞게 이용되는 다양한 상황이 상세하게 묘사되어 개념 디자인으로서 높게 평가 받을 수 있다. 개념을 통해 사람의 생활을 이렇게 표현하고 싶은 것이다.

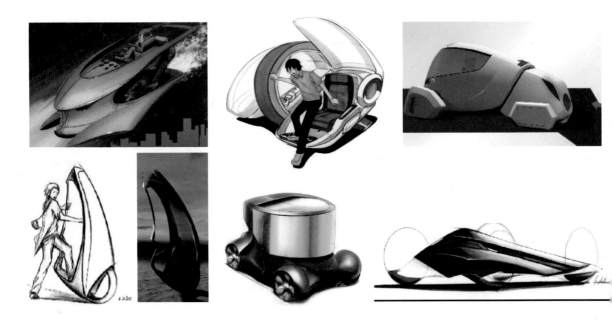

■ 학생들의 예측과 꿈은 다양하다. 예상되는 몇 십 년 후의 시대환경에 이와 같은 자동차나 이동기기가 사용될 가능성이 있다.

■ 개념 디자인이 약 10년 후의 디자인을 감안한 것인데 반해 어드밴스 디자인은 50년 이상이나 앞선 미래의 라이프스타일과 기술, 사회 환경을 예측함으로써 그 환경과 새로운 라이프스타일에 조화를 이루는 새로운 디자인을 생각한다. 미래의 방향을 상상하는 것부터 거기에 있을 법한 디자인에 대해 논거를 갖고 제안한다. 미래의 교통이나 자동차의 존재를 헤아림으로써 현재의 디자인 방향이 시야에 들어온다.

■ 3장에서 설명했듯이 50년 이상의 미래를 예측하는 것은 대단히 어려운 일로서, 새로 만들어 낼 수조차 없을 것 같은 가치관의 변화나 사회변화, 기술혁신이 일어나리라는 것을 역사가 보여주고 있다. 30년 전에 현재와 같은 컴퓨터나 휴대전화의 보급은 예측할 수 없었다. 자동차에는 많은 컴퓨터가 탑재되면서 안전이나 연비를 관리하고 있다. 50년 전에는 예상하지 못했던 석유연료의 고갈이나 환경오염의 심화는 국제사회의 커다란 고민거리로 등장했다. 만약 화학연료가 고갈되면 어떻게 될까? 만약 IT기술이 더 진보하면? 만약 어떤어떤 일이 일어나면? 등등의 수많은 가설이나 전제를 바탕으로 미래환경과 기술을 예측하는 것이 가능하다. 디자이너는 이미지를 창조하는 기술자로서, 자유롭게 미래상을 그릴 수 있으며 그에 따른 아이디어나 꿈을 과학적으로 예측하는 것이 요구된다. 이 과제는 말하자면 SF(science fiction)와 같은 것이다. 과학적인 논거를 갖고 미래상을 그려나가야 하는 것이다.

■ 과제 : 50년 이상의 미래에서 우리가 탈 자동차나 미래의 생활에 대해 4~5명이 그룹을 이루어 서로 의견을 나누면서 사회, 기술, 환경 동향을 조사하고 미래의 생활을 예측해 본 다음 그 결과를 패널로 보고하도록 한다. 사람과 사물, 환경에 대한 종합적 예측에 기초해 각자 그 시대의 환경에 어울리는 승용차를 포함해 트랜스포테이션 기기의 미래상을 제안하도록 한다.

# 1. 사물

우타다 미키히로

■ 초고층 빌딩으로 가득한 미래의 도시생활에서는 빼곡한 건물 속을 종횡무진 자유롭게 이동할 수 있는 1륜차가 편리하다. 1륜차의 중심을 자이로(gyro)기술과 제어기술을 사용해 종횡 이동의 꿈을 실현한다.

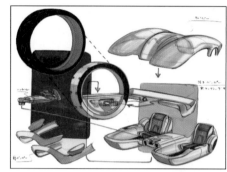

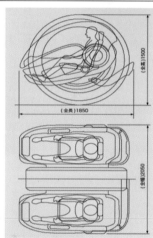

● 이 작품은 50년 후 대도시의 고층 숲 속에서 직접 상하이동을 할 수 있는 자동차를 제안한 것이다. 자이로기구와 빌딩의 측벽에 설치된 레일 시스템에 의해 평면이동과 상하이동이라는 입체적 이동을 심플한 1륜차로 제안하고 있다는 점이 독특하고 독창적이어서 평가 받을만하다. 자기부상 열차나 초전도차, 자이로스코프(gyroscope)나 자세제어 등과 같은 미래의 기술적 예측을 덧붙이면 더 현실성을 어필(appeal)할 수 있을 것이다.

# 2. SEA EXPLORER
**나리타 아츠시**

■ 지구인들이 초래한 배기가스 등의 영향으로 인해 지구 온난화가 진행되면서 많은 도시가 물에 잠기게 되고 살아남은 사람들은 수몰된 물속 도시를 조사하기 위해 물 위를 고속으로 달릴 수 있는 이동기기가 필요하게 된다.

■ 기민하게 이동하기 위해 별도의 실내공간 없이 드라이버는 호흡장비만 갖춘 웨트슈트 (wet suit,합성 고무로 만든 잠수복의 한 종류. 몸은 젖지만, 몸과의 사이에 들어간 물이 체온으로 따뜻해져서 보온 효과가 있다)를 입고 개인용 바이크를 모는 감각으로 물속과 물 위를 자유롭게 이동할 수 있는 이동기기를 제안한다.

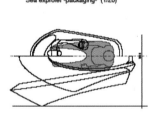

Sea exproler -packaging- (1/20)

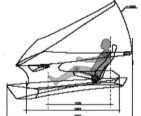

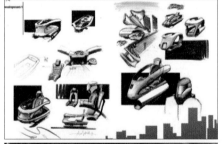

● 이 작품은 주로 물속과 물위를 이동할 수 있는 새로운 이동기기를 제안하고 있다. 유체역학을 바탕에 두고 있어서 바닷물을 유체(流體)로서 제어하기 때문에 물위를 신속하게 이동할 수 있는, 개인용 이동기기를 의도한 것이다. 지구의 태반은 바다로 덮여있다. 미래에 예측되는 바다의 확장은 현재의 배가 갖고 있는 기능에 새로운 이동기기로서의 기능확대와 아이디어를 포함하고 있다는 점에 주목이 간다. 새로운 환경에 대한 문제의식과 풍부한 상상력을 높이 평가하고 싶다.

# 3. AMPHIBIOUS CAR
오모리 신스케

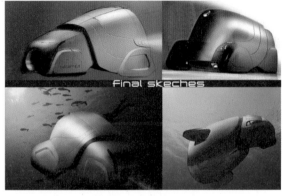

■ 해변의 리조트를 찾아 온 커플. 아름다운 해안과 물속을 마음껏 여행하고 싶어할 것이라고 생각한다.

■ 일본과 같이 섬으로 이루어진 나라는 전 세계에 있다. 그리고 해안선이 긴 반도국가에서도 육상과 바다를 자유롭게 이동하며 놀 수 있다면 얼마나 즐거울 것인가. 물고기와 함께 즐거운 수중 산책을 즐기는 수륙양용 이동기기가 새로운 생활의 틀을 넓혀간다.

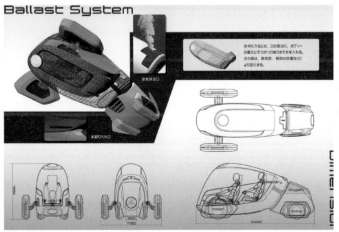

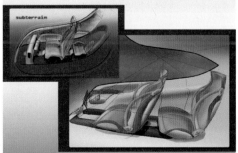

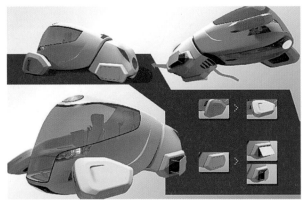

● 이 작품은 해변 리조트용 관광전용 차량을 잠수기술과 자동차를 융합시킴으로써 타이틀에서 보듯이 수륙양용차인 「amphibious car」를 제안하고 있다. 물속과 육상에서 「달리고, 도는」 현재의 기술을 정확히 조사해 그에 따른 미래기술을 예측하고 있다는 점이 평가 받을만하다. 작자는 CG와 CAD를 잘 하는 듯, 이미지를 그려낸 테크닉이 상당히 유리하게 작용하고 있다. 물속을 산책하는 장면은 미래의 생활 범위를 넓히는 꿈을 구체적으로 표현하는 것으로서 높이 평가할만하다.

# 4. BOW
후지카와 신페이

■ BOW는 가볍게 서 있는 자세로 달리는, 잠깐씩 타는 1륜차이다. 자이로 기구와 제어기술이 바람과 함께 달리는 서핑 감각의 새로운 전동 1륜차를 가능하게 했다. 활 모양의 심플한 바우를 붙잡고 중심이동으로 운전한다.

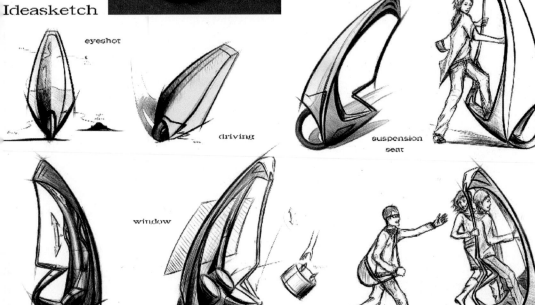

● 대학구내나 넓은 빌딩 숲 사이를 쌩쌩 달릴 수 있는 이동기기의 제안이다. 이런 퍼스널 모빌리티(personal mobility)가 있다면 얼마나 즐거울까. 이미 세그웨이(segway 전기 모터를 이용하여 타는 보드의 하나. 보드 위에 올라서서 핸들을 잡고 앞으로 몸을 숙이면 전진하고 반대로 몸을 뒤로 비스듬히 누이면 후진한다) 등이 개발된 상태여서 이런 1륜차는 기술적으로 현재도 가능하다. 이런 것들을 가능하게 하는 미래의 사회 기반시설 예측이나 사람의 욕구변화 등과 같은 고증이 있으면 더 현실성이 있는 매력적인 제안이 되었을 것이라 생각한다. 젊은이의 자동차 이탈이 일어나고 있는 요즘에야 말로 이런 스트리트 감각의 캐주얼한 이동기기가 필요한 것인지도 모른다. 신선한 기획제안으로 평가할만하다.

# 5. RAMBLA
## 오츠카 유

■ 미래의 도시는 고층빌딩이 통합되면서 거대한 피라미드형 도시구조물로 진화하게 된다. 이런 미래 도시의 교통 매체로 RAMBLA를 제안한다.

SCALE PLAN 1

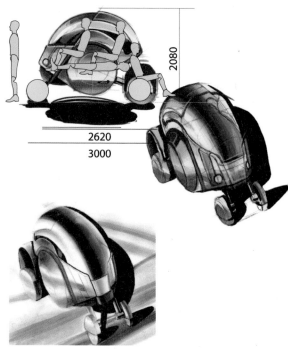

2080
2620
3000

● 이 작품은 대도시가 고층 빌딩 숲을 이루게 되면서 빌딩끼리 서로 통합되는 피라미드형 도시공간을 가설로 삼고, 그 공간을 이동하는 이동기기로 제안하고 있다. 미래의 도시는 피라미드 형상의 거대도시라는 것을 전제로 삼아 그 시스템과 융합하는, 3D 이동이 가능한 이동기기다. 도시구조의 기본이라 할 수 있는 3D 삼각구조의 인프라를 이용해 고속으로 왕래하는 미래의 트랜스포터를 고안한 것이다. 미래학적 작업가설로서의 제안으로서, 아주 흥미로운 작품이다.

# 6. ASHI CAR
스가이 히로시

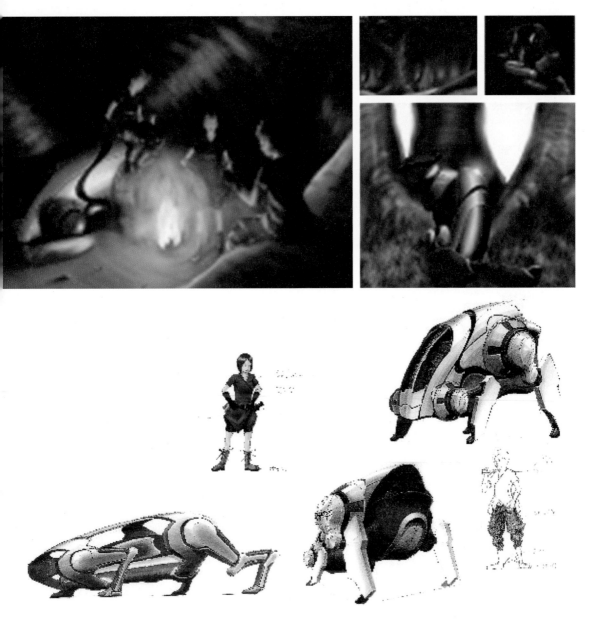

● 이 작품은 100년 후 도로에 의존하지 않고 숲이나 초원을 자유롭게 이동할 수 있는 이동기기가 출현하게 된다는 것을, 풍부한 발상으로 이미지화한 것이다. 현재의 자동차는 인공적인 고속도로나 포장도로에 의존함으로써 지구에 살고 있는 생물에게 있어서 도로는 이동의 자유를 방해하는 환경파괴 자체라는 사실에 주목하고 있다. 따라서 도로가 없는 자연상태에서 이동이 가능한 이동기기를 제안하고 있는 것이다. 숲에 사는 동물로부터 그러한 이동 기능과 구조를 배우며, 그 에너지원은 식물로 되어 있다. 새로운 생물진화론, 바이오미미크리(bio-mimicry, 생체모방)적 발상이 독창적인 것은 물론이고 사용자의 패션까지 제안함으로써 생활 모습까지 함께 나타낸 점이 높이 평가 받을만하다.

■ 졸업작업 · 제작

4학년이 되면 학습I~IV에서 배운 디자인 기술을 바탕으로 연구 테마를 설정한 다음 관련 사항을 조사하고 객관적인 데이터를 토대로 분석과 고찰을 하면서 졸업작품을 제안하게 된다. 지금까지 배워 온 트랜스포테이션 학습기술과 지식을 이용해 더 고도의 검증을 포함한 작품을 제안해야 한다. 과제와 마찬가지로 사전에 연구실에서 설정된 틀인 「개인용 미니멈 비클」「공공교통 기기」「배송」「교통 시스템」「물류」「기타 육해공 비클」「로봇」「포스트 화학연료」 등의 영역에서 하나를 골라 더욱 개인적인 테마로 주1회의 세미나를 거치면서 교수와 토의를 하고 숙제와 조사연구, 실험 등의 프로세스를 통해 졸업연구 논문과 작품을 제출하는 것이 의무로 정해져 있다.

■ 세미나에서는 반드시 개념이나 제안에 관한 논거가 되는 자료, 조사한 내용 등을 제출해야 하기 때문에 그 내용을 정리하고 매주 반복해서 발표하는 것으로 프레젠테이션 학습을 대신하고 있다. 1년 동안 진행되는 졸업연구지만 연구내용에 대한 논문이 제출되며, 발표 자격이 있는 학생은 최종 졸업연구 발표가 허용된다. 모든 교수가 출석한 상황에서 연구내용이 심의되는데, 긴장된 분위기 속에서 발표가 이루어진다. PC 슬라이드와 모델을 갖고 5분 정도의 발표가 끝난 다음에는 날카로운 질문이 쇄도하는데, 정확하게 답변하는 것도 심의 대상이다. 졸업연구 발표 후, 학교를 벗어난 장소에서 일반인들을 대상으로 작품에 대한 「졸업연구 제작 전시회」가 열리게 된다. 학생들은 내방객들에게 자신의 작품에 대한 평가를 청취함으로써 살아있는 디자인 공부를 하게 된다.

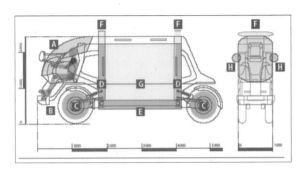

■ 지진이나 수해, 풍해 등 큰 화재가 많은 일본에서 대부분의 구급차량은 트럭을 개조한 것으로서, 만일의 경우 도로가 끊어졌거나 막혀서 현장에 갈 수 없는 경우가 있을 수 있다. 구급차에 대한 상황을 조사해 보고 구급차 전용으로 개발했을 경우 어떤 디자인이 적합한지를 조사에 기초해 제안한다.

● 이 작품은 소방서 등의 취재 인터뷰 조사를 통해 현재의 구급차에 대한 문제점을 명확하게 밝히고 있다. 아무리 뛰어난 구출장비나 의료장치를 갖추고 있다 하더라도 대지진 등이 발생했을 경우 현장에 도착하지 못하는 점은 최대의 문제점이라 할 수 있다. 따라서 장애물 돌파능력의 향상을 위해 차량의 전폭을 줄이고 상황에 따라 트레드 변경 등을 제안하고 있으며, 긴급출동 데이터를 통해 관련구명 도구의 최적 레이아웃 등 패키징의 최적화까지 연구하고 있다. 모델 완성도도 높아서 졸업연구로서는 뛰어난 작품이다.

■ 창공에 떠 있는 열기구 풍선처럼 거리를 소리 하나 내지 않고 미끄러지듯이 질주한다. 자이로기술과 연료전지를 사용한 깨끗한 3인승 시티 커뮤터(city commuter, 도시 통근자)다. 현재 차에 대한 젊은이의 인식으로 다음과 같은 사항에 유의한다.

- 자신의 몸에 적합한 차만 흥미를 갖는다.
- 자동차는 예전처럼 동경의 대상이 아니다.

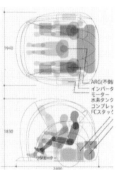

● 이 작품은 젊은이의 일상적인 라이프스타일을 조사해 「편안함」, 「친구와의 만남」 그리고 「패션가에서의 쇼핑이나 잡담」 등을 추출함으로써 명확한 개념을 설정하고 있다. 젊은이의 꿈을 열기구 이미지로 변화시킨 스타일도 매력적이며, 볼록한 면의 생기 넘치는 느낌 등이 잘 표현되어 조형적으로도 높이 평가할 수 있다. 자세를 제어하는 자이로기구 등 기술적인 요소를 더 탐구하면 완성도가 높아질 것이다. 젊은이를 나타낸 선 그림의 개념 스케치는 캐주얼한 스트리트(street) 패션을 잘 표현하고 있다.

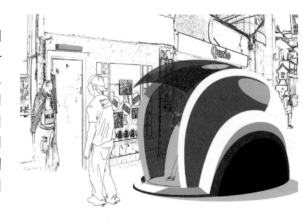

# 3. PUBLIC DEMAND VEHICLE : SMILE

가와이 노리아키

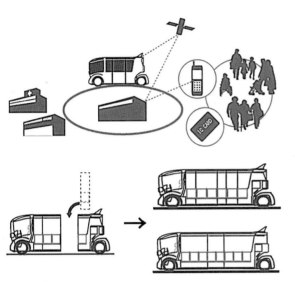

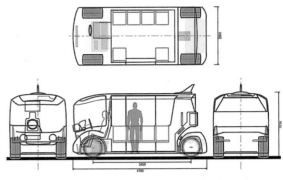

■ 지역생활의 발, S-mile : 친숙함이 넘치는, 스마일을 가진 도시의 발이다. Smile은 스마트폰으로 위치를 알려주면 「바로 달려가겠습니다」라는 표어 하에, 편리하고 귀여운 택시와 버스의 장점을 살린 차다.

● 버스와 택시의 편리한 장점을 살린, 원박스 타입의 커뮤터를 제안한 것이다. 적자노선이 많은 공공 버스의 문제점을 조사한 다음 그 해결책으로, 휴대전화로 의사소통이 가능한 택시+버스의 기능을 집어넣은 공공의 이동수단이다. 몇 번이고 현장에 나가 자세한 조사를 함으로써 세세한 배려가 패키지나 스타일에 반영되어 있다. 과제에 어울리지 않게 연구 프로세스도 정통적이어서 죄송할 정도다.

# 4. LIGHT BAGGAGE TRICYCLE for GRANDMA & DAUGHTER

신교우치 히로미

외출이 잦은 노년층이 많은 것 같습니다.

노년층의 외출하는 곳을 조사해 보았습니다. 유적지가 많은 것 같습니다.

■ 우리 할머니와 나는 취미가 같은데, 그것은 당일치기로 여행을 가는 것이다. 전차를 타고 관광지나 유적지를 돌아본 다음 토산품을 사서 돌아오는 길에는 그날의 여러 가지 즐거웠던 일을 서로 이야기한다. 이런 두 사람을 위해 여행 짐을 싣고, 달리기도 하고 앉기도 하며 편히 쉴 수 있는 것이 있다면 더욱 즐거운 추억이 될 것 같다.

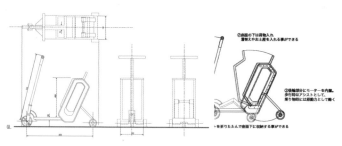

■ 「가방+의자+이동전차를 겸용할 수 있는 것」으로 아이디어를 펼친다.

■ 실제로 주행용 시작품을 만들어 주행실험과 수납기능을 확인한다.

● 이 작품은 고령화하는 일본 상황을 배경으로 타이틀에서 보듯이 할머니와 손녀의 당일치기 여행을 위해 짐과 의자와 이동기능을 겸비한, 휴대경량 이동차를 제안한 것이다. 테마의 설정이나 고령자의 근력에 관한 문헌 조사, 아이디어 전개 모두 잘 이루어져 있다. 더불어 여학생으로서는 드물게 실제 주행이 가능한 시작품을 만들어 실제 주행실험도 해 보았다. 그런 견실한 개발검증 자세까지도 포함해 모범적인 연구 작품이라고 할 수 있다. 다만 실험에 무게를 두었기 때문에 스타일에 아쉬움이 남긴 하지만 그런 적극적인 개발자세는 높이 평가할만하다.

# 5. PLASTIC MADE NEW STYLE

오모리 신스케

● 이 작품은 현재의 자동차 차체 대부분이 판금과 플라스틱으로 만들어져 있다는 점에 착안해 차체를 전부 플라스틱으로 만든다면 어떤 스타일이 가능할 것인지에 대해 제안한 것이다. 바닥에 벌집 조직의 합성 소재를 백본(backbone) 구조와 일체화시켜 열 성형하는, 강도가 다른 투명경질 플라스틱과 연질 필름 등, 성질이 다른 플라스틱의 조합을 제안하고 있다. 자동차 스타일을 소재를 통해 변화시킨 독창성이 평가 받을만하다.

# 6. LIGHT VAN for LADY'S DRIVER
나가사카 켄

■ 소형배송 이동기기에 관한 제안
여성이 사용할 수 있는 배송차량.

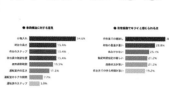

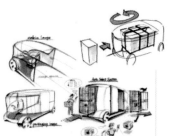

■ 운전자의 부담 경감과 안전성 향상, 작업 효율화.

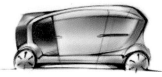

● 이 작품은 여성의 트럭 운전사 진출이 급속하게 증가하고 있다는 점에 착안해 새로운 소형배송용 밴을 제안하고 있다. 특히 편의점 등으로 물건을 배달하는 소형배송 트럭은 취급하는 물건도 가벼워서 여성이라도 충분히 사용할 수 있을 것으로 생각된다. 운송 센터나 배송지인 편의점을 몇 번이고 현장 조사함으로써 현재의 문제점을 명확하게 짚어내고 있다. 더불어 여성 운전자와도 인터뷰를 하는 등, 중점개선 항목을 설정해 아이디어를 전개하고 있다는 점도 평가할 수 있을 것이다. 소프트한 스타일은 여성 운전자로 하여금 자부심을 가질만한 배송차량이라는 생각을 심어줄 것 같다.

# 7. LIGHT TRACTOR for U-turn YOUNG

야마하타 마사노리

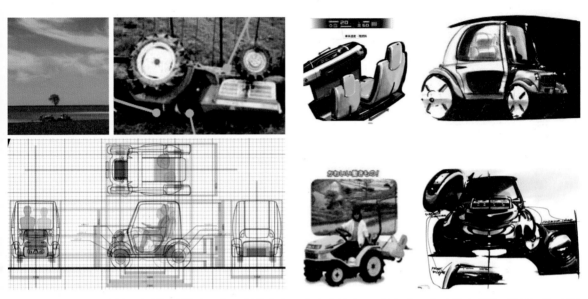

■ 도시를 동경해 고향을 떠나온 젊은이들의 U턴 현상이 증가하고 있다. 조사를 해보니 자연 속에서 자신의 가능성을 찾아내려고 하는 귀농 조짐이 보인다.

■ 현재의 농기계는 이렇게 U턴하는 젊은이의 소규모 부가가치 농업에 적당하지 않다고 할 수 있다. 전복사고도 많고 소규모 다품종 농업화에 특화된, 새로운 도시감각의 친근한 트랙터가 요구되고 있다.

■ 저중심, 작은 회전반경의 기동성, 다품종 농업, 풍부한 옵션 설정, 낮은 비용, 자연에서 도구 감각의 스타일.

■ 이 작품은 근래 젊은이들이 농촌으로 U턴하는 귀농현상에 주목함으로써 소규모 다품종 농업에 적합한 트랙터 디자인을 다룬 것이다. 사람과 물건, 환경이라고 하는 종합적 조화를 바탕으로 삼아 견실하게 디자인적 접근을 하고 있다는 점이 평가 받을만하다. 좀 더 구체적으로 농업 실태와 농기계와의 관계 등을 파고들면 더욱 젊은이들이 좋아할만한, 쉽게 손에 익숙해지는 트랙터가 완성될 것으로 생각한다.

# 8. SURF CARRIER
다카하시 마코토

■ 해안선이 긴 일본은 서퍼(surf)들의 천국이다. 그러나 그런 서퍼의 기지가 되고, 젖은 수트나 서프보드(surf board)를 실을 수 있으면서 샤워 기능 등을 갖춘 자동차는 아직 없다. 염분에 강하고 드넓은 바다에 굴하지 않는, 존 재감 넘치는 캐리어를 제안한다.

● 이 작품은 서퍼를 위한 도구감각의 자동차를 디자인했다는 아이디어가 흥미롭다. 대학 근처의 해변을 찾아가 서퍼들의 생생한 목소리를 듣고 조사한 결과를 바탕으로 아이디어를 전개한 것이다. 해변 모랫길도 거뜬하게 타고 넘을 수 있는, 저상 더블 타이어를 베이스로 하는 패키징도 잘 구상되어 있다. 서프보드의 적재나 물세차가 쉽다는 점 등 철저한 도구로서의 헤비 듀티 디자인(heavy duty design)이 독창적이어서 평가 받을만하다.

# 9. RAINY CAR DOWN the STREET

히데마사 코마츠

■ 비가 많은 일본과 비가 내리지 않는 건조한 나라의 자동차가 똑같은 스타일인 것이 적절한가? 비 오는 날을 즐길 수 있는, 하드와 소프트에 관한 아이디어를 제안한다.

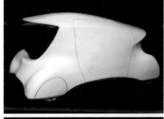

■ 하　드 : 젖은 노면에서도 미끄러지지 않는, 사각에 배치된 레인 타이어
　　　　: 진흙을 튀기지 않도록 전체가 둘러싸인 휠 커버
　　　　: 빗물이 붙지 않는, 역경사의 프런트 레인 실드
　　　　: 젖은 신발을 벗고 지내는, 일본적 감각의 실내
　　　　: 자연스러운 빗소리를 즐기면서 소음을 제어할 수 있는 음과 소리의 연출
　　　　: 젖은 우산을 건조 처리하는 전용수납 박스

■ 소프트 : 빗물이 잘 흘러내리는 매끈함에 투명감과 윤기가 도는 신 보디 컬러
　　　　: 비가 내려도 굴하지 않는 강렬한 스타일
　　　　: 저광택 처리된, 타인을 배려한 야간 조명

■ 일본은 비를 주제로 한 시가 많을 뿐만 아니라 일상 속에서 비를 잘 조화시켜 마음의 정취로 다루어 왔다. 이 연구는 자동차와 비를 주제 삼아 일본의 풍토를 바탕으로 한, 아주 흥미로운 연구로서 주제의 착안점이 좋다고 하겠다. 일본의 마음 속 뿌리를 출발점으로 삼아 관련된 기능과 스타일을 교묘하게 융합시킴으로써 독창성이 높은 스타일로 완성시키고 있다. 지역적인 기상조건이나 환경적 특성을 바탕으로 풍토와 제품을 융합시키려 하고 있다. 제품 디자인의 새로운 개발 방법을 제시한 것으로서, 모범이 될만한 작품이라고 생각한다. 국적불명의 자동차나 제품이 범람하는 현재, 지역적 특성을 잘 반영시킨 개성적 디자인의 개발과 새로운 전통의 창조가 급선무라 하겠다. 그런 의미에서 이 연구는 새로운 디자인의 모색의 빗장을 푼 작품이라고 평가 받을만하다.

# 5-7 유명 전시회 참가 작품 CANADA STUDENT CAR DESIGN COMPETITION

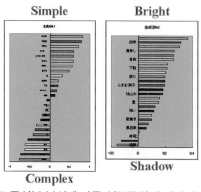

■ 주성분 분석에 따른 일본문화의 개념파악

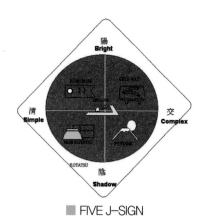

■ FIVE J-SIGN

■ 주성분 분석 결과를 토대로, 일본의 상징물을 모아 아이디어 전개를 위한 참고자료로 삼았다.

■ 2005년 캐나다 학생 디자인 경연에 우리 연구실 학생들이 그룹으로 참가했다. 이 경연은 「참가하는 나라의 특징을 표현하는 디자인」이 기본 테마로 정해졌다. 일본의 특징이란 무엇일까. 참가 학생들은 브레인스토밍을 통해 일본을 대표하는 다수의 언어를 정리한 다음 주성분 분석으로 일본문화에 대해 개념을 파악하는 시도를 했다. 단순-복잡(Simple-Complex), 양-음(Bright-Shadow)이라는 2가지 축을 기본으로 삼아 일본의 기본적 특성을 확인했다.

■ 일본을 대표하는 관련 기호를 J-SIGN이라고 부르기로 하고, 툇마루 · 나막신 · 아키하바라 · 잉어 깃발 · 일본식 화로 5가지를 상징물로 삼아 디자인하기로 했다. 참가작품은 5개의 J-SIGN을 테마로 출전됨으로써 "베스트 디자인 스쿨 어워드"와 우수상을 수상했다. 내용을 재편성해 다음 페이지부터 5작품을 소개한다.

# 1. ENGAWA  CANADA COMPETITION WORKS - 1
얀 리우 & 마틴 M. 아발로

■ 툇마루는 일본건축의 특징이다. 자연의 정원과 집 사이를 연결하는 인터페이스 공간이다. 급속하게 진행되는 일본의 고령화 사회에서 노부부가 즐겨 타는 차에 자연을 즐기는 툇마루가 있는 차가 어울리지 않을까.

● 이 작품은 일본의 건축양식 가운데 툇마루를 테마로 삼아, 툇마루를 가진 자동차를 제안한 것이다. 고령화가 진행 중인 10년 후의 일본에서 교토와 같이 전통이 깃든 거리를 차로 방문하는 노부부가 자동차와 자연을 이어주는 툇마루에 앉아 애견과 함께 여유로운 시간을 보낸다는 설정이다. 경연의 테마가 참가하는 나라의 특징을 반영하는 가까운 미래의 디자인이라는 조건이 붙었기 때문에 그런 테마와 딱 어울리는 제안이었는지 그랑프리 수상작품으로 평가를 얻었다. 이 작품은 지금까지의 조형중심 디자인에 개념의 중요성을 제시한 것으로, 자연과 융합하는 동양적 철학을 배경으로 한 것이다. 21세기는 아시아의 디자이너가 새로운 디자인을 개척할 것이라는 가능성을 시사하는 작품이라고 생각한다.

■ 5월의 창공을 수놓는 고이노보리(잉어 깃발, 종이나 헝겊으로 잉어 모양을 만들어 단옷날에 올리는 기)는 아이의 성장과 성공을 바라는, 부모들의 바램을 나타내는 일본의 심볼이라 할 수 있다. 아이를 키우는 세대의 가족이 아이의 성장과 가족의 행복을 담아 바람과 함께 마음과 차 모두를 활짝 열어젖히고 달린다. 커다란 전방 입구 쪽에서 들어오는 바람으로 터빈이 돌아가면서 전기를 일으켜 동력을 보조하는 구조다.

● 이 작품은 아이를 키우는 젊은 부부가 아이의 성장과 성공을 비는, 일본의 전통적인 축제 때 장식하는, 잉어 깃발을 테마로 제안한 것이다. 하늘에서 수영을 하는 고이노보리를 모티브 삼아 전방에 설치된 대형 그릴 쪽으로 들어오는 풍력을 이용해 팬을 돌림으로써 에너지를 일으키는 전기자동차로서의 생태학적 제안이라 할 수 있다. 스타일은 아버지의 오픈카에 대한 꿈과 재미있는 장난감을 갖고 싶어하는 아이의 꿈, 거기에 가족의 행복을 바라는 어머니의 꿈이라는 3가지 꿈을 싣고 창공을 향해 달리는 차다. 개념에 대한 설명이 에너지 절약에 많이 할애됨으로써 이 스타일이 갖고 있는 재미있는 장난감 감각을 더 강조하지 못했다는 점이 아쉬움으로 남는다. 고이노보리의 눈으로 헤드램프를 강조하는 등, 현재의 스타일링으로 보면 멋있다고는 할 수 없기 때문에 유머감각을 PR했었어야 한다고 생각한다. 스케치 표현력은 발군이어서, 작가의 온화하고 따뜻한 마음이 느껴지는 좋은 작품이다.

Exterior

■ 나막신을 맨발로 신은 여성의 뒷모습을 "종종걸음"이라고 하는데, 일본의 섬세한 심미성을 나타낸 것이다. 기모노 끝으로 보이는, 건강한 아킬레스건을 후방 디자인의 포인트로 삼았다.

■ 일본의 현대적 패션 1번가는 하라주쿠라 할 수 있다. 하라주쿠에 어울리는, 신발 느낌의 오픈카를 디자인했다. 나막신의 끈을 고정해 주는 3군데 포인트를 히트 삼아 센터에는 운전자가 앉고 뒷자리에는 2명이 사이좋게 탈 수 있는, 나막신 같이 맨발 감각의 오픈카를 디자인했다. 패션가를 지날 때 존재감을 뽐내면서 맨발로 걷듯이 천천히 달린다.

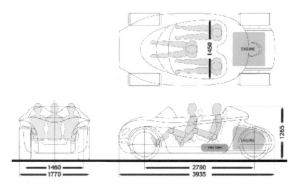

● 이 작품은 일본을 대표하는 패션지대인 하라주쿠를 배경으로 삼아, 거기에 모이는 패셔너블(fashionable)한 젊은이가 손쉽게 탈 수 있는 스트리트(street) 감각의 오픈카를 제안한 것이다. 유럽과 미국의 신발이 생활 속에 보급되기 전에 일본 서민들의 신발이었던 나막신에 주목함으로써 맨발로 가볍게 신는 샌들감각의 나막신을 모티브 삼아 맨발감각의 오픈카를 제안하고 있다. 탑승객 배치도 나막신의 끈에서 힌트를 얻어 앞좌석 센터에 한 사람이, 뒷자리에 두 사람이 탈 수 있게 배치했다. 일본적인 자동차 개념으로서의 착안점이 좋다고 평가할만하다.

# 4. AKHABARA STREET TAXI  CANADA COMPETITION WORKS - 4
기쿠치 타쿠야

■ 아키하바라는 많은 해외 쇼핑객들과 관광객으로 활기를 띠는 곳이다. 일본 전기제품의 양판점이나 하이테크 전기제품, 카메라 등 일본의 산업제품을 파는 매장이 집중해 있는, 아시아를 대표하는 거리라 할 수 있다. 아키하바라를 방문하는 관광객과 쇼핑객을 태우는 심볼 느낌의 전용 택시를 생각해 보았다.

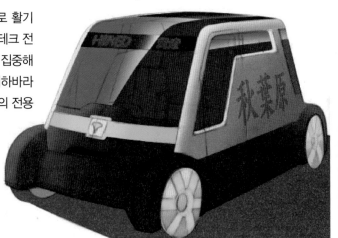

■ 디자인 특징
  • 승강성이 좋은 슬라이드 도어
  • 시야확보가 좋은, 높은 시트 위치
  • 한 눈에 봐도 알 수 있는, 도쿄 아키하바라 스타일의 심볼
  • 부피가 큰 짐을 여유롭게 실을 수 있는 리어 스페이스
  • 정체 시 관광안내를 할 수 있는 네비게이션(navigation)관광 가이드 시스템

Hi-tech Image
of electoronic appliances

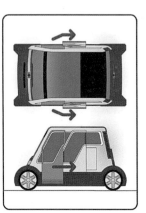

passenger's display

edge lighting noticing steps

● 이 작품은 일본 전기제품 상가인 아키하바라를 테마로 몇 번이나 현장을 오가며 조사한 것을 토대로, 방문하는 사람들 대부분이 가전제품이나 IT제품, 카메라 등을 찾는 관광객이라는 것을 분명히 하고 있다. 그런 조사를 바탕으로 관광과 쇼핑으로 늘어난 짐을 조화롭게 패키징함으로써 새로운 IT시대를 상징하는 택시를 제안한 것이다. 아주 질 높은 디자인이라고 평가할만하다. 뉴욕의 옐로캡이나 런던의 택시 등과 어깨를 나란히 할 만한, 도쿄 아키하바라의 쇼핑 택시로서 거리의 심볼 같은 이동수단을 추구한 제안에 큰 박수를 보낸다.

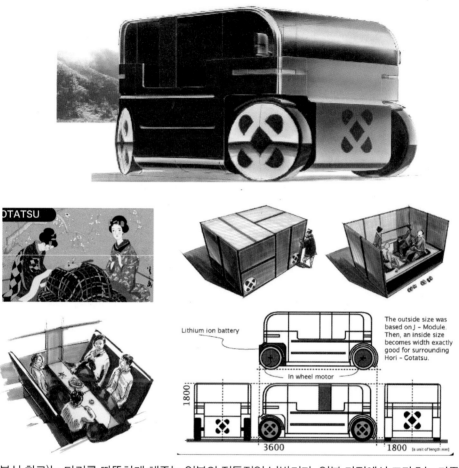

■ 고타츠(일본식 화로)는 다리를 따뜻하게 해주는 일본의 전통적인 난방기다. 일본 가정에서 고타츠는 가족이 모여 식사를 하거나 이야기를 나눌 때, TV를 볼 때 등과 같이 가족의 화목을 지켜주는, 마음 따뜻한 심볼인 것이다. 이 작품은 가족의 마음을 따뜻하게 해주는, 고카츠를 실내에 설치한 원박스 밴을 제안한 것으로, 일본 가정의 기본 크기라 할 수 있는 1800×900mm 사이즈로 만들어져 있다. 이 자동차는 편안함이 느껴지는 일본의 전통적 J모듈로 만들어져 있다.

● 이 작품은 겨울 동안 거실에 반드시 있으면서 가족들을 모이게 하는 고타츠에 초점을 맞춤으로써 일본인 마음의 뿌리를 자동차에 부활시킨다는 착상이 재미있고 독창적이다. 이 제안의 원형은 다른 시점으로 제안된 것이지만, 일본의 고타츠를 설치한 자동차라는 시점으로 다시 구축되면서 더 매력적인 제안을 하고 있다. 고타츠를 다리의 난방으로 사용하는 것 이외에 마음을 이어주는 단란한 가족의 상징으로 포착하고 있다는 점이 평가 받을만하다. 고타츠를 상징화한 앞뒤 모습과 휠 마크, 센터 필러에 칠해진 주황색은 JAPAN이라고 불리는 "옻칠"을 상징하는 것으로, 세밀한 점까지 배려하고 있다. 그리고 더 평가할만한 것은 이 제안의 치수가 일본건축의 기본인, 1800×900mm의 다다미 모듈을 하고 있다는 점이다. 다다미 크기를 자동차의 거주공간 모듈로 재구축한 것이다. 경연의 테마인 자국의, 즉 "일본"의 특징을 반영한 작품으로 높이 평가할만하다.

# 5 정리

■ 이상과 같이 학생들의 작품을 통해 기초적인 디자인 교육 방식에 관하여 트랜스포테이션 학습을 통해 순서대로 소개해 왔다. 4장의 기초적인 기술을 바탕으로 5장에서는 그에 대한 응용이라 할 수 있는 작품들을 소개했다. 여기서 소개된 작품 이외에도 뛰어난 작품이 많이 있지만 각 과제를 대표하는 전형적인 작품만을 골라 저자의 작품 촌평과 더불어 살펴보았다. 디자인은 다양한 해답이 가능하기 때문에 같은 과제라 하더라도 다양한 제안이 있을 수 있다는 것을 알 수 있다. 여러분이 디자인을 한다면 더 뛰어난 디자인 제안이 될 것이라 기대한다. 각 작품의 디자인에 완전한 것은 없다. 이런 작품들을 통해 저자의 촌평에서도 언급했듯이 과제에 대해 학생들이 무엇을 생각했는지, 동시에 테마에 접근하는 방법, 생각하는 방법을 배웠기를 바란다. 이들 작품은 이미 지나가버린 몇 년 전의 디자인이다. 여러분은 또 다른 환경에서 또 다른 시대에 살고 있다. 소개한 작품들을 본보기 삼아 더 멋진 디자인을 만들어 주길 바란다.

■ 디자인 학습은 스포츠와 마찬가지다. 4장에서 언급한 표시나 도법(圖法) 등은 기초체력을 향상시키는 팔 굽혀 펴기나 달리기 같은 것이다. 그리고 5장의 학습과제는 학습시합에 비교할 수 있다. 실제 디자인에 있어서는 과제처럼 모티브나 패키징에만 주안점을 두는 것이 아니라 전체를 조화롭게 배려해 디자인해야 한다. 디자인은 자동차의 엄격한 법규나 안전성 등과 같이 여러 조건을 만족시켜야 하는 동시에 특히 가격이라는 커다란 조건도 갖고 있다. 여러분이 느끼듯이 실무적인 디자인과 여기서 소개한 작품은 커다란 간극이 있다. 여기서 소개한 작품은 디자인의 기초와 그에 대한 교육 방법을 나타낸 것으로서, 미국의 아트센터 등 자동차 디자인 전문의 학교교육과는 조금 입장을 달리 하고 있다. 장래의 프로 디자이너에게 필요한 기술과 함께 문제점을 파악하는 법과 발상 방법을 중시하고 있기 때문이다. 학생 작품은 프로에 비해 표시도 서툴고 완성도도 높은 편은 아니지만 디자인을 배우려고 하는 진지한 마음은 프로 이상이어서 프로에게도 지지 않을 만큼 큰 꿈을 갖고 있다. 여러분은 이 작품들을 통해 디자인에 필요한 열의와 꿈을 꼭 배워주길 바란다. 학생들 작품에는 그런 의미에서 배울 점이 많다고 생각한다.

■ 저자가 이 책을 구성하기 위해 학생들 작품을 모아서 검토를 해보니 신선하고 참신한 느낌이 든다. 실제 학습에서는 땀과 눈물, 실패와 갈등이 계속되는 힘들고 압박 받는 상황에 처한다. 이 작품들에는 그런 부분이 지면이라는 제약도 있어서 생략되어 있지만 학생들의 열정과 땀 냄새가 온전히 전달되길 바란다. 이 작품의 배경에는 햇빛을 보지 못한 수많은 아이디어 스케치가 있다. 여러분이 실제로 디자인 과제를 수행할 경우 때로는 순조롭게 진행되지 않을 경우도 예상되지만, 여기서 소개한 작품들 또한 잘 진행되지 않는 상태에서 악전고투 끝의 노력으로 얻어낸 것임을 마음 속에 새겨주길 바란다. 힘겨운 디자인 프로세스가 있기 때문에 바로 완성되었을 때의 기쁨이 각별한 것이다. 꿈과 노력, 꿈을 형태로, 「초심을 잊지 말라」는 말로 이 장을 마치기로 한다.

**참고자료**

| 그림1 | 디자인 학습 구성 | 저자 원본 |
| 그림2 | 모티브에 의한 디자인 학습 개요 | 저자 원본 |
| 그림3 | 패키징 | 저자 원본 |

5장의 학생들 학습작품은 치바대학 디자인공학과 「트랜스포테이션 디자인 학습」 수업에서 아래의 자동차 메이커와 비상근 강사의 협력을 얻어 이루어졌다. 다시 한 번 감사 말씀 올린다. 어기에 게재한 학습작품은 수강 학생들의 땀과 열정의 결과물이다. 작품을 제공해 준 당시의 학생들은 졸업 후 자동차 메이커 관련회사에서 디자이너로서 활약하고 있다. 협력해 주신 기업과 작품을 제공해 준 여러분에게 감사하다는 말씀과 함께 앞으로의 활약을 기대해 본다.

| 2000~2006년 | 닛산자동차 | 아오키 진 |
| 2001~2003년 | 미쓰비시자동차공업 | 하세가와 다쿠야 |
| 2001~2003년 | 도요타자동차 | 오카자키 료지 |
| 2004~2005년 | 도요타자동차 | 미소노 히데이치 |
| 2004~2005년 | 혼다기술연구소 | 나카노 마사토 |
| 2006~2007년 | 도요타자동차 | 고야마 노보루 |
| 2005~2007년 | 이스즈자동차 | 아카시 나오유키 |
| 2006~2007년 | 다이하쓰공업 | 이와무라 타쿠 |

# 6장
# 디자인 論

# 6
머리말

# 「설레게 하는 마음」

■ 이 장에서는 내가 생각하는 디자인에 대해 이야기해 보려고 한다. 나는 오랜 기간 동안 디자인 개발과 교육을 하면서 언제나 「디자인이란 무엇일까?」에 대해 생각해 왔다. 6장은 대학에서 디자인 이론, 제품 디자인 이론에 대해 강의한 내용을 정리한 것이다. 디자인을 배우려는 젊은 세대의 독자와 함께 디자인이란 무엇인지를 생각해 보려고 한다.

■ 지금까지 다루어 왔던 1장의 자동차 디자인 역사, 2장과 3장의 연습과도 깊은 관련이 있다. 이 책의 구성도 이 6장서부터 시작되는 것이 맞을지 모르겠으나 처음부터 디자인의 정의나 어떻게 해야 하는지 등에 관해 설명해서는 독자가 잘 이해하지 못할 것이라 생각한다. 그래서 처음에 구체적인 실무 소개와 연습을 배우고 나서 그 다음에 그와 관련된 이론에 대해 소개하기로 한 것이다. 1장~5장에서 언급한 것은 6장에서 설명할 디자인을 어떻게 생각할 것인지에 대한 기본으로서, 그에 대한 실천이 디자인의 본질이라고 생각한다.

■ 일본의 유명한 시인 마쓰오 바쇼의 기행문 「오쿠노 호소미치」 머리말에 다음과 같은 서문이 있다.
「세월은 영원한 나그네요, 가고 오는 해도 또한 나그네다. 배 위에서 일생을 보내고 말의 재갈을 쥐고 늙음을 맞이하는 하루하루가 여행이면서 여행을 거처로 삼네. … 설레게 하는 신에게 이끌려 마음을 설레게 하는데, 여행길을 수호하는 신의 부름을 받아서인지 아무것도 손에 잡히지 않네…」 시인 바쇼가 당시로서는 아직 보지도 못한 먼 이국으로 여행을 떠나기 전에 방랑 생각에 마음을 설레어 하는 심정이 잘 전달되어 있다. 사람에게는 지금 있는 "이곳(Here)"에서 또 다른 장소인 "그곳(There)"에 멋진 세계가 있지는 않을까 하는 생각에 이동하려는 본능이 있는데, 그런 끊임없는 갈망으로 인해 이동하고 이주하도록 짜여 있는 것이다. 사람은 꼼짝 않고 사는 것을 못 참아하는 생물이다. 가만히 있지를 못하고 어떻게든 나가려고 하는, 강한 갈망을 표현하는 말이 떠오르지 않는다. 나는 그것을 이 마쓰오 바쇼의 「설레게 하는 신」에서 인용해 「설레는 마음(Sozoro Mind)」이라고 부르기로 하겠다.

■ 자동차 디자이너는 누구보다도 강한, 이 「설레는 마음」을 가질 필요가 있다. 나는 「설레는 마음」이 이동에 대한 갈망뿐만 아니라 현재 상태에 만족하지 않고 더 높은 아름다움과 편리성 등 이상을 추구하는 부단한 탐구심이라고 생각한다. 목적지는 확실하지 않지만 현재 상태에 만족하지 않고 먼저 움직여 보는 것이 디자인에는 중요하다. 잘 생각해 보고 행동하는 것이 아니라 설레는 마음이 이끄는 대로 먼저 움직여 보고, 그 첫발을 내딛어 본 다음에 걸어가면서 목적을 생각해 보려는 마음가짐이 중요하다. 새로운 형상이나 이상에 대해 질려하지 않고 탐구하려는 마음이 디자이너의 자질로서 요구된다. 머물거나 안주해서는 디자인은 시작되지 않는다. 더 새로운 형상, 더 매력적인 스타일을 쫓아서 방랑의 디자인 여행은 시작되는 것이다. 특히 자동차 디자이너에게는 「설레는 마음」을 잘 실천하려는 자세가 필요하다고 생각한다.

# 6-1 디자인의 목적

# 1. 풍족한 생활을 목표 삼아

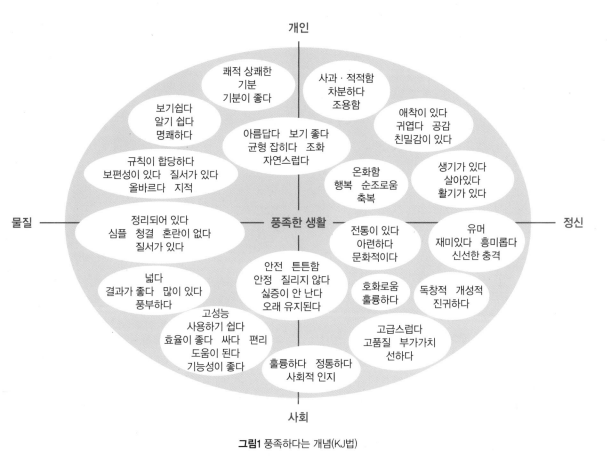

**그림1** 풍족하다는 개념(KJ법)

■ 디자인의 목적은 생활을 풍족하게 하는데 있다고 생각한다. 자동차 디자인의 직접적 대상은 자동차 스타일이나 구조, 기능에 대한 계획이지만 자동차만으로 물건이 조재하는 것이 아니라 운전자가 운전을 할 때 비로소 그 기능을 발휘하게 된다. 자동차를 포함해 제품이라는 것은 사람이 사용할 때 비로소 그 가치가 생긴다. 사람은 매일의 생활을 영위함으로써 살아간다. 디자이너의 현장은 생활이며, 자동차 디자인은 그 이동과 관계된 생활을 지원하는 것이다. 다른 제품도 반드시 어떠한 생활과 관련되어 있는 것이다.

■ 살아가기 위해 불가결한 생활에 있어서 디자인은 그 풍족함을 추구하는 기술이라 할 수 있다. 조형적인 아름다움이나 사용편리성과 같은 기능의 추구 등, 그림1은 그런 풍족함과 관련된 개념을 JK법을 통해 그림으로 나타낸 것인데, 현재 이것들을 총칭하는 좋은 말이 없다. 저자는 이 개념을 「풍족함」이라고 부르기로 하겠다.
이 풍족함의 추구야말로 디자인의 목적이라고 생각한다. 그림에서 볼 수 있듯이 아름다움과 동시에 무엇보다 쾌적하고 더 높은 질서 등, 다양한 개념을 포함한 풍족함을 추구하는 것이 디자인의 이념이고 목적이다. 풍족함은 마음의 풍족함을 포함하는 것으로서, 단순히 편리한 것을 가리킬 뿐만 아니라 고도의 정신적 가치를 포함한 풍족함이 요구된다. 여러분도 풍족함을 쫓아 「설레는 마음」을 갖고 자동차 디자인의 세계로 나가 봅시다.

## 2. 디자인의 정의 - 사람·물건·환경의 종합적인 조화계획 기술

**디자인**

1968년 사전 : ①밑그림 소묘도
②의장계획

1998년 사전 : ③생활에 필요한 제품의 조형이나 재질, 기능 등 생산
과 소비에 관련된 각종 요구를 검토하고 조정하는
종합적 조형 계획

**그림2** 디자인의 의미(사전)

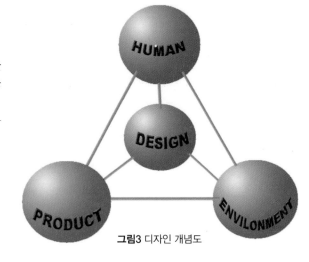

**그림3** 디자인 개념도

「디자인이란 생활의 풍족함을 목표로 사람과 물건, 환경에 관한 종합적 조화계획 기술」

■「휴대폰의 디자인이 좋다」, 「디자인은 좋은데 사용하기가 어렵다」등 디자인이라는 말은 일상적으로 사용된다. 디자인된 제품이나 개념이 보급되어 인정을 받는 것은 대단히 좋은 일이지만 정의가 애매해졌다. 그래서 일본 사전을 찾아보니 위 그림2와 같이 되어 있다. 처음에는 ①번처럼 벽지나 복장의 장식모양에 관한 밑그림이나 도안 등이 기본적 의미였던 것 같지만 근래에는 ②, ③번처럼 생활에 필요한 제품의 조형이나 재질, 기능 등 생산과 소비에 관련된 각종 요구를 검토하고 조정하는 종합적 조형 계획이라고 쓰여 있다. 디자인 범위가 단순한 평면적 도안에서 그 영역이 넓어져 제품의 조형이나 재질, 기능 등 생산과 소비에 관련된 것으로 확대된 한편, 그 방법도 각종 요구의 검토와 조정에 관한 종합적 조정계획으로 되어 있다.

■ 근래에는 휴대전화 등의 표시화면 순서나 화면과 조작 관계를 계획하는, 인터페이스라고 불리는 업무도 디자인의 큰 영역을 차지하게 되었다. 이렇게 범주는 확대되었지만 조형적인 아름다움이나 기능적인 계획뿐만 아니라 그것을 보거나 사용하는 사람이 아름다움과 쾌적함을 느끼지 못해서는 안 된다. 그것은 인간공학이나 심리학과도 깊게 관련되어 있기 때문이다.

■ 심지어 사람이 어떤 디자인 제품을 사용할 때 그 환경에 잘 어울리지 않으면 좋은 디자인이라고 할 수 없다. 사람과 제품은 생활환경에서 사용된다. 아무리 편리한 것이라도 소음이 크거나 환경을 더럽히는 유해한 것을 배출해서는 좋은 제품이라고 할 수 없다. 생활환경은 사회문화와 깊이 관련되어 있다. 이들 사회문화 환경과 잘 조화를 이룰 필요가 있다. 그리고 무엇보다도 지구환경이나 자연과 조화를 이루지 않으면 안 된다.

지금까지 설명해 온 목적과 정의를 정리해 보면, 「디자인이란 생활의 풍족함을 목표로 하는, 사람과 물건, 환경의 종합적 조화계획 기술」이다(그림3). 마찬가지로 자동차 디자인의 정의도 「풍족한 이동생활을 추구하는, 사람과 자동차, 환경의 종합적 조화계획 기술」이 되는 것이다.

# 3. 생활과 제품 - 의·식·주·교통·통신

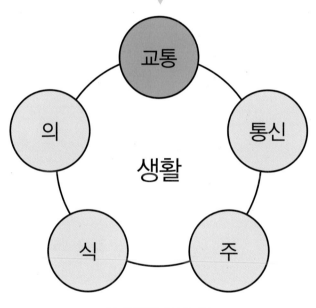

| 자전거 | 배 | | 자동차 | | 열차 | 비행기 |
| 보행 | 마차 | 바이크 | | 트럭 | 전차 | 로케트 |

**그림4** 생활영역에 관한 개념도

■ 우리들 일상의 삶을 생활이라고 부르는데 그 생활을 관찰해 보면 그림4와 같이 「의·식·주·교통·통신」으로 나눌 수 있을 것이다. 생활하는데 있어서 무엇 하나 뺄 수 없는 것들 뿐이다. 가정생활과 관련된 의·식·주는 물론이고 일이나 레저, 여행을 즐기는 교통과 이동, 사회생활을 영위하기 위한 통신과 전달도 없어서는 안 될 것이다. 이들 5가지 요건은 각각 그것을 지원하는 도구나 기기가 만들어져 있다. 사람은 다른 동물과 달리 스스로의 생활을 더 쾌적하고 풍요롭게 만들기 위해 물건을 만들어 왔다. 사람은 물건을 만드는 동물로서 문명은 일상적 생활을 위한 도구(제품) 발전의 역사라고도 말할 수 있다.

■ 자동차 디자인은 생활 속의 「교통이나 이동」과 관련된 이동기기 영역에 위치해 있는데, 생활의 종합 계획자로서 그 직능을 자리매김할 수 있다. 사람은 스스로 편리한 것을 궁리하고 손으로 다양한 도구를 만들어 왔다. 인류의 오랜 역사 가운데 고도의 문명사회가 이룩되면서 사물을 생각하는 사람, 만드는 사람, 유통하는 사람 등 전문직으로 분업화됨에 따라 더 품질이 좋고 효율적인 제품생산이 가능해졌다. 현재도 더욱 고도의 분업이 발달되면서 첨단사회가 형성되고 있다.

그림5 힘든 운반 방법

그림6 중국 항주시의 거리 모습

그림7 귀여운 파리지엔느의 노상주차

■ 자동차의 역사에 관한 개요를 살펴본 바와 같이 자동차는 교통기기로서 발달해 왔다. 자동차나 교통의 현재 상태는 어떤 모습일까. 외국을 여행하다보면 교통생활이 똑같지 않다는 것을 알 수 있다. 경제적 수준이나 그 지역의 자연환경에 의해서도 교통사정은 다양하다(그림5〜6). 각각의 지역적 생활에는 다양한 역사와 문화가 존재하는데 교통을 지원하는 기기의 발달과 이용하는 방법도 완전히 다르다. 자동차 디자이너는 반드시 외국에 나가서 다양한 생활 속의 교통이나 이동 방법을 직접 봐야 한다.

■ 자동차 디자인도 그 지역의 생활에서 큰 영향을 받기 때문에 그 나라의 이해가 없이는 디자인을 할 수가 없다. 자동차 디자인은 자국 이용자들만 대상으로 하는 것이 아니라 여러 나라에 수출된다. 디자이너가 사는 나라의 가치관이나 심미성과는 전혀 다른 생활이 있다는 점을 알아둘 필요가 있다. 일 때문에 미국에 처음 갔을 때 일본에서는 디자인 평가가 좋았던 자동차가 미국의 넓은 거리나 도로에서는 왠지 모르게 작고 빈약해 보이는 느낌에 깜짝 놀랐다. 파리에서는 귀여운 아가씨가 주차해 있던 자기 차에 타고는 주차해 있는 앞뒤 차량의 범퍼와 부딪치면서 공간을 확보한 다음 횡하니 빠져나가는 모습을 보고 깜짝 놀란 적도 있다(그림7). 범퍼에 손상이 나면 바로 수리를 하는 일본인의 가치관과는 완전 다르다는 것을 배운 것이다.

# 5. 지역적 이동생활과 그 교통상황을 알아둘 것

**그림8** 소나 당나귀도 현역이다

**그림10** 트럭은 짐은 물론이고 사람도 태운다

**그림9** 트럭은 짐은 물론이고 사람도 태운다

**그림11** 육교 위에서 바라본 모습

■ 세계의 도시를 떠나서 오지를 여행하다 보면 당나귀 마차가 도로를 횡단하는 모습 등, 동물들이 아직 교통수단으로 이용되는 모습을 자주 목격하게 된다(그림8). 말레이시아에서는 핸들이 태양열 때문에 뜨거워져서 손으로 잡을 수 없었던 일, 스콜 때문에 도로가 강처럼 흐르던 귀중한 체험도 했다. 이런 경험들을 통해 여러 가지 아이디어가 생겨난다. 상단 사진(그림9~10)은 생활 속의 이동기기다. 자동차 디자인은 이런 이동기기의 디자인을 담당하는 것으로서 이동생활의 관찰과 이해, 날카로운 통찰력과 상상이 필요하다.

디자인의 현장은 생활이기 때문에 생활에 대한 관찰과 살아있는 현장취재가 필수적이다. 아직 가보지 않은 나라의 자동차를 스튜디오의 스케치만으로 디자인하는 것은 위험하다. 우선은 현지에 가서 자세히 관찰하고 취재하는 것이 중요하다. 처음에는 생활을 취재해 봐야 한다. 그림11은 도쿄의 한 육교 위에서 자동차가 달리는 모습을 관찰했을 때의 사진이다. 몇 십 분을 관찰하다 보면 현재 어떤 스타일의 차와 색상의 자동차가 달리고 있는지, 트럭과 승용차 비율 등 다양한 것을 눈에 들어온다.

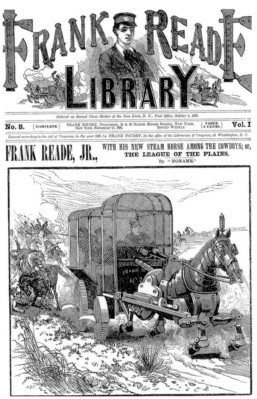

**그림12** 100년 전의 미래도

■ 1장에서는 자동차와 교통의 역사에 대해 살펴보았다. 오랜 교통의 역사에서 보면 자동차 역사는 약150년 정도의 짧은 기간이지만 생각 이상으로 극적인 변화를 겪었다는 것을 알 수 있다. 그리고 현재의 자동차를 보면 선진국의 일부 사람들만이 매일의 생활 속에서 자동차를 이용한다는 것을 알 수 있다. 디자이너는 이런 사실에 실망할 필요가 없다. 편리하고 멋진 자동차를 모르는 사람에게 그런 멋진 제품을 전달하고 나아가 아름답고 편리하게 개선시키는 것이 디자이너의 역할이고 의무인 것이다. 이미 생활 속에서 자동차를 사용하고 있는 사람보다 사용하지 않는 사람이 많은 것은 장래의 디자인에 있어서 희망을 가질 수 있는 부분이라고 생각한다. 거시적인 시간 축으로 살펴보았지만 역사란 과거와 현재를 검토해 미래를 예측하는 학문이다. 참으로 온고지신한 학문인 것이다.

■ 상단 그림12는 19세기 말의 SF잡지에 실린 100년 후의 미래상이다. 이 일러스트레이션을 통해 예측한 것은 오늘날의 이미지인 것이다. 언뜻 봐서도 현재의 자동차와는 예측이 전혀 다르다는 것을 알 수 있다. 당시에는 증기기관 시대였기 때문에 그것이 말의 형태로 진화해 포장마차를 견인할 것으로 예측한 그림인 것이다. 증기기관이 가솔린 엔진으로 바뀌고 100마력을 넘으면서, 고속도로를 100km/h 이상의 속도로 달리고, 많은 컴퓨터가 제어하는 승용차가 되리라고는 꿈에도 생각하지 못했을 것이다. 미래를 예측하는데 있어서 완전한 것은 없다. 이 그림처럼 현재의 자동차 디자이너도 정도의 차이는 있겠지만 잘못을 범하고 있을지 모른다.

# 2. 디자인은 역사학이다

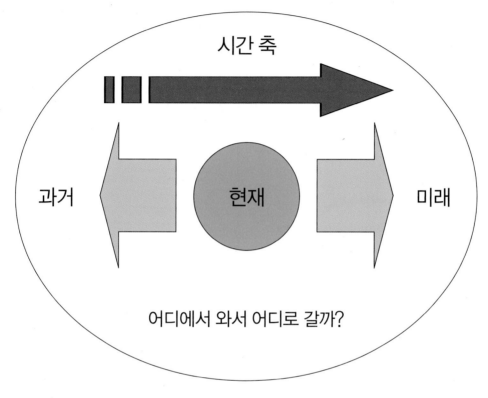

**그림13** 역사학으로서의 디자인

■ 역사는 온고지신이라고 설명했다. 오랜 연대와 과거시대를 되돌아보고 현재의 모습을 검토함으로써 그 지식을 바탕으로 미래의 모습을 예측하는 것이다. 즉 디자인이란 과거와 현재를 대비시킴으로써 시간 축을 통해 이미지로서 스케치와 모델로 제시하는 역사학이라고 해도 되는 것이다. 역사의 경우 100년 단위의 오랜 시간대를 이용하지만 자동차의 경우는 5~15년 정도의 아주 짧은 시간의 역사학인 것이다. 디자인 작업은 반드시 미래의 제안이다. 자동차 개발의 경우 몇 년 후에 발매되고 이용되기 때문에 10년 뒤의 예측이 필요하다. 더불어 10년 뒤의 사용자는 무엇을 바라고, 그때의 경제나 인프라 시장은 어떻게 바뀌며 그리고 주변기술은 얼마만큼 진보할 것이지 등 사람과 물건, 환경을 예측한 가운데 자동차 디자인이 이루어지는 것이다. 그리고 그 예측을 현재를 통해서만 하면 그림12와 같은 예측 실수를 일으키는 것이다. 자동차 역사를 축적한 현재, 과거와의 대화를 통한 미래 예측이 필요하다(그림13).
미래를 예상하는 것은 디자이너뿐만이 아니다. 점술사나 종교적 예언자 외에도 현재는 평론가나 미래학자 등 미래를 이야기하는 많은 직업인이 있다. 디자이너와 이런 사람들과의 차이는 자신의 예측에 대한 아이디어 근거를 제시할 수 있다는 것이다. 과거부터 현재까지의 사람과 물건, 환경의 변화에 대해 근거를 갖고 알기 쉽게 설명함으로써 그런 고찰을 통해 디자인을 제안할 필요가 있다. 디자이너에게는 역사학을 방법론으로 갖고 있어야 하는 것이 요구되는 것이다.

# 1. 스케치 개발 시스템

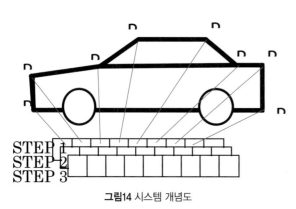

STEP 1
STEP 2
STEP 3

**그림14** 시스템 개념도

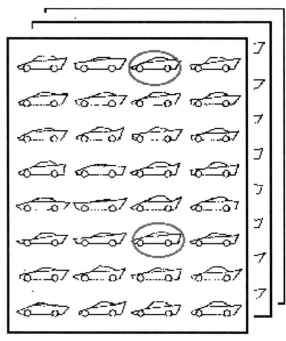

**그림15** 모니터에 자동으로 표시된 자동차의 기본형

■ 3장에서는 디자인 개발 프로세스를 통해 디자이너의 일이 스케치 작업만이 아니라는 것을 설명했다. 그러나 자동차 디자인 개발의 핵심은 예상되는 미래상을 구체적인 이미지로 표시하는 스케치 개발에 있다고 생각한다. 디자인 개발 실무에서는 프로젝트 디자이너가 조건이나 개념 범위에서 많은 스케치를 그리고, 그 스케치들을 벽에 붙인 다음 그 속에서 좋다고 생각되는 스케치를 골라낸다. 이런 다수의 스케치 속에서 뛰어난 스케치를 선택하는 프로세스를 스케치 검토회의라고 부르는데, 아주 중요한 회의라 할 수 있다. 이 스케치 검토회의는 몇 차례 반복되면서 최종적인 안이 선별되며, 렌더링으로 그려진 다음 더 나아가 모델로 제작된다.

저자는 공동 연구자인 티안무 링과 함께 이 스케치 검토회의를 주목한 끝에 PC로 스케치 개발 시뮬레이션 시스템을 구축했다. 개개의 스케치는 자동차의 역사 연구를 통해 배운 기본 스타일(아이콘)인데, 여기서 힌트를 얻어 최소한의 8가지부터 구성되어 있다(그림14). 자동차의 여러 가지 기본 스타일을 자동으로 표시함으로써(그림15), 그 속에서 뛰어난 스케치를 디자이너가 선택하는 식의 확대하고 간추리는 시스템이다. 이 시스템은 심플한 측면도를 기본으로 삼아 8가지 스타일을 분산·확립으로 계속해서 모니터에 랜덤 표시함으로써 그것을 디자이너가 선택해 평가하는, 말하자면 진화론적 알고리즘을 하고 있다.

# 2. 디자인은 자기조직화 탐사

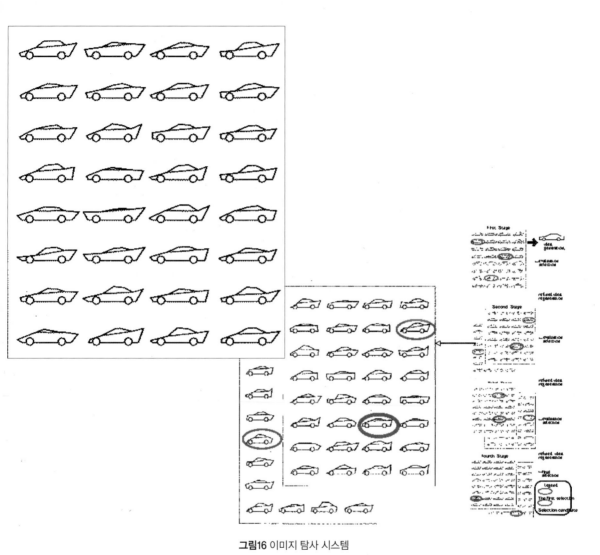

**그림16** 이미지 탐사 시스템

■ 모니터에 자동적으로 그려진 스타일은 랜덤으로 발생하기 때문에 보닛이 유달리 높은 것이나 자동차라고는 생각할 수 없는 기묘한 것도 나타난다. 그리고 그려진 많은 스케치 가운데 디자이너가 괜찮다고 생각하는 스케치를 그린다. 다음 단계에서는 선택된 스케치의 각 기준점에서의 분산확률을 설정하고 그 다음 단계에서는 분산확률의 조건 범위에서 많은 스케치를 그린다. 다음 단계에서는 마찬가지로 많은 스케치 가운데 더 좋은 스케치를 골라낸다. 스케치 검토회의란 디자이너가 그리는 많은 스케치와 그렇게 그려진 스케치 속에서 상대적으로 선택평가를 하는 회의다. 이렇게 아이디어를 확산하고 수렴하는 반복을 통해 이상적인 이미지를 찾으면서 이상적인 최종안에 도달하는 프로세스를 자지조직화 탐사라고 부르기로 하겠다. 상단 그림16이 바로 이미지 탐사 시스템은 자기조직화 시스템이라고 할 수 있다. 바꿔 말하면 이상적인 이미지를 찾는 반복적 진화 프로세스라고도 할 수 있다.

# 6-4
**디자인 진화론**

# 1. 진화론적 알고리즘

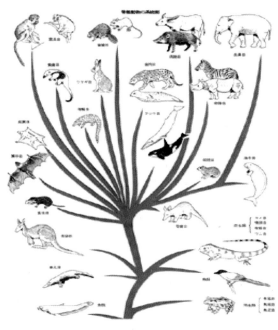

**그림17** 생물진화 수형도

**그림18** 현재를 살아가는 다양한 생물

■ 앞서 디자인 스케치 검토회의를 본 뜬 시스템이란 자기조직화 탐사를 기본으로 하는, 진화 프로세스라고 설명했다. 이 진화 프로세스에서 그려진 많은 스케치 가운데 선택받고 최종안으로 간추려지는 것은 몇 건에 지나지 않는다. 최종적으로 선택된 엘리트 스케치나 최선안이란 무엇일까. 그림17은 생물진화에 관한 수형도(樹型圖)다. 현재 지상에서 살고 있는 생물(그림18)은 선되어 살아남은 엘리트라고 할 수 있는데, 지금까지 도태된 많은 멸종생물이 있다는 것을 전제로 하고 있다. 환경변화에 적응하지 못했던 많은 종이 있었고 그런 멸종생물이 있었기 때문에 현재의 생물이 있는 것이다. 앞서의 스케치 탐사 시스템에서 볼 수 있듯이 그 기본은 스케치의 도태(selection) 프로세스로서, 스케치를 선택하기 위해 선택되지 않은 다수의 스케치를 준비하는 것이 이 시뮬레이션 시스템의 기본이라 할 수 있다.

■ 디자인 개발은 이 엘리트를 얻기 위한 기술이기 때문에 선택된 스케치에 주목하기 쉽지만 선택되지 않은 다량의 스케치 없이는 이 시스템도 무용지물인 것이다. 이 시스템의 스케치를 많이 만들어내는 알고리즘은 자동차 형상을 나타내는 8가지를 분산확률로 무작위로 발생시키는 심플한 알고리즘을 하고 있다. 성격이 다른 부모에게서 태어난 아이는 나선형으로 배치된 4개의 유전기(遺傳基) 조합으로 생긴 유전자에 의해 부모에게서 아이에게도 전해진다. 부모를 닮았지만 조금씩 성질이 다른 다양한 아이들이 태어난다. 성질이 다른 것이 뒤섞여 양쪽의 특징을 가진 많은 아이들이 생김으로써 환경변화에 순응하는 새로운 생물이 태어나고 번창한다. 디자인은 자기조직화 탐사를 기본으로 하는 진화론적 프로세스인 것이다. 디자이너는 신이 디자인한 생물 진화를 통해 많은 것들을 배울 수 있다.

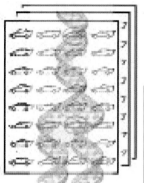

유전자 조합에 의한 다양한 스케치 발생

디자이너에 의한 스케치&모델 선택평가 도태

사용자에 의한 시장도태

시대흐름에 의한 진화

**그림19** 디자인의 자연도태 프로세스

■ 생물진화를 초래하는 것은 도태(selection)라고 설명했다. 그림18의 현재 살아남은 다양한 생물은 지연도태라는 시련을 극복한 종들이다. 기온이나 식량 등 환경에 적응한 것들은 살아남아 자손을 남기는데 반해 적응하지 못한 생물은 그 생존확률이 줄어드는 것이다. 생물의 경우 생태환경이 도태의 기준이 되는데 그 진화의 기준은 자연이다. 지구환경이란 자연 그 차체를 말하는 것이고, 유전자 존재도 자연스러운 확률에 의해 존재한다. 앞에서 설명한 스케치 개발 알고리즘도 마찬가지로 자연이 원리를 이루고 있다. 8가지의 유전자 발생은 무작위 분산확률이며, 디자이너가 좋은 스케치를 그릴 때 자신의 기호에 맞는 스케치를 상대적으로 선택하게 되는데 선택 방법은 자연스러운 디자이너의 감성이 기준을 이룬다. 이것을 실제 자동차 디자인 개발로 확대해 보면, 어느 개성적인 디자인이 선택되고 생산되어도 다음에는 시장의 사용자에 의해 선택도태가 이루어지는데 시장환경에 적응하면 디자인은 자연스럽게 팔리는 반면, 아무리 디자이너가 좋다고 생각하는 모델이라도 팔리지 않으면 자연스럽게 시장에서 사라져 간다. 자동차 디자인 시장은 각 시대의 자연환경에 준하는 것으로서 시장에 존재하는 자동차도 동 시대에 생산된 다른 모델과의 경쟁과 상대평가(판매)에 따른 도태때문에 진화하게 되는, 자연스러운 도태 알고리즘(그림19)을 하고 있다. 정리해 보면 미래의 시대환경에 자연스럽게 조화를 이루어 갈 것인지 아닌지가 디자인을 평가하는 기준이지 디자이너의 자기주장이 평가의 기준은 아닌 것이다.

**그림20** 생태학적 가설에 따른 공룡

■ 2장, 3장에서 언급한 어드밴스 디자인에 대해 다른 관점에서 생각해 보자. 저자가 어드밴스 디자인의 책임 디자이너였을 당시 상단 그림(그림20)을 보게 되었다. 북유럽의 공룡 연구자가 '만약 공룡이 멸종하지 않았다면'이라는 가설을 토대로 가공의 지구환경에 살아남은 공룡 이미지를 과학적으로 추정해내 그린 그림이다. 단순히 상상만으로 그린, 가공의 공룡(고질라, 일본 공룡영화)과는 전혀 다른 그림이다. 어딘가 이런 공룡이 있을 것 같은 생동감을 느끼게 해준다. 이런 시도를 바로 생태학이라고 한다. 생태학은 지리적인 환경과 공간을 축으로 생물의 생사를 연구하는 학문이다. 처음 이 그림을 보고 이것은 자동차의 어드밴스 디자인 그 자체라고 생각했다. 어떤 환경조건을 설정하고 자동차는 어떻게 될 것인지에 대해 이 공룡학자와 똑같은 입장에서 디자인하는 것이 어드밴스 디자인이라고 생각한다. 시간과 공간이라는 환경을 설정하고 과학적 근거와 뛰어난 이미지 파워를 가진 생물과 그 형태를 생각하는 것이 자동차의 생물학, 즉 어드밴스 디자인인 것이다. 만약 가솔린이 없었다면, 만약 고령자가 많아지면, 만약 무인으로 달리는 기술이 생기면, 만약 하늘을 나는 자동차가 생기면 등등 어드밴스 디자인 영역은 무궁무진하게 넓어진다. 역사학이 시간을 축으로 하는데 반해 생태학은 공간을 축으로 하는 연구방법이다. 생활은 시간과 공간 사이에 있기 때문에 생활 속의 풍족함을 추구하는 디자인이 생활의 역사학과 생태학을 바탕으로 하는 것은 필수적이다.

# 2. 생활은 시간과 공간 사이에 있다

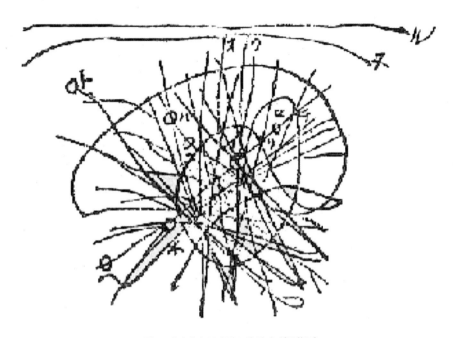

**그림21** 미나카타 구마구스의 만다라(曼荼羅)

■ 디자인은 생활의 역사와 생태학이라고 설명했다. 이 복잡하고 항시 변동하는 생활을 어떻게 파악하면 좋을까? 이 질문에 대답한 분을 한 분 소개할까 한다. 상단 그림(그림21)은 일본의 균류연구자며 생태학자고 철학자인 미나카타 구마구스가 그린 세계관이다. 「미나카타 구마구스의 만다라」라고 불리는 이 일러스트는 미나카타의 영국 유학시절 때 일본의 선승(禪僧)과 주고받은 편지 가운데 붓으로 그린 것으로서, 그의 세계관(만다라)을 나타낸 것으로 여겨진다. 위쪽 2개의 선은 시간과 공간을 포함한 사상(事象)의 흐름이고, 그 사상을 사람이 지각(知覺)하고 인지하는 개념이 아래쪽의 어지러이 뒤섞인 선으로 표시되어 있다. 어떤 사상에 대해 지각하고서 "말이라는 개념"이 생기면서 개념과 개념이 관련되면서 사고가 생기는 사람의 인식세계를 그리고 있다. 이것은 고정된 것이 아니라 계속해서 새로운 개념이 생겨났다가 사라지는, 머무르지 않는 인식의 흐름을 소용돌이 같은 선으로 그리고 있다. 이것을 디자이너의 머릿속 활동 개념을 그린 것이라고 생각해 보면 정말 딱 들어맞는 것 같아서 그 선견성에 깜짝 놀라게 된다. 시간과 공간 사이에 영위되는 생활의 아이디어 발상 프로세스도 똑같은 것이라고 할 수 있다. 그 아이디어에 자극을 받아 계속해서 아이디어가 펼쳐짐으로써 그것들을 포함한 개념이나 문맥이 생겨나고 형태로서 모델화된다. 그 모델은 시장에 발표되고 평가를 받으면서 디자이너에게 새로운 정보를 갖다 준다. 또한 이 만다라에는 새로운 아이디어가 떠오르는, 머무르지 않는 디자이너의 의식과 디자인 세계가 표시되어 있다. 미나카타 구마구스는 대뇌생리학이나 정보공학의 전문가는 아니지만 그런 것들과 통하는 세계관을 런던 도서관의 여러 과학저서를 읽고 습득함으로써 일본의 선승과의 대화를 통해 이런 세계관을 얻었다는 것은 대단한 일이라고 생각한다. 서구과학을 토대로 동양적이고 직감적 깨달음과 닮은 세계관을 얻었다는 것은 바로 천재가 아닐 수 없는 것이다. 요컨대 현재 환경문제나 에코로지가 문제시되고 있는데, 이미 100년 전에 미나카타는 일찍이도 이런 것들을 깨닫고 경고를 표시하면서 근대화를 위해 오래 된 신사의 불각을 파괴하는 일에 몸으로 반대하였으며, 점균(粘菌, mucus fungus) 과학자면서 과학은 만능이 아니라는 것을 호소한 것도 미나카타였던 것이다.

# 3. 자료를 디자인 테이블에 올리다

**그림22** 「생물과 도로」 모든 것을 테이블 위에 M.C.에셔(Maurits Cornelis Escher, 1898~1972)

■ 미나카타 구마구스의 만다라를 참고로 디자이너의 의식에 관해 설명했다. 그렇다면 디자이너는 어떻게 아이디어를 생각해 내면 좋을까. 디자인은 단지 그림을 그리는 것만이 아니라 사람과 물건, 환경과 관련된 것에 대해 수고를 마다하지 않고 조사하는 일부터 시작해야 한다고 설명했다. 그럼 디자인 조사란 무엇일까? 초현실적 세계를 그린 M.C.에셔의 「생물과 도로」(그림22)는 그런 질문에 커다란 영감을 주리라고 생각한다. 디자이너의 조사는 이 그림과 같아야 한다고 느꼈기 때문이다. 디자이너의 테마라는 테이블에 관련된 모든 것들을 최대한 많이 올려 놓는다. 미나카타는 그런 세계관을 추상적인 만다라 그림으로 나타냈지만, 에셔는 초현실적 영상으로 그린 것이다. 테이블이란 마루와는 다른, 높이가 있는 평면을 의미한다. 에셔는 독서나 연구를 위한 그리고 끽연(喫煙)이나 카드에 어울릴법한 테이블에 올릴 수 없는 도로를 올림으로써 초현실적이고 불가사의한 세계를 표현하고 있다. 디자인 조사는 이 그림과 같이 어떤 의식의 평면(디자인 테이블)에 그 테마와 관련된 다양한 사상과 다양한 데이터를 올려놓는 것이다. 일단은 상관없어 보이는 것이라도 무조건 올려놓고 보는 것이다. 모아진 다양한 영상과 데이터, 문헌 등을 정리한 다음 지긋이 바라보면 거기서 연상되는 디자인이나 그 거리에 어울리는 자동차가 보이는 것이다.

앞에서 설명한 다수의 디자인 검토회의도 자동차 스타일이라는 테이블이라 할 수 있다. 자동차 스타일이라는 테이블에는 생활과 관련된 다양한 데이터가 필요하다. 자동차에 의한 이동생활과 관련된 것은 모두 같은 테이블에 올려두고 디자이너는 그 속에서 가장 매력적으로 보이는 이미지를 탐구하고 있는 것이다. 가장 매력적인 정물(자동차)과 생활(사람)의 거리(환경)를 타구하는 것이 자동차 디자이너의 일이다. 테이블에는, 시각표를 타임 테이블 등으로 부르듯이, 정리된 일람표라는 의미도 있는 것 같다. 무수하게 모아진 디자인 자료나 영상을 보기 좋게 정리해 보기 바란다. 그런 데이터와 식견을 통해 아름다운 정물화와 스케치 그리고 문맥과 개념을 찾아보기 바란다.

# 4. 생활의 자기동화(自己同化) 화신이 되다

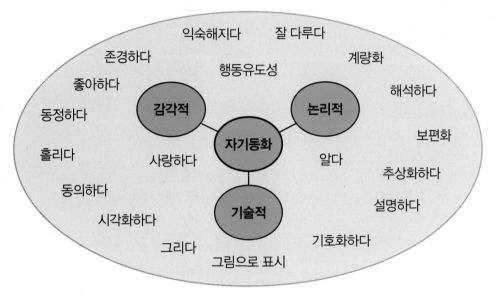

**그림23** 자기동화 개념도

■ 앞에서 디자인에 필요하다고 생각되는 자료나 데이터는 디자인 테이블(의식)에 올려놓아야 한다고 설명했다. 그럼 의식이란 것은 어떤 것일까? 사람·물건·환경과 관련된 것에 대해 디자인 조사를 할 때 사상(事象)을 이해하고 파악하는 것이 어떤 의미가 있는 것일까? 이해하고 알았다는 상태는, 그림23에서 볼 수 있듯이 다양한 언어로 표현되어 있다. 종합적 이해를 크게 감각적으로 나누면 아름답다, 사랑하다, 홀리다, 동정하다, 몸 가까이 두다, 소유하다, 자신의 손발처럼 자유롭게 사용할 수 있다, 행동 유도성(affordance) 등 다양하게 표현할 수 있다. 또한 논리적 이해는 계량화하다, 분석하다, 해석하다, 보편화하다 등이 있다. 그리고 감각적인 이해와 논리적인 이해 중간에 기술적인 이해가 있다. 디자이너는 말이나 그림, 기호로 개념과 디자인을 설명하고 제안한다. 기술(記述)을 통해 상황을 파악하고 이해할 수 있는 것이다.

■ 감각적, 논리적, 기술적 이해와 방법은 다양하다. 이것들을 총칭하는 좋은 말이 없기 때문에 저자는 이것을 「자기동화」라고 부르기로 하겠다. 자기동화란 음식을 먹고 소화해서 자신의 피와 살로 만드는 것과 같아서 디자인 테이블에 올려놓은 사상을 감성과 이성, 기술로 잘 소화함으로써 디자인의 피와 살로 만드는 것이다. 생활의 종합적 자기동화가 디자인의 기본으로서, 사용자와 환경변화에 대한 자기동화 프로세스인 것이다.

■ 보통 생활에 대한 감각적, 논리적, 기술적 자기동화가 디자인의 기본이라고 설명했지만, 그 주변에는 다양한 이해의 단계나 방법이 있기 때문에 많은 경험과 기술이 필요하다. 내 경험으로는 이해가 깊어지면 자동차나 사용자가 뭔가 말을 걸어오는 것 같은 기분이 든다. 그리고 사용자의 기분에 입각해서 그리거나 느낌을 말할 수 있을 것처럼 된다. 자동차와 사용자가 돼서 생각하고 제안하는 것이 디자이너의 궁극적 작업이다. 외형만의 직감이나 분석이 아니라 정말로 그 디자인과 관련된 것을 사랑하고 올바른 지식을 토대로 내 몸 속으로 체화하는 것이 중요하다.

# 5. 디자인은 편집공학

■ 앞서의 그림22 「생물과 도로」에서 디자인은 테이블 위, 즉 관련되었을 것으로 생각되는 정보를 모아서 의식이라는 테이블 위에 데이터와 자료를 올려놓는 일부터 시작된다고 설명했다. 수집한 정보는 이어서 분류하고 분석, 고찰한 다음 조합해 보면서 아이디어를 전개하게 된다. 디자인이란 정보와 자료, 데이터라고 하는 수많은 실을 가지고 그것들을 씨줄과 날줄처럼 적절하게 배치해 짜거나 엮어냄으로써 하나의 멋진 직물포로 만드는 일련의 프로세스인 것이다. 새롭게 관련되는 물건과 상황을 모으고 편집(編集)하는 과정이 디자인이라고 생각한다. 나는 디자인의 본질이 이 편집성에 있다고 생각한다. 그리고 그 기술이야말로 바로 편집공학(編集工學)이라고 말할 수 있을 것이다.

■ 영국인 윌리엄 모리스의 예술공예 운동 제창으로 인해 근대 디자인이 재인식된 탓도 있어서, 디자인은 조형적인 측면에서 파악되고 논의되어 왔다. 현재는 디자인 영역이 물건의 조형에서 일에 대한 계획이나 연출까지 확대되었다. 조형을 기본 축으로 하는 종래의 디자인에서는 그 영역이나 개념을 잘 설명할 수 없는 상황이다. 확대된 사물의 정보를 모으고 새롭게 재구성한 다음 계획을 전개하는, 일련의 발상과정을 설명하는 좋은 말이 없다.

■ 확대된 디자인 개념을 표현하는 말로 「편집(編集)」이라는 단어의 개념이 근접해 있지 않을까 생각한다. 특히 자동차 디자인이나 프로덕트 디자인 개념은 편집자이자 연구자이기도 한, 현재의 대표적 문화인인, 마쓰오카 세이고가 제창한 「편집공학」이라는 개념이 잘 들어맞는다. 문자 그대로 데이터를 모으고 그 데이터를 실처럼 엮어서 작품으로 완성시키는 공정으로서, 그 수집방법과 편직 기술을 보면 편집공학이라는 말이 딱 어울린다. 프로덕트 디자인과 자동차 디자인도 바로 편집공학의 한 영역으로 자리매김할 수 있는 것이다. 자동차 부품과 조형요소를 날줄로 하고 사용자 욕구나 시장 동향, 환경요소를 씨줄로 삼아 새로운 모양의 아름다운 직물을 만드는 것이 디자인이다. 마쓰오카의 개념은 지식의 편집성에 착안해 편집공학이라는 새로운 지식 체계로서 제창하는 것이다. 디자인의 경우 추상적인 개념보다 더 구체적인 조형요소나 사용자 욕구 등을 모으고 엮어내는 실천기술로서 자리매김할 수 있다고 생각한다.

■ 마쓰오카는 편집 내용을 분류·요약·모델화·비교·배치·서열화·연상·조망··· 등 64가지의 기술기법으로 세밀하게 열거하고 있다. 마쓰오카는 디자인을 협의로 파악해 「정보의 주위나 외부에 가식성을 초래해 편집하는」그룹 속에서 조형적인 의미로 위치 지우고 있다. 그러나 현재의 디자인 영역은 물건에서 일로 그 영역이 확대되어 있어서 마쓰오카가 제창하는 편집공학과 거의 동의어에 상당하는 영역을 하고 있다. 앞으로 편집공학이라는 새로운 시각에서 그 사례를 모으고 디자인에 대한 편집공학적 검증을 해 내갈 것이라 생각한다. 바꿔 말하면 디자인은 앞으로 편집공학을 목표로 해야 한다고 생각한다.

■ 나아가 마쓰오카는 일련의 편집공학 활동을 프로세싱(processing)이라고 부르고 있다. 이 생각은 마쓰오카가 동양철학을 바탕으로 한 무상관(無常觀, 세상만사가 덧없고 항상 변화한다고 보는 관념)과 도(道, Tao, 마땅히 지켜야 할 도리)라는 사상에 따른 것으로 생각된다. 이미 설명했듯이 새로운 아이디어를 향해 자기조직화하는 실천행정, 즉 프로세싱이 디자인의 본질인 것이다. 정말로 디자인은 생활에 관한 편집공학 프로세싱이라고 부르기에 적합할 정도로 우리들 디자인이 지향해야 할 목표는 생활 속 편집공학에 있으며, 그 근원은 동양철학의 길, 즉 자기조직화 탐사와 프로세싱에 있다고 말할 수 있다.

# 6-6 디자인의 기본
# 1. 디자인에 있어서 중요한 것

| 유희적 호기심 | 왕성한 호기심 |
| 몽상적 상상력 | 꿈꾸는 능력 |
| 현실적 해학력(諧謔力) | 현실적 유머감 |
| 자유로운 진정성 | 일시적 기분과 분방함 |

**그림24** 임어당 인생에 있어서 중요한 것

■ 디자인은 자기동화 프로세스라고 설명했는데, 그것을 생각하고 실천했던 사상가와 천재가 있어서 소개하려고 한다. 첫 번째는 중국의 사상가인 임어당(林語堂, 1895~1976)이다. 그가 지은 「The Importance of Living」가운데 생활이나 인생에 있어서 중요한 것에 관해 그림24에서 보듯이 4가지를 들고 있다. 이것은 바로 The Importance of Design이라고 생각한다. 임어당의 말을 저자는 '디자인에서 중요한 것'으로 해석하여 다음과 같이 설명해 보기로 한다.

■ 첫 번째는 디자인에 있어서 무엇보다도 「왕성한 호기심」이 중요하다고 생각한다. 더구나 그것은 목적을 갖고 조사하는 것과는 달리 무목적으로 유희적이어야 하는 것이다. 생활 속 다양한 상황에 대하여 「이건 무엇이지?」「왜 그렇지?」하고 아이들처럼 유희적으로 호기심을 갖는 것이다. 이 호기심이 디자인에 대한 힌트나 모티브가 되는 귀중한 단서가 되는 것이다.

■ 2번째로 중요한 것은 「꿈꾸는 능력」이다. 디자이너는 이 제품을 더 아름답고 사용하기 쉬운 물건으로 바꾸고 싶다는 등의 꿈꾸는 자질을 갖는 것이 중요하다. 바꿔 말하면 낭만주의자가 되지 않으면 안 되는 것이다. 그리고 언젠가 꿈은 현실이 되리라 믿고 노력하는 것이다. 나는 디자인 연습 때 「꿈을 형상으로」라는 말을 계속 하고 있다. 그리고 디자인은 「꿈을 구체적인 형태로 만드는 기술」이라고 생각한다.

■ 3번째는 「꿈을 시정하는, 유머감각」이다. 디자인을 하다보면 현실적인 문제나 다양한 장애 등으로 잘 진행되지 않는 경우가 곧잘 있다. 가격이 비싸다거나 기술적으로 불가능하다는 등등, 여러 이유로 꿈을 실현할 수 없는 경우가 왕왕 있다. 그럴 때 좌절하지 않고 조금 다른 시각에서 생각하는 마음의 여유가 필요한 것이다. 단념하지 않고 유머 감각을 갖고 문제를 해결하는 것이 디자이너에게 있어서 중요하다. 전향적이고 적극적인 유머의 소유자가 디자이너에 맞는다.

■ 4번째는 진실된 자유로움이다. 디자이너는 믿음을 갖고 맹목적으로 앞으로 나아가야 하는 시기도 있지만 디자인 가능성은 무한하다. 주저하지 않고 자유롭게 발상하는 것이 필요하다. 새로운 아이디어를 생각해 내면 그것에 구애를 받아 매달리는 학생과 디자이너를 많이 볼 수 있다. 이런 것을 제안하면 문제가 생기는 것은 아닐까 하는 식으로 생각해서는 위축이 되어 자유롭게 생각하지 못하게 된다. 디자인은 더 자유분방해야 하는 것이다. 이상, 임어당의 말을 통해 디자이너에게 있어서 중요한 4가지 시각을 설명해 보았다. 내 방에는 이 말을 좌우명 삼아 액자에 넣어 걸어두고 있다.

## 2. 디자이너 레오나르도 다빈치_ 예술과 과학 사이에서

**그림25** 레오나르도 다빈치

**그림26** 모나리자

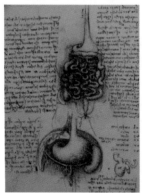
**그림28** 인체해부도

**그림27** 다양한 디자인

■ 근대의 디자인은 1834년 영국에서 시작돼 19세기말 아트 & 크래프트(craft) 운동을 전개한 윌리엄 모리스(Morris, William, 1834~1896)를 기원으로 한다고 전해지고 있다. 근대 산업을 바탕으로 하는 조형계획이라는 디자인을 막대한 저서를 통해 제창하는 한편, 스스로도 벽지나 공예적인 작품을 남기고 있다. 그 실적은 정말로 현대 디자인의 아버지라는 호칭과 어울린다고 생각된다.

■ 2번째로 소개할 인물은 레오나르도 다빈치다. 르네상스 시대에 다빈치(그림25)가 쌓은 업적은 대단한 것이 아닐 수 없다. 역사상 가장 위대한 디자이너는 다빈치라고 생각할 정도다. 다빈치는 모나리자(그림26) 외에도 회화예술이 너무나 유명하기 때문에 아이디어 충만한 디자이너로서의 업적은 잘 알려져 있지 않다. 다빈치가 남긴 많은 데생집에는 제품 디자인으로 생각되는 스케치를 많이 볼 수 있다. 밀라노의 과학박물관에는 다빈치의 데생에 기초한 비행기와 헬리콥터, 이동수송차, 크레인, 무기, 대포, 무대장치, 악기, 콤파스컴퍼스(compass), 건축, 도시계획 등 수많은 모형이 전시되어 있다(그림27). 그 폭넓은 영역은 놀라울만큼 아이디어가 넘쳐난다. 기회가 있으면 꼭 한 번 견학해 보길 바란다. 그리고 무엇보다도 주목해야 할 것은 예술과 함께 다빈치가 과학적인 방법론을 갖고 있었다는 것이다. 인체해부(그림28) 투시화법이나 천문학 역학 등 과학과 공학적인 사상에도 관심이 있어서 그 고찰과정을 논술하고 있다. 다빈치는 예술과 과학 양쪽을 탐구한 디자인 천재인 동시에 디자인의 창시자라고 생각한다. 디자인 교육은 미래의 다빈치를 키우는 것이라고 나는 확신하고 있다.

# 3. 호기심과 의문을 창출하다

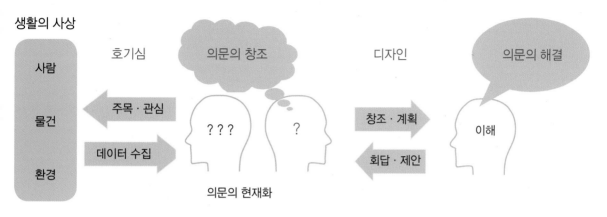

**그림29** 호기심과 의문의 창조(의문에 대한 자문자답 개념도)

■ 이상 시대는 다르지만 동양의 사상가 임어당과 유일무이한 천재 디자이너로서의 다빈치를 소개했다. 동서양 두 사람의 사상과 작품에는 「호기심」이라는 공통성이 있다. 「오락적 호기심」이란 어린아이 같이 순수하게 흥미를 갖고 의문을 갖는 것이다. 이 의문은 의문부호 「?」로 나타낼 수 있다. 그것은 누가? 무엇을? 어디서? 왜? 언제? 어떻게? 등등 호기심은 계속해서 6개의 「?」를 불러일으킨다.

■ 저자는 수업이나 연습 중에 질문이나 의문이 없는지 학생들에게 곧잘 묻곤 하는데, 대다수의 학생은 그다지 질문거리가 없는 것 같다. 특히 수험공부에 강한, 흔히 우수하다고 생각되는 학생들이 의외로 질문을 하지 않는다. 의문은 자연스럽게 떠오르는 것이 아니라 트레이닝이 필요하다는 것을 깨달았다. 호기심이 있기 때문에 의문이 생기는 것이 아니라 「의문을 많이 발상하는 훈련을 통해 호기심도 길러진다」라는 역설적인 것을 깨달은 것이다. 그래서 대학원 세미나에서 「생활 속의 의문 100건 이상을 포스트잇에 적어서 제출하시오」라는 과제를 내봤는데 좋은 결과를 얻을 수 있었다. 일상적인 생활 속에서 100개 이상의 의문점을 갖는다는 것이 쉬운 일이 아니다. 「온난화는 진행 중인가?」등의 커다란 문제부터 현실적인 「잠버릇이 안 생기는 베개는 없을까?」「옷들을 잘 정리하는 좋은 방법은 없을까?」「관엽식물은 무엇을 말하고 싶은 것일까?」등등 다수의 의문을 생각해 낸다. 생각해 낸 포스트잇의 내용들에 있어서 친근성을 평가해 켄트지 등으로 정리한 다음 의문 지도를 작성한다.

■ 이 의문을 만들어내는 트레이닝을 통해, 심지어 5W1H에 관한 의문으로 발전함으로써 일상 속에서 지나쳐 버린 조그만 사상에 대한 호기심이 생겨난다. 또한 자신과 다른 사람과의 관심사 차이나 자신의 특성과 세계를 상대적으로 파악할 수 있다. 이런 자신의 생활에 대한 오락적 의문발생 트레이닝은 지금까지 무관심으로 지나쳐 왔던 일들을 깨닫는 것에 있기 때문에 무관심으로부터의 탈출연습이라고도 말할 수 있다. 여러분도 반드시 이런 의문이나 질문을 발상하는 트레이닝을 시도해 봄으로써 오락적 호기심을 가져주길 바란다. 이 발상방법은 디자인 실무에도 이용할 수 있다. 자신이 떠올린 의문에 자문자답하는 프로세스가 디자인 프로세스 그 자체라고 생각한다.

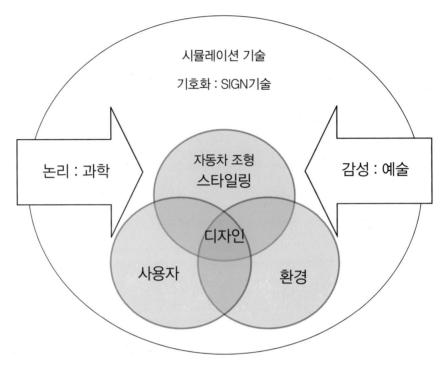

**그림30** 시뮬레이션 기술의 개념

■ 스케치나 모델 기술을 바탕으로 하는 디자인은 그런 의미에서 시뮬레이션 기술이라고도 할 수 있다. 자신의 아이디어를 이미지화한 허상(가상, virtual)인 것이다. 그런 허상을 갖고 현실에서 달리는 자동차를 본 따 스케치를 그리거나 모델을 만들기도 하는, 허상과 현실의 중간에 위치하는 기호로 시뮬레이션하는 것이다. 바꿔서 말하면 가상(virtual)과 현실(reality)의 중간에 있는 확장현실(argument reality)이라고 할 수 있다.

■ 이상적인 자동차 형상과 아이디어를 스케치나 모델 등의 기호를 사용해 생활 속 현실을 흉내 내 생각하고 검토하는 것이 디자인이라고 설명했다. 또한 「디자인은 사람과 물건, 환경의 조화를 도모하는 종합계획 기술」이라고도 설명했는데 자동차 조형을 모델화 시뮬레이션하는 것을 스타일링이라고 부르며, 나아가 그렇게 조형된 자동차를 사용하는 사용자와 사용되는 환경을 포함한 종합계획을 디자인이라고 부르는 것이다. 그림30에서 볼 수 있듯이 디자인은 자동차 조형에 한정된 스타일링을 포함해서 더 넓은 개념이다. 자동차 사용자나 이용되는 환경과의 조화도 계산하지 않으면 안 된다. 사용자는 불특정다수 일뿐만 아니라 사용환경도 작열하는 사막부터 극한의 동토(凍土)까지 다양하다. 그것들을 어떻게 모델화하고 어떻게 시뮬레이션하면 좋을까? 그 배경으로 어느 만큼의 사용자 요구나 환경적인 여러 가지 사상을 배려했느냐에 따라 달라진다. 조형 시뮬레이션은 스케치나 렌더링 등 예술적, 감성적 기호화 기술이다. 우선은 단순하게 사람, 물건, 환경이 조화를 이룬 이미지를 그리는 것이 디자인이 된다. 자동차 디자인은 최소한 사람과 물건, 환경이라는 관계가 제안되고 나서야 비로소 완결되는 것이다. 그러나 사용자의 기분이나 수출할 나라의 도로 포장상태 등은 그릴 수가 없다. 따라서 디자이너는 숫자나 그래프 등을 통해 논리적인 시뮬레이션 기술을 배워야 하는 것이다.

# 5. 디자인 교육의 기본

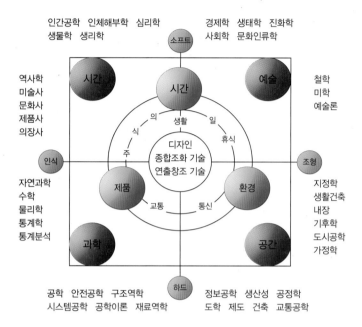

**그림31** 디자인 교육의 기본

■ 디자인의 대상은 눈이 돌아갈 정도로 급변하는 생활에 있다. 디자인은 그 생활의 풍족함을 추구하는 조화기술이라고 설명했다. 복잡하고 다양한 생활변동 상태를 어떻게 파악하고 어떻게 배우면 좋을까? 이 질문은 디자인 교육의 기본과도 깊이 관련되어 있다. 생활의 시간과 공간과 관련된 「사람, 제품, 환경」을 과학과 예술, 즉 논리와 감성으로 파악해 창조하는 기술이 디자인의 기본이라고 전제한다면 교육자에게 있어서 교육이념에 대한 방향이 눈에 보일 것이다. 한편 학생들에게는 배우는 방법이나 디자이너를 향한 길이 조금 더 분명해질 것이라고 생각한다. 디자인이란 생활과 관련된 시공간의 과학적이고 논리적 「진실」을 추구함으로써 객관적으로 파악하는 것이 요구된다. 과학적이란 것은 검증할 수 있는 것, 즉 논리적 절차와 전개가 필요하다고 생각한다. 그리고 예술적 「미」를 팀구하는 풍부한 감성이 요구된다. 그림31에서 볼 수 있듯이 「시간과 공간」, 「예술과 미학」 사이에 「사람, 제품, 환경의 종합적 조화」, 즉 선(善, 가치)을 얻는 기술이야말로 디자인이라고 생각한다. 과학이나 예술에 편중되어서는 안 되며, 논리와 감성 양쪽의 능력을 겸비할 필요가 있다. 제품의 공간, 조형미뿐만 아니라 시간에 관한 순서나 방법에 관해서도 조화를 이룸으로써 새로운 가치와 선을 창조해야 한다. 디자이너의 영역은 근래에 크게 확대되고 있다. 그림31의 주변에서 볼 수 있듯이 그런 지적 학문체계는 방대하다. 공학이나 미학 등은 물론이고 광범위한 지적 체계가 필요하다. 학점을 위한 지식이 아니라 관련 학문을 배우고 나아가 배운 지식을 이용해 새로운 탐구로부터 새로운 가치 있는 굿 디자인(善)을 창조하는 것이 디자인의 본질인 것이다. 관련된 지적 체계는 넓고 깊어야 하는 것이 이상적이지만 학생 시절에는 넓고 얕아도 되기 때문에 먼저 광범위한 학문에 입문할 필요가 있다. 보편적 지식이나 보편적 교육이 가장 필요한 것이 디자인을 배우는 학생이다.

폭넓은 지식을 요구하는 것이 디자인이기 때문에 그 자질은 사람과 제품, 환경에 대한 호기심을 갖는 것이 필수라고 생각한다. 입학시험에 논리성과 감성적 자질을 부과하는 것은 당연한 것으로서, 생활과 관련된 것들에 대한 왕성한 호기심과 의욕을 질문할 필요가 있다.

# 6. 디자인은 요리다

**그림32** 디자인의 기본은 요리 : 「맛있게 먹는 것」이다

■ 나는 대학시절에 은사이신 다이큐 곤타츠 선생님의 연구실에서 디자인과 문화를 배웠다. 선생님이나 나는 도쿄에서 치바로 다녔는데, 수업이 있던 어느 날 아침 「오늘은 나카노의 내 집에서 하자」고 선생님한테 전화가 와서 다이큐 선생님 댁으로 찾아가 단 한 사람을 위한 수업이 이루어졌다. 지금 내가 하고 있는 대학원 강의는 20~30명 정도나 돼서 좀처럼 맞춤형 대화가 되질 않는다. 그 무렵은 정말로 좋은 시절의 이상적인 강의였다. 아름다운 음악을 들으면서 디자인과 문화는 물론이고 음악과 인생론, 연구 방법론 등, 몇 시간이면 끝날 것이 반나절을 넘기곤 했던 기억이 난다.

선생님의 취미 가운데 하나는 요리인데 선생님 댁에 찾아갈 때마다 스스로 만드신 요리를 대접해 주셨다. 선생님은 문화인류학이 전문으로서, 청년시절을 유럽에서 보내던 무렵의 자취생활이나 남미 아마존의 현지조사 때 인디오한테 배운 바비큐 등, 다채로운 요리와 더불어 그 맛은 프로급이었다. 요리를 대하는 자세는 웬만한 요리사보다도 진지했는데, 된장이나 간장은 직접 만들었으며 바비큐에 사용하는 소금은 브라질의 박물관장을 지냈던 시절의 스태프를 통해 얻은 아마존산 암염을 사용하는 등, 좋은 식자재와 조미료를 위해 수고를 마다하지 않았다. 나는 다이큐 선생님이 문화인류학자인 동시에 훌륭한 디자이너로서, 요리를 통해 디자인이란 무엇인지를 저자에게 가르쳐 주셨다고 생각한다. 다이큐 선생님은 기타오지 로산진과 견줄만한 요리가이자 문화인이며, 디자이너였다고 생각한다.

먼저 요리는 무엇을 만들지를 결정해야 한다. 대접할 사람은 몇 명이고, 무엇을 좋아하는지, 무엇을 싫어하는지 등등 사전에 알아둘 필요가 있다. 제철 먹거리를 알아둘 필요도 있으며, 요리전체가 어떤 종류고, 내놓는 순서도 정해두어야 한다. 몇 인분을 준비할지 몇 시까지 요리를 하면 될지 등등 마치 디자인의 개념이나 테마를 결정하는 것과 비슷하다. 메뉴가 정해지면 식자재를 준비해야 한다. 좋은 소재를 찾아 말을 타고 돌아다닌 것에서부터 문자 그대로 「잘 먹었다(馳走)」라는 어원이 만들어졌다. 좋은 디자인을 위해 열심히 뛰어다니면서 소재를 모으고 정성껏 디자인을 하면 그 결과로 「잘 먹었다」: 좋은 디자인이라는 평가를 사용자한테서 받는 것이 디자이너의 기쁨인 것이다.

# 7. 시공간의 조화_ 절대모순의 자기방식

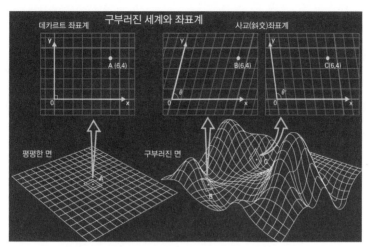

**그림33** 시공간의 왜곡 (별책 뉴튼의 상대성 이론에서 발췌)

■ 우리들 생활은 시간과 공간을 무대로 다양하게 영위되면서 펼쳐지고 있다. 더구나 강줄기처럼 항상 흐르고 있지 멈추는 일이 없다. 다양하게 변하는 생활은 멈추지 않는 시간과 사람이 동물로서의 공간이동성에 기인해 좀처럼 쉽게 파악이 안 된다. 어려운 것은 물론이고 생활의 시간과 공간은 절대적으로 모순적이어서, 과거에 일어난 사상(事象)을 완벽하게 재현하거나 인식하는 것은 불가능하다. 우리들은 시간을 거슬러 과거나 미래에 갈 수 없으며, 중세시대에 번성했던 유명 관광지 등에는 갈 수 있지만 그곳은 중세시대와 같은 공간은 아니다. 이렇게 완전하게 동일하지 않은, 절대적으로 모순되는 시간과 공간에서 영위되는 생활과 그 디자인에 있어서 완전한 파악이나 절대는 존재하지 않는 것이다. 디자인은 상대적 가치나 척도밖에 없으며 절대는 없는 것이다. 그 때문에 디자인은 상대적으로 다양한 해석인 것이다. 절대 모순적인 시공간을 자기 나름의 가치와 척도를 갖고 상대적으로 포착하고 이해하며 인식하는 수밖에 없는 것이다. 그런 끊임없는 노력을 자기방식이라고 부르기로 하겠다. 생활에서 일어난 막연하고 다양한 의문이나 문제, 시간과 공간의 비틀림을 어떤 식으로든 자기 나름대로 동일화하고 해결하며 조화시켜 풍족하게 하는 것, 즉 자기방식화하는 설계기술이 디자인이라고 할 수 있다.

이상을 정리하면 「디자인이란 시공간의 절대 모순적 자기방식 기술」이라고 할 수 있다. 그림33은 아인슈타인의 상대성 이론에서 시공간이 신축하는 개념을 도식화한 것이다. 이 그림처럼 생활인인 우리들의 시간이나 공간, 가치관과 사회사상은 신축적으로 왜곡되고 상대적이다. 디자이너는 계측하기 어렵고 포착하기 어려우며 동일화하기 아주 어려운 것을 다루고 있는 것이다.

대학의 디자인 교육을 보면 조형미와 감성의 추구를 출발점으로 하는 기존 미술계의 디자인 외에 최근에는 생활을 논리적으로 파악하고 과학을 기반으로 하는 공학·미술계로 귀속하는 디자인과 디자인공학도 증가하는 추세다. 이성-공학계·감성-미술계 가운데 어느 쪽으로 접근하든 절대모순을 내포한 생활에는 완전한 동일화나 인식, 해결책은 없는 것이다. 진선미를 추구하면서 상대적으로 자기방식화하는 노력, 풍족함을 추구하고 탐구하는 조화기술이 디자인이라고 생각한다. 방심하면 조화가 없어지는, 절대모순적인 생활 속에서 한 순간 한 순간을 각성하며 자기방식으로 대처하고 부단한 노력을 계속하는 것이 우리들 디자이너의 목표고 보람인 것이다.

**그림34** 나의 애용품

■ 절대모순적 시공간, 자기방식 등, 이야기가 철학적으로 흐르면서 난해해진 감이 있다. 절대모순적이고 복잡하며 변동적인 생활 속 디자인 세계를 어떻게 하면 자기방식화할 수 있을까. 나는 어려운 이야기는 접어두고 학생들에게 자주 「좋은 디자인과 살아가자」고 말한다. 더 직설적으로 얘기하자면 「감각에 맞는, 좋은 것이 있으면 무리해서라도 구입할 것」을 권하고 있다. 좋은 디자인 제품을 사서 생활 속에서 이용하고 사용해 보는 것은 굿디자인과 시공간을 공유하는 것이다. 바꿔 말하면 어떤 제품과의 자기방식을 도모하는 것을 말한다. 최근에는 잡지를 통해 공부하고 그 디자인이 정말로 멋지다든가 또는 더 깊이 있는 지식을 말하는 학생들이 늘어났다. 그러나 그것은 카탈로그 정보일 뿐이거나 상품소개 잡지나 TV의 일방적 정보일 뿐이다. 실제로 그것을 소유해서 생활 속에서 사용해보지 않는 경우가 대부분이어서 실망스럽기조차 하다. 그런 디자인 제품을 가까이 두고 생활 속에서 사용해 봐야만 디자인을 이해할 수 있는 것이다. 일상적인 삶 속에서 사용해보지 않고서는 좋은지 나쁜지 알 수 없다. 좋은 디자인과 살아가기 위해서는 먼저 구입하는 일부터 시작해야 한다. 한 눈에 반해 샀는데 결과적으로 실패하는 경우도 많지만 그래도 실패를 통해 디자인 파워가 향상되는 것이다. 그래도 사용하기 편하고 진짜 의미에서 애용품이 자신 주변에 남는다. 사람을 사랑하듯이 물건을 사랑하는 것이 생활을 풍족하게 하는 기본이라고 할 수 있다. 물건을 사랑하면 물건으로부터도 사랑을 받아 풍족한 마음으로 지낼 수 있다. 「사랑하는 것은 시간과 공간을 공유하는 것」부터 시작된다. 좋은 디자인을 자주 사용하고 자신의 생활공간에 끌어들여 그 디자인과 함께 사는 일부터 디자인에 대한 진실된 이해와 사랑이 시작되는 것이다. 나는 태엽식 손목시계 하나를 45년 이상 사용하고 있다. 이 시계는 아직까지 정확하게 작동하고 있어서 지금도 매일 이용하고 있다. 내 인생의 시간을 함께 보내고 지내온 애용품으로서 내가 고른 굿디자인인 것이다. 가죽 끈은 닳아서 몇 년에 한 번씩 교환했지만 본체는 몇 번이고 수리했음에도 처음처럼 잘 돌아간다. 애용하는 이 시계는 이미 내 팔의 일부를 이루고 있다. 이 시계를 보면서 두근거리는 마음으로 데이트 상대를 기다렸던 추억도 그렇고, 미국 뉴올리언스로 출장을 갔을 때는 섬머타임을 맞춰놓지 않아 중요한 회의에 지각했던 힘든 경험 등, 내 인생(시간과 공간)의 많은 것을 함께 보내왔다. 최신식 전자시계도 갖고 있지만 역시 이 시계가 제일 좋다. 때때로 태엽을 감아주지 않아 멈추는 일도 있지만 태엽을 감을 때마다 이 시계와 대화를 할 수 있다. 최근의 전자시계는 정확하게 자동적으로 움직이지만 태엽을 감는 식의 시계와의 접촉과 대화가 없어졌다. 상단 사진의 만년필이나 카메라를 비롯해 내 몸 주변이나 방에는 애용품이 많이 있다. 스케줄 수첩, 스탠드 라이트, 플라이 피싱 낚시도구, 회칼, 나이프, 식기 젓가락, 유리컵, 관엽식물, 포스터, 책, 캠핑용품, 여행가방, 여행 기념품 등 마음에 들어 내가 고른 굿디자인에 둘러싸여 풍족한 마음으로 생활하고 있다.

# 9. 디자인 만다라

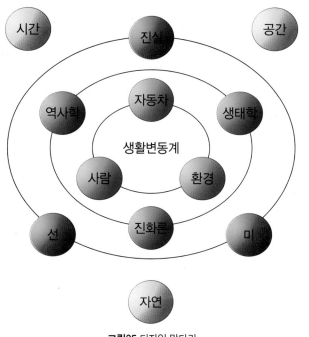

**그림35** 디자인 만다라

■ 이 책은 1장에서 자동차 디자인 역사를, 2장에서 자동차 메이커에서 시행되고 있는 디자인 업무에 관해, 3장에서는 디자인 개발 프로세스에 대해 설명했다. 이들 자동차 디자인 역사와 개발 현상(現狀)을 토대로 4장에서는 자동차 디자이너를 육성하기 위한 기초에 대해, 5장에서는 그 응용으로서의 연습과제 작품에 대한 개요 소개와 저자의 촌평을 설명했다. 그리고 마지막 6장에서 1~5장의 기본이 되는 저자의 생각을 디자인 이론으로서 설명했다. 기술하는데 있어서 중첩되고 반복되는 것이 많을 것으로 생각하는데, 저자의 뜨거운 열정 때문에 빚어진 결과로 봐주길 바란다. 각 페이지를 독립적으로 읽어도 이해할 수 있도록 일부러 중첩되는 기술을 한 경우도 있으므로 이해도 부탁드린다. 미래의 자동차 디자이너를 목표로 하는 사람이나 디자인에 관심을 가진 독자가 흥미 있는 부분부터 읽기 시작해 무엇이든 하나의 힌트라도 얻어간다면 다행이겠다.

■ 상단 그림은 이 책에서 언급하고 싶었던 디자인 키워드를 그림으로 나타낸 것이다. 자동차 디자인의 개념, 즉 디자인 세계관을 나타낸 것이다. 세계관을 나타내는 개념도를 만다라(曼陀羅·曼茶羅, 우주 법계(法界)의 온갖 덕을 망라한 것이라는 뜻으로, 부처가 증험(證驗)한 것을 그린 불화(佛畵))라고 부른다. 이 그림은, 바꿔 말하면 저자의 디자인 만다라다. 그림 가운데 부분에 디자인이란 생활의 풍족함을 지향하는 것, 자동차 등과 같은 디자인을 하는 것이 아니라 생활을 대상으로 사람과 물건(자동차), 환경 전체의 종합적 조화기술이라는 것을 나타내고 있다.

■ 그리고 역사, 그 바깥쪽으로 생활을 조화롭게 하기 위해 필요한 디자인 방법론, 접근법이 나타나 있다. 이 책 머리말에서 언급한 역사(시간)와 생태(공간), 그 변화를 다루는 진화론적 전급법이 필요하다는 것을 나타내고 있다. 디자인은 역사학, 생태학을 기본으로 하는 진화론적 기술이라고 할 수 있다. 생활의 풍족함을 지향하는 디자인 평가기준(척도)은 진실(과학)과 선(가치), 미(예술)로서 디자이너는 그 기준의 탐구자이자 자기조직화 탐사기술자라고 할 수 있다.

■ 만다라 바깥쪽으로 우리들 세계의 근본인 시간과 공간, 자연이 나타나 있다. 저자는 생활 속에 자연스러운 풍족함이 있는 것, 자연스러운 형태, 자연스러운 생활의 영위, 자연이야말로 디자인의 궁극적인 목표라고 생각하고 있다. 에코(economy), 지속가능, 환경파괴 등 현재 화두가 되고 있는 사상(事狀)에 대해 중국의 현인인 노자와 장자는 이미 천 몇백 년 전에 이를 깨닫고 있었다. 자연스러운 디자인이야말로 우리들 동양·아시아계 디자이너가 지향해야할 목표라고 생각한다. 서양의 목적지향 디자인에서 변동량이 많고 다차원적 변화를 보이는 자연스러운 조화실천 기술자로서의 디자이너를 꼭 지향해 주길 바란다.

■ 위 그림은 3명의 맹인이 코끼리를 만지는데 각각 접촉한 부위의 차이 때문에 다른 이미지나 인식을 갖게 된다는 것을 나타내고 있다. 그리고 다수의 의견을 모으는 편이 더 올바르게 이해할 수 있다는 것으로서, 다른 인식을 가진 3명의 의견을 모았더니 점점 실제 코끼리와는 달라져 간다는 것을 코믹하게 나타낸 그림이다. 이 그림은 내가 대학생, 특히 대학원 수업에서 슬라이드로 보여주면서, 이 맹인들을 디자이너로 바꾸고 코끼리는 디자인이나 자동차 등 디자이너의 이미지로 바꿔서 가르치고 있다.

■ 우리들이 상대하는 디자인이나 그 세계는 정말로 이 그림이 말하려고 하는 것과 똑같다고 생각한다. 내가 자동차 디자인을 시작했을 무렵은 이 그림의 맹인과 똑같았다. 자신이 좋다고 생각한 디자인은 절대적으로 아름답고 좋다고 굳게 믿고 있었고, 다른 디자인은 잘못되어서 조금도 좋지 않다고 생각했던 것이다. 그러나 실제로 제품화되어 시장에 나왔더니 그다지 평가를 받지 못한 반면, 자신이 그다지 평가하지 않았던 자동차는 의외로 높은 평가를 받았던 경험을 한다. 그것이 몇 번 반복되고 나서부터 조금씩 위 그림과 같은 세계를 알 수 있게 되었다. 나는 항상 학생들에게 「자신이 연구하거나 개발하고 있는 것이 뭔가 잘못된 것은 아닐까?」 하고 겸허하게 생각하는 것이 중요하다고 가르치고 있다. 동시에 다른 사람의 아이디어나 연구에 대해 경청할 만한 귀를 갖도록 주문하고 있다.

그림36 맹인의 코끼리 어루만지기

■ 한편 현재의 첨단과학인 양자론이나 우주론에서는 다세계(多世界) 해석이 넓리 알려져 있다. 그 나름대로의 논거가 있으면 다양한 해답이나 해석이 가능한데, 이 세상의 현상은 「다세계」라는 것이 첨단과학의 결론이다. 자신 나름의 독창적 인식과 해석을 전개할 뿐만 아니라 겸허하게 다른 해석과 디자인에도 귀를 귀울임으로써 자신이 잘못된 해석을 하고 있지는 않은지 하고 항상 겸허한 마음을 갖는 자세가 디자이너나 연구자한테 필요하다고 생각한다.

■ 이번에 내가 생각하는 디자인에 관해서 자동차 디자인을 통해 설명해 왔지만, 저자 자신도 아마 잘못 이해하고 있는 부분이 많을 것으로 생각한다. 앞으로도 더 새로운 디자인 개발과 탐구를 계속해 갈 것이므로 독자 여러분의 의견을 꼭 들려주길 바란다.

# *Car Design Technology*
# 자동차디자인 테크놀로지

초 판 발 행_ 2016년 5월 20일
제1판1쇄 발행_ 2022년 1월 5일

발행인_ 김길현
발행처_ 도서출판 골든벨
등 록_ 제 3-132호 (87.12.11)   ⓒ 2016 Golden Bell
ISBN_ 979-11-5806-111-1
가 격_ 25,000원

진행_ 조경미, 김선아, 남동우
디자인_ 김영준
제작진행_ 최병석
오프라인 마케팅_ 우병춘, 이대권, 이강연
웹 매니저_ 안재명
공급관리_ 오민석, 정복순, 김봉식
회계관리_ 최수희, 김경아

주 소_ 서울특별시 용산구 원효로 245 골든벨 빌딩 (원효로 1가 53-1)
전 화_ 영업부 02-713-4135 / 편집부 02-713-7452
팩 스_ 02-718-5510
이메일_ 7134135@naver.com
홈페이지_ www.gbbook.co.kr